人人都是数据分析师系列

Power BI 零售数据分析实战

郑志刚 著

人 民 邮 电 出 版 社
北 京

图书在版编目（CIP）数据

Power BI 零售数据分析实战 / 郑志刚著. -- 北京 : 人民邮电出版社, 2023.4
（人人都是数据分析师系列）
ISBN 978-7-115-60055-4

Ⅰ. ①P… Ⅱ. ①郑… Ⅲ. ①可视化软件—数据分析 Ⅳ. ①TP317.3

中国版本图书馆CIP数据核字(2022)第172172号

内 容 提 要

本书基于零售数据分析及 Power BI 的综合实现，全面、详细地介绍 Power BI 在零售数据分析领域的专业解决方案。本书从指标体系、业务场景、技术流程、经典模型、模块实现、图表展示等多个维度给出可供读者直接复用的整套方案及 Power BI 模板系统。读者直接按照数据格式模板导入数据，一键刷新即可实现整套零售商业智能分析方案。

本书内容由浅入深，从业务到体验再到深度实践。首先，引入和介绍零售行业的核心业务知识，包括零售行业核心指标含义、零售行业常用业务场景、零售行业常用数据分析模型。其次，介绍通过 Power BI 工具来构建数据分析技术实现流程，让读者理解业务问题和技术工具结合的可行性和有效性。最后，详细介绍如何利用 Power BI 从运营管理分析、商品管理分析、会员管理分析这三大板块和在 13 个高频应用场景进行零售数据分析的思路和技术实现，其中包括每个场景中的业务问题痛点、技术构建思路、综合运用 Power BI 及 DAX 制作可视化分析图表的过程。

本书立足于零售业务，并通过 Power BI 实现技术落地，实操性强，适合专业的零售数据分析师、使用一般数据分析工具但遇到技术瓶颈的零售数据分析“老兵”，以及对零售数据分析、Power BI 感兴趣的分析师和爱好者阅读。

◆ 著　　　　郑志刚
责任编辑　郭　媛
责任印制　王　郁　焦志炜

◆ 人民邮电出版社出版发行　　北京市丰台区成寿寺路 11 号
邮编　100164　　电子邮件　315@ptpress.com.cn
网址　https://www.ptpress.com.cn
涿州市京南印刷厂印刷

◆ 开本：800×1000　1/16
印张：15.75　　　　2023 年 4 月第 1 版
字数：315 千字　　　2023 年 4 月河北第 1 次印刷

定价：99.90 元

读者服务热线：(010)81055410　印装质量热线：(010)81055316
反盗版热线：(010)81055315
广告经营许可证：京东市监广登字 20170147 号

推荐序 1

大家好，我是 BI 佐罗，很荣幸可以为郑老师的书作序。这本书的读者可能是 Power BI 爱好者、零售分析从业人员，以及传统企业的管理者和决策者，可能有一定的 Power BI 基础，也许还没有用过 Power BI；也许关注的是业务本身，也许关注的是如何运用 Power BI 技术本身。这里我将个人对这本书的粗浅理解以及个人在行业和 Power BI 等自助式商业智能工具使用中的经验做简单介绍，希望可以给不同背景的读者提供一些参考。

如今，自助式商业智能分析已经成为传统企业数字化转型的技能标配。自助式商业智能分析已经不再是未来趋势，它已经深刻地发生在当下。众多企业开始重视数字化文化建设，同步推进复合型数字化人才的培养，因此成为最先由此获得红利的企业。本书正是基于作者所处的真实企业环境所提炼出来的，是一套零售行业的通用自助式商业智能分析模板。

自助式商业智能分析，不一定非得用 Power BI。自助式商业智能分析强调由熟悉业务的人员在不过多依赖 IT 支持的情况下，根据业务需求迅速开展业务数据分析并驱动经营的过程。自助式商业智能分析必须能够满足以下条件：

- 可以由业务人员开展，不必过分依赖于纯技术人员，分析数据时做到零代码（不编程，不写 SQL 处理数据库）；
- 可以通过瀑布图等数据可视化手段，将数据中的业务信息更快速、直观地给到业务人员；
- 可以通过交叉筛选、高亮显示等方式使图表之间动态交互，以便在灵活的环境下回答业务问题；
- 可以通过钻取等方式层层深入数据，从宏观层面到微观层面，再到明细层面；
- 提供各种动态维度、指标、参数等供业务人员选择，如 RFM 的 R 是多久、F 是多频繁等；

- 可以高性能地处理多达百万、千万乃至亿级别的数据，而业务人员却不需要了解底层技术；
- 由上述能力要求附带的自助刷新、行级别权限控制等自动化及权限管理相关能力。

Power BI 是满足以上所述自助商业智能分析工具所需具备的能力的完整实现工具，所有使用 Excel、PPT 等传统工具进行分析管理的伙伴都会因为使用了 Power BI 而享受到工具红利。具体来说，由于Power BI的日渐普及，人们从数据中提取信息的水平得到了提升，部分传统行业（如零售行业等）也从中获益。提取信息的所有工作都可以由业务人员完成，而业务人员具备业务思维，可以从数据中最快速地洞察、提炼并迭代形成价值—数据—信息—价值的闭环。

如果缺乏上述能力，数据价值的提炼是非常低效的。但请大家注意，即使不具备以上任何能力，也不影响业务人员对业务本质理解的深度。业务人员完全可以通过白纸、电子表格和幻灯片，在理想情况下对企业业务进行深刻且有效的分析，并驱动业务的改进和提升。

我和郑老师是在几年前认识的，他曾和我探讨过大量使用 Power BI 来实现某些分析模式的技术细节。郑老师写的这本书无疑满足了以下三大条件：有着真实且典型的企业环境；具有极高的主观意愿来使用新的生产力工具；根据原有业务分析模式实践出更加高效的工作模式。

这本书的另一个特点是，它兼顾了零售数据分析的业务、Power BI 工具的操作，以及模块之间的通用度，读者不必掌握高级的 Power BI 技巧就可以通过练习文件构建模块，并举一反三地运用到自己的实际工作中。

如果你是一个零售数据分析小白，可以通过这本书感受、理解零售数据分析中各种核心指标的定义以及如何在 Power BI 中实现计算。

如果你是一个有零售数据分析经验、但没有用过 Power BI 的分析师，可以通过这本书感受到 Power BI 这种新的生产力工具带来的可能性和想象力。

如果你是一位资深零售 Power BI 分析师，可以通过这本书与作者进行思想碰撞，也许它可以启发你对某些分析模式实现的思路。

如果你是传统企业的管理者或决策者，可以通过这本书快速领略在新生产力工具下战略落地的过程和细节，借此来优化企业数字化文化建设。

我之所以推荐这本书，是因为我以业务分析小白的身份阅读和实践了这本书，并从中找到了我需要的信息，感谢郑老师。接下来，你的旅程就可以开始了，期待和郑老师以及爱好者们进一步深度探讨。

BI 佐罗

微软 Power BI MVP

推荐序 2

零售行业作为一个古老的行业，其相关数据有着独特的特性——量大、细碎，这也是很多人对零售行业的总体印象。这样的行业特性让业内分析人员很难对零售行业有精准的把控，因为仅信息抽取、信息规整等环节，就会花费分析人员大量的时间。我特别认同零售行业里流传的一句话：零售便是细节。这句话包含以下几层意思：

（1）零售业务本身很散、很细碎；

（2）零售人员需要聚焦、落地地去分析、把控业务；

（3）零售业务不易分析，细碎而庞大的数据量正是分析的壁垒。

我在零售行业从业超过 10 年，看到财务和零售支持团队的同事大多并没有将时间用在真正的分析和深挖数据上，而是把数据来回“捣鼓”，似乎抽取数据、整理数据、归集数据才是工作的全部。我也一直苦于没有好的分析工具和呈现方法，只能用 Excel 日复一日地重复着类似的工作。直至两年前，我有幸在一场培训里认识了郑老师。郑老师专门研究零售行业的商业数据分析，曾获微软“第三届 Power BI 可视化大赛”零售行业特别奖。郑老师对“人、货、场”这 3 个零售分析的关键要素有着深刻的理解和精准的把控，对运营、商品、会员等核心指标都有着清晰的分析思路和方法。当时我就想，如果郑老师能出一本专门针对零售行业的数据分析书就好了。

在一个月前，我惊喜地收到了郑老师的《Power BI 零售数据分析实战》初稿，于是花费了一个周六的下午“一口气”读完。在书中，郑老师立足于运用 Excel 和 Power BI 工具，对核心的零售指标进行了定义，并对其应用场景进行了详细的描述及分析，每个知识点和案例都用图文并茂的形式讲解清楚，使读者既可以把这本书当作知识类图书学习、阅读，又可以当作工具类图书放于案头，以便有需要的时候及时翻阅。

除了针对不同的指标和场景进行讲解，这本书还循序渐进、层层深入地介绍了能够帮助读者逐步提升的各种模型。书中提到的帕累托、杜邦等分析法，不一定会为读者所用，但是一定会为想要精进的读者拓宽思路，为用户提供可实践的方法。本书丰富的内容，为零售行业具有不同需求的读者，以及在不同的学习、成长阶段的读者，都提供了丰富的、具有参考意义和实用价值的指引。

Power BI 是一个工具，工具在不同的人手里会用出不一样的精彩。而郑老师的这些方法正是开启读者智慧、启发不同的读者创造出不同精彩的典范。希望这本书的每一位读者都能日有所进、学有所成。

衷心感谢郑老师的无私付出，感激他对零售行业的贡献，感恩他对知识传承的努力和数据分析方法发展的贡献。

Collins Liang

原 DFI 零售集团中国区财务总监

2022 年 9 月于广州

自　序

我步入职场10年有余，一直从事零售行业的业务类工作，但自己又和一般的业务型人才不同，属于业务领域的偏技术人士。从最初使用、“玩转”Excel透视表和函数，到自学VBA代码来生成各种自动化报表，我也算逐渐能够得心应手地处理各种零售业务问题。但随着业务数据的增加、业务需求的深化和业务场景的扩展，企业对业务分析结果的时效性及专业度也提出了更高的要求。在这一背景下，传统Excel工具的短板愈发明显，加之市面上各种统计分析工具的盛行，促使我开始了新一轮的“转型升级”。

2018年年初，我开始尝试一些当下流行的数据分析工具，在粗略地比较、学习了一番之后，我越发地感受到Power BI带给我的震撼。其大规模的数据量级、精准的业务定义、炫酷的视觉展现，既能很好地发挥我现有的业务分析的专长，又能完美解决现有分析工具的各种痛点。动态、交互、钻取的分析模式，“高大上、接地气”的可视化分析模型，完美地契合了业务人员的分析需求，既有“面子”又有“里子”，让我认定这就是我多年来一直苦苦寻找的那个它。

接下来我开始专攻Power BI。学习的道路是美好而辛苦的，我平均每晚花费3小时左右，学习该领域的国内外众多顶级Power BI专家的书籍、文章及视频，并仿照其中的案例，尝试将其应用在多年积累的零售业务场景中，在学中做、在做中学。暂时解决不了的问题，我会有针对性地搜索相关文章或是请教各路“大神”，直至将其突破。随着解锁的零售业务场景的增加，我的Power BI水平也在飞速提升。

2020年我参加了微软“第三届Power BI可视化大赛”。借着大赛的机会，我潜心研究了国内外众多的Power BI优秀作品，并将之前做过的各种零售业务场景进行了系统的整理和提炼。当时也是抱着冲击奖项的目的，我精心设计模型的总体架构及每一个应用场景，不断“打磨”作品中的每一个细节，最终经过众多国内外专家的层层筛选，有幸获得零售行业特别奖，作品也被微软收录进了“赋能全员 引领数据驱动的企业文化转型”官方文档。这次获奖，也进一步增强了我在这个领域深耕的信心和决心，帮助我对自身做了清晰的定位，促使我不断深入研究 Power BI 零售数据分析这一领域。

在和一群志同道合的小伙伴深入学习交流后，我不断地将零售分析模型迭代、扩展，并在大家的鼓励和建议下，决定将自己在零售行业的经验积累及数据分析成果汇集成书，这样一方面是对自身知识体系的归纳总结，另一方面也可以惠及更多领域内的小伙伴。

经过近一年的撰写和修订，书稿如约完成。在这里，要特别感谢 Power BI 战友联盟的宗萌老师，在成书的框架结构、规范性及细节方面，他给予了很多有价值的意见和建议；也要感谢人民邮电出版社的郭媛老师及其他几位编辑老师，他们对书稿进行了非常专业的评审，提出了很多修改建议，他们的专业度及责任心令我由衷敬佩；同时也要感谢我的妻子和母亲，在我写书的过程中分担了很多家庭事务，让我可以心无旁骛地创作；还要感谢所有为我提供帮助的小伙伴！

书中的观点及构建的数据分析模型，仅代表我个人对零售数据分析领域的理解、积累和总结，不当之处欢迎您提出宝贵的意见和建议。同时，如果您在零售业务的实践中有新的场景和思路，我也非常乐于与您交流学习！

这个时代，以大数据为核心的新技术的迭代速度越来越快，对企业传统的业务分析模式的降维打击也越发强烈。当前，企业正在快速地“拥抱”数字化变革。个人唯有走出舒适区，不断提升自身数字化的思维能力和分析能力，以新的数字化工具为多年积累的业务经验保驾护航，才能在职业生涯的发展中处于领先地位。希望未来越来越多的小伙伴加入进来，通过 Power BI 的学习积累，在职场中的关键节点赢得先机。

前　言

传统零售数据分析的困局

传统的零售数据分析方法，通常是由数据分析师根据业务分析需求，将分散在各个业务系统中的历史数据导出到 Excel 表格，用 Excel 工具对数据进行加工处理，并将缺失的信息匹配完整后，进行数据透视，生成最终需要的分析报表。此种分析方法有以下几大弊端。

（1）报表制作花费时间过长，数据分析师几乎没有时间对报表结果进行高价值的业务分析。一个业务报表，80% ～ 90% 的时间花费在数据的收集、处理及数据结果的核对上，而对报表结果的深入挖掘只占 10% ～ 20% 的时间。

（2）报表的可复用性较差。虽然日报、周报、月报的制作方法类似，甚至相似主题的分析报表其逻辑框架也基本相同，但很多企业的数据分析专员依然是每日重复相同的工作，即收集、整理数据及核对结果。长期来看，数据分析专员对企业产生的价值有限，自身能力毫无提升。

（3）处理的数据量级有限。使用 Excel 进行数据处理和分析，几万行的数据基本上毫无压力，但是当数据达到几十万行时，Excel 的运行效率会显著下降，出现严重卡顿。而对于百万行量级的数据，由于超出了 Excel 工作表约 104 万行的限制，在 Excel 中甚至无法计算。在真实的企业环境下，如果分析得足够深入，比如分析销售额背后商品、会员、单据等数据的变化规律，或者分析的时间区间足够大，比如分析一整年或者数年的销售变化趋势，那么基础数据的量级很容易突破百万行。以上这些分析场景都是难以通过 Excel 处理的。

（4）分析的指标相对简单且数量有限。Excel 透视表中自带的分析指标只有求和、计数、平均值、最大值、最小值及统计中常用的方差、标准差等，对于业务逻辑稍微复杂的指标，需要在透视表外进行二次计算。比如对于单据数的计算，由于在销售表中单张单据可能包含多个商品，因此单据编号会重复出现，这样在计算单据数的时候，就不能简单地对单据编号计数，而要去重后再计数。在统计单据数的过程中，如果包含一些对于单据是否有效的判断逻辑，数据处理过程会更加复杂。

（5）在一些相对高级的 Excel 分析中，已经引入了比较成熟的模板概念，很好地解决了报表复用的问题。每次只要把新的数据追加到表格末尾，刷新后就会出现最新的分析报表，但这依然无法解决数据量大和分析指标简单、有限这些痛点。而且在将新数据追加到分析模型之前，往往需要对数据做一系列的前期处理工作，将基础数据进行聚合运算，分成几个主题后再进行追加。这样，一方面工作量会增加，另一方面，数据聚合的过程也会伴随着数据颗粒度（即数据的细化程度）的增大而无法进行深入分析。

（6）如果既要保持基础数据时间跨度足够大，又要数据颗粒度足够小，往往要借助 IT 的力量，使用数据库或数据分析软件。通常情况下，IT 人员擅长编写代码，对企业经营业务接触较少，IT 人员做出的报表往往难以满足业务分析的需求，且一旦增加新的需求，分析周期也相对较长。这样，分析报表在专业度、时效性、灵活性等方面都会大打折扣。

正是基于对传统零售数据分析所存在的种种痛点的深刻反思，借助微软强大的商业智能分析软件 Power BI，我们搭建了一套零售行业通用业务模型，以辅助业务人员准确、高效地进行零售数据分析，助力推进企业的数字化进程。

成书背景介绍

本书中虚构了一家专营女装的大型服装公司，公司日常的分析工作主要集中在运营分析、商品分析和会员分析三大领域。随着市场竞争的加剧、业务需求的复杂化以及新型业务的不断增加，公司管理者对业务报表的专业度和时效性的要求也在不断提高。但是利用传统的数据分析工具及分析方法，业务人员每天要花费大量的时间从诸如 ERP、POS、SAP 等业务系统导出数据并进行数据清洗和整合，效率非常低；对于一些时间跨度较大或分析粒度过小的业务需求，数据量经常会超过单张 Excel 表格的限制，只能将数据按照某个维度拆分后分别进行分析；同一个业务指标，不同部门汇总上来的结果往往有或多或少的偏差；对于公司管理者提出的一些高级业务需求，比如购物篮分析，业务人员完全没有办法实现。

现有的数据分析工具及分析方法已经远远无法满足企业快速发展的需求，对散落在各个业务系统中的数据的高效整合，即时、专业、统一的业务报表及数据模型的构建，以及业务人员自主高效地通过拖曳来生成报表以解决一些临时的问题等，是企业数字化转型升级之路的迫切需求。基于对国内外商业智能分析工具的调研比较，笔者发现微软推出的Power BI 能够非常完美地契合企业数字化转型的需求。本书将详细介绍利用 Power BI 搭建零售数据分析模型，以及运用数据分析模型指导企业业务运营的过程。

如何使用本书

不同于绝大多数讲解 Power BI 技术的图书，本书的侧重点是讲解 Power BI 在零售行业内业务领域的实战。书中各章讲解的案例，“分”则是一个个独立的业务应用场景，“合”则是一整套前后衔接、逻辑清晰的零售业务解决方案。无论您是在零售行业打拼多年的职场“老兵”，还是 Power BI 的技术“达人”，抑或是入门 Power BI 数据分析的新人，本书都会为您现有的知识结构提供强有力的补充和帮助。

本书使用的数据源以及数据源中所包含的业务字段均经过了仔细的考量、筛选，能够涵盖绝大部分零售数据分析场景。在阅读本书之前，建议您首先在异步社区下载案例数据源，按照书中讲解的操作方法，边读边进行实操演练，从而加深理解。另外，我们还建立了零售数据分析学习交流群，通过扫描右侧的二维码即可入群学习、交流，探讨与零售业务相关的问题及与 Power BI 相关的技术问题，以不断拓展利用 Power BI 进行零售数据分析的各类应用场景。

最后，书中有几点可能会使您在阅读中产生一定的困惑，在此统一做说明。

（1）书中数据模型刷新日期是 2019 年 8 月 20 日，所有的业务发生日期都是截至该日，所以很多趋势分析图表中 2019 年的数据并不完整，只有 1 月到 8 月的数据，这个是由以上业务设定所导致的，并非数据缺失。

（2）书中部分图表展示的数据，个体的总和与合计有微小差异，这是由于软件对展示的小数位数进行了四舍五入处理，并非数据计算有误。

（3）书中涉及“率”的公式，为了计算和表示方便，统一没有乘以 100%。

资源与支持

本书由异步社区出品，社区（https://www.epubit.com）为您提供相关资源和后续服务。

配套资源

本书提供以下资源：

- Excel 数据源；
- PBIX 源文件。

要想获得以上配套资源，请在异步社区本书页面中单击 配套资源，跳转到下载界面，按提示进行操作即可。

提交错误信息

作者和编辑尽最大努力来确保书中内容的准确性，但难免会存在疏漏。欢迎您将发现的问题反馈给我们，帮助我们提升图书的质量。

当您发现错误时，请登录异步社区，按书名搜索，进入本书页面（见下图），输入错误信息，单击“提交勘误”按钮即可。本书的作者和编辑会对您提交的错误信息进行审核，确认并接受后，您将获赠异步社区的 100 积分。积分可用于在异步社区兑换优惠券、样书或奖品。

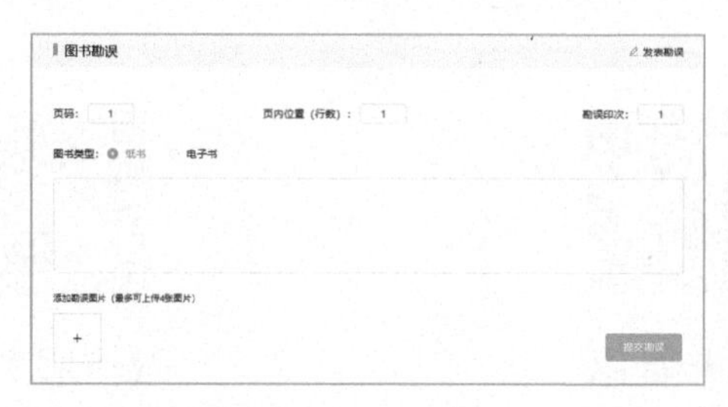

扫码关注本书

扫描右侧的二维码，您将会在异步社区微信服务号中看到本书信息及相关的服务提示。

与我们联系

我们的联系邮箱是 contact@epubit.com.cn。

如果您对本书有任何疑问或建议，请您发邮件给我们，并请在邮件标题中注明本书书名，以便我们更高效地做出反馈。

如果您有兴趣出版图书、录制教学视频，或者参与图书翻译、技术审校等工作，可以发邮件给我们；有意出版图书的作者也可以到异步社区在线投稿（直接访问 www.epubit.com/selfpublish/submission 即可）。

如果您所在的学校、培训机构或企业，想批量购买本书或异步社区出版的其他图书，也可以发邮件给我们。

如果您在网上发现有针对异步社区出品图书的各种形式的盗版行为，包括对图书全部或部分内容的非授权传播，请您将怀疑有侵权行为的链接发邮件给我们。您的这一举动是对作者权益的保护，也是我们持续为您提供有价值的内容的动力之源。

关于异步社区和异步图书

“异步社区”是人民邮电出版社旗下 IT 专业图书社区，致力于出版精品 IT 技术图书和相关学习产品，为作译者提供优质出版服务。异步社区创办于 2015 年 8 月，提供大量精品 IT 技术图书和电子书，以及高品质技术文章和视频课程。更多详情请访问异步社区官网 https://www.epubit.com。

“异步图书”是由异步社区编辑团队策划出版的精品 IT 专业图书的品牌，依托于人民邮电出版社近 40 年的计算机图书出版积累和专业编辑团队，相关图书在封面上印有异步图书的 LOGO。异步图书的出版领域包括软件开发、大数据、人工智能、测试、前端、网络技术等。

异步社区

微信服务号

目　录

第1章　零售数据分析概述

零售行业，作为和消费者联系最为紧密的行业之一，在人们的日常生活中占有举足轻重的地位。不管零售企业（以下简称企业）销售何种商品，其内在的业务模式都是类似的，就是利用现有的商业渠道，将商品卖给消费者，从中获利。这种业务模式中关键的3个要素就是人、货、场。人，主要是指消费者。企业的目标客群是谁？我们的商品到底卖给哪类客群？概念虽然简洁、易懂，对客群的选择却是企业最为重要的战略。客群定位关系到企业的发展方向，甚至“生死存亡”。货，就是企业经营的商品。目标客群确定后，就要配置满足目标客群需求的商品。货客匹配，两者相互促进，企业才能蓬勃发展；货客不匹配，必易导致目标客群不满、商品滞销，恶性循环，甚至会使企业逐渐没落以致衰亡。场，即销售渠道。传统销售渠道为线下实体店，新兴销售渠道则是各种电商平台。

零售数据分析，就是围绕人、货、场三大要素，对企业经营活动中产生的各种数据，从多种业务维度进行分组、汇总，生成具有业务价值的指标；通过比较分析，发现在业务开展过程中存在的与目标的差距及潜在的问题，为管理者的业务决策提供数据支持，达到风险管控及规范企业经营管理的目的。

1.1　零售行业核心指标含义

以人、货、场为基础，一个相对完整的零售数据分析体系通常包含一系列业务指标及分析场景。其中业务指标按照类型分为：运营类业务指标、商品类业务指标、会员类业务指标。本书选取使用频率相对较高并对销售业绩产生重要影响的指标，作为零售行业核心指标进行重点讲解。本书涉及的金额类指标，单位统一为“元”；数量类指标，单位根据汉语语言环境确定，为“个”“件”“岁”等。图1-1所示为对零售行业核心指标进行的划分。

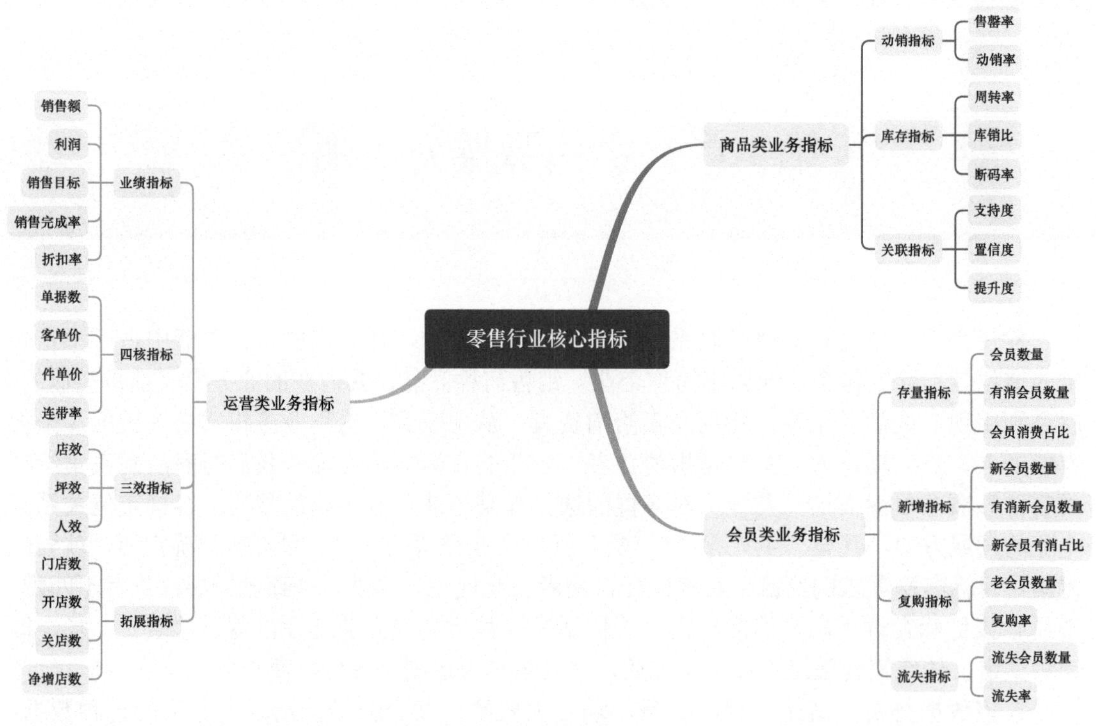

图 1-1　零售行业核心指标

1.1.1　运营类业务指标

常用的运营类业务指标划分为 4 类，共 16 个核心指标，即图 1-2 中标注蓝色的 16 个指标；标注绿色的为非核心指标，用于在核心指标间建立关系。运营类业务指标间的依赖关系如图 1-2 所示。

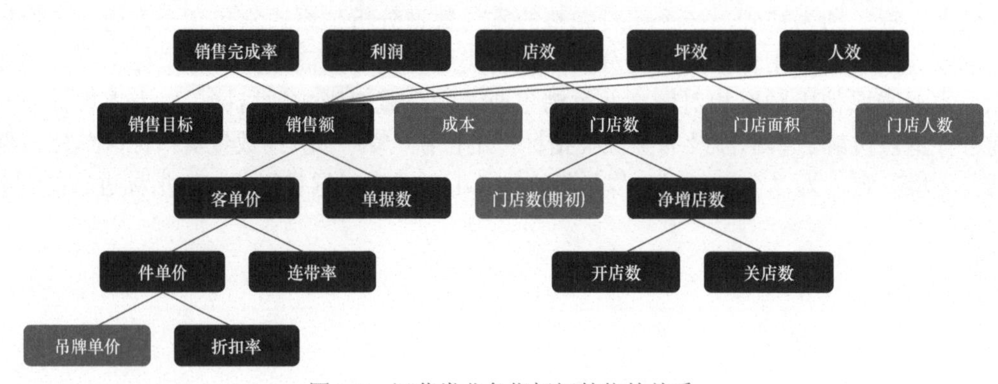

图 1-2　运营类业务指标间的依赖关系

1. 业绩指标

业绩指标主要指直接体现销售业绩的指标，包括销售额、利润、销售目标、销售完成率、折扣率等。

- **销售额**，是指顾客购买商品支付的金额，是企业销售业绩最直接的体现，也是绩效考核的重要依据。销售额是结果性指标，只反映最终结果，无法对导致结果的原因进行判断。
- **利润**，是指销售额减去成本后的余额。此处我们只考虑商品销售额减去商品进货成本后的净利润，不涉及财务领域的各种费用及税金。利润是企业经营成果的综合反映，是绩效考核的重要依据。
- **销售目标**，是根据企业未来经营策略、门店历史销售额、门店租金、预期的外部市场环境等因素综合测算后制定的门店销售额的目标。销售目标可分解为年度目标、月度目标、单日目标、时段目标以及店员个人目标。
- **销售完成率**，是指实际销售额占销售目标的百分比，是企业销售业绩的最终体现，也是绩效考核的重要依据。其计算公式为：销售完成率 = 销售额 ÷ 销售目标。需重点关注各关键时间区间的销售完成率，包括年度完成率、月度完成率、日完成率、时段完成率、个人完成率。
- **折扣率**，是指实际销售额占吊牌金额的百分比。其计算公式为：折扣率 = 销售额 ÷ 吊牌金额。折扣率在很大程度上反映了企业整体经营方向。经常性的打折策略虽然可能会在短期内对销量有较大提升，但同时会降低客户的信任度，尤其是忠诚客户对品牌的信任度，长期来看会降低企业的品牌价值及在行业内的影响力。所以企业要想永续经营必须控制折扣率。

2. 四核指标

四核指标即单据数、客单价、件单价、连带率。四核指标是对销售额使用杜邦分析法进行分解时常用的二级指标。

- **单据数**，是指销售的单据数量。单据既包括正常的销售单据，也包括退换货单据。退换货单据对企业的业绩增长未起到任何正向作用。因此，计算单据数时，退换货单据通常不能作为企业的有效单据。不同企业的业务关注点不同，有效单据数的计算逻辑也略有差异。
- **客单价**，是指单张单据的平均购买金额。其计算公式为：客单价 = 销售额 ÷ 单据数，或者客单价 = 件单价 × 连带率。客单价是导购销售能力的集中体现。销售能力包括连带销售能力及高单价商品推荐能力。
- **件单价**，是指单件商品的平均销售额。其计算公式为：件单价 = 销售额 ÷ 销量，或者件单价 = 吊牌价 × 折扣率。其中，吊牌价是由品牌定位决定的，同时要关注竞争对手，有策略地提高或降低吊牌价；折扣率由阶段性、策略性的活动力度决定。这两者共同决定了商品在不同销售阶段的件单价。

- **连带率**，是指单张单据的平均商品销量。其计算公式为：连带率 = 销量 ÷ 单据数。连带率反映了企业内部对产品的规划能力、产品搭配组合的设计能力、企业连带话术的培训能力、陈列师和门店导购的执行力，是企业系统化的管理能力和执行力的集中体现。

3. 三效指标

三效指标即店效、坪效、人效，它们是进行经营效率分析的 3 个重要维度。

- **店效**，是指单店平均销售额。其计算公式为：店效 = 销售额 ÷ 门店数量。店效主要用于区域对比及时间对比。区域间由于门店数量不同，对比总销售额并不直观，通常会选择店效进行对比分析。由于通常各年度门店数量不同，对销售业绩进行同期对比时，根据业务场景需要也会选择店效进行年度间的纵向比较。
- **坪效**，是指单位面积平均销售额。其计算公式为：坪效 = 销售额 ÷ 门店面积。坪效主要用于门店间单位面积销售贡献度的比较以及门店内部各区域 / 各货架销售贡献度的比较，是增减门店面积、调整卖场陈列、增减品类及 SKU 的重要依据。
- **人效**，是指平均每位店员的销售额。其计算公式为：人效 = 销售额 ÷ 店员人数。人效主要用于门店间单个店员销售贡献度的比较，是增减店员及雇用临时店员的重要依据。关于门店的人员配置，门店面积是参考因素之一，更重要的是依据门店的销售额。销售额高的门店，即使面积小，也要配置更多店员，这样既可减少单个店员的工作负荷，也可减少因人手不够而导致的问题；销售额低的门店，即使面积大，也要在不影响门店正常运转的基础上将店员人数控制在最少范围内。

4. 拓展指标

拓展指标是指和门店数量相关的指标，包括门店数、开店数、关店数、净增店数等。

- **门店数**，是指历史开设的门店数量，包括营业门店数及关店数。
- **开店数**，是指开店日期在统计期间的门店数量。
- **关店数**，是指撤店日期在统计期间的门店数量。
- **净增店数**，是指统计期间开店数减去关店数，即净增加的门店数量。

1.1.2 商品类业务指标

常用的商品类业务指标分为 3 类，共 8 个指标。

1. 动销指标

动销指标主要用于衡量商品的畅销程度，包括售罄率和动销率。

- **售罄率**，是指一段时间内商品的销量占总入库数量的百分比，是衡量商品畅销与否的重要指标。其计算公式为：售罄率 = 销量 ÷ 入库数量。售罄率用于单品间的对比、相同品类本期及同期对比、区域或单店间的横向对比等。

售罄率分为公司售罄率和区域售罄率。

公司售罄率，是指销量占公司进货数量的百分比，重点考核品类或单品在整个公司内的整体销售表现。其计算公式为：公司售罄率 = 销量 ÷ 总仓入库数量。

区域售罄率，是指销量占门店累计发放数量的百分比，重点对比品类或单品在单店或区域间的销售差异，作为单品在区域间调拨流转的重要依据。区域售罄率也用于门店或区域间的整体对比，用于考核商品管理人员的商品调配能力。其计算公式为：区域售罄率 = 销量 ÷ 门店入库数量。

通过对单品进行售罄率排名，结合单品所处生命周期阶段，确定畅滞销单品，并辅以相应的销售策略，包括补单、增发、调拨、让利促销，使销售额最大化。

- **动销率**，是指有销售的单品数占总单品数的百分比。动销率分为门店商品动销率和单品门店动销率。

门店商品动销率，是指门店有销单品数占门店入库单品数的百分比。其计算公式为：门店商品动销率 = 门店有销单品数 ÷ 门店入库单品数。门店商品动销率是评价门店各品类有效单品数的重要指标，反映了门店整体商品质量的高低。门店商品动销率高说明门店商品整体实卖性较强，与门店客群匹配度较高；门店商品动销率低说明滞销品相对较多或者商品与门店客群不符。门店商品动销率也不是越高越好，动销率过高可能意味着门店单品数相对偏少，顾客可选择范围较小，可通过调整品类宽度增加单品，给顾客更多选择空间，从而提升顾客满意度，增加门店销售额。

单品门店动销率，是指某款单品产生销售的门店数量占经营该款单品的门店数量的百分比。其计算公式为：单品门店动销率 = 单品有销门店数 ÷ 单品铺货门店数。单品门店动销率是考查单品在门店中的销售表现、评价单品适销度的重要指标。

2. 库存指标

库存指标主要用于衡量企业从商品入库到售出各环节的管理效率，主要包括周转率、库销比、断码率等。

- **周转率**，是指商品从入库到售出所经过的时间和速度，是衡量和评价企业从商品入库到售出各环节管理状况的综合性指标，分为周转次数和周转天数。

周转次数，是指在一段时间内库存商品周转的次数。其计算公式为：周转次数 = 计算期销售成本 ÷ 平均库存成本。其中，平均库存成本 =(期初库存成本 + 期末库存成本)÷ 2。

周转天数，是指库存周转一次所需的天数。其计算公式为：周转天数 = 计算期天数 ÷ 周转次数。

- **库销比**，是指在没有补货的前提下，门店的剩余库存按照之前统计期间的销售水平，理论上还可以卖多少个统计期间。其计算公式为：库销比 = 期末库存数量 ÷ 期间销量。库销比主要用于评估门店期末库存的数量是否合理。库销比高于公司设定标准表示库存数量偏多，库销比低于公司设定标准表示库存数量偏少。通过门店日常补货及调拨工作将库销比维持在一定区间，保持库存的合理性。

- **断码率**，是指断码的单品数占总单品数的百分比。通常某款商品的核心尺码如果齐全，则称为齐码，否则称为断码。核心尺码的定义根据不同企业、不同品类、不同地域会略有差别。断码率是反映商品管理水平和调配效率的重要指标，可以分为门店断码率和单品断码率。

门店断码率，是指门店所有的单品中，断码的单品数占总单品数的百分比。其计算公式为：门店断码率 = 门店断码单品数 ÷ 门店有库存单品数。

单品断码率，是指针对某一个特定单品，在所有经营该单品的门店中，断码的门店数占总经营门店数的百分比。其计算公式为：单品断码率 = 单品断码门店数 ÷ 单品有库存门店数。

3. 关联指标

产品关联度，是指产品组合在顾客的购物单据中出现的概率，综合评价关联度的关联指标有支持度、置信度、提升度。

- **支持度**，是指同时包含产品 A 和产品 B 的单据数占总单据数的百分比。支持度描述的是产品组合与整体的关系，反映了产品组合的重要程度。
- **置信度**，是指包含产品 A 的单据中同时也包含产品 B 的百分比，即同时包含产品 A 和产品 B 的单据占包含产品 A 的单据的百分比。置信度描述的是个体与个体的关系，反映了产品关联规则的准确程度。
- **提升度**，是指包含产品 A 的单据中同时包含产品 B 的百分比与包含产品 B 的单据百分比的比值，即在购买产品 A 的情况下，购买产品 B 的概率是否大于只考虑购买产品 B 的概率，考查在产品 A 的影响下，产品 B 的购买率是否会有所提升。

1.1.3　会员类业务指标

常用的会员类业务指标分为 4 类，共 10 个核心指标。选取其中 9 个指标建立指标间的依赖关系，即图 1-3 中标注蓝色的 9 个指标；标注绿色的非核心指标，用于在核心指标间建立关系。会员类业务指标间的依赖关系如图 1-3 所示。

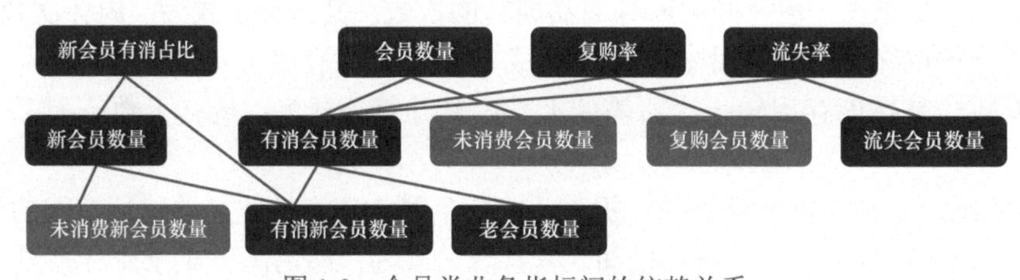

图 1-3　会员类业务指标间的依赖关系

1. 存量指标

存量指标主要用于对企业现有会员进行分析，主要包括会员数量、有消会员数量、会员消费占比等。

- **会员数量**，是指截至统计时点所有开卡的会员数量。会员数量是企业的资产，是企业长久经营的重要保证。会员数量包括开卡消费会员数量和开卡未消费会员数量。会员管理的重要工作就是激活开卡未消费会员产生消费，并使之成为企业的活跃会员。
- **有消会员数量**，是指统计期间产生消费的会员数量。规模可观且数量稳定的活跃会员是企业销售业绩稳定、有效抵御外部风险的重要保证。
- **会员消费占比**，是指会员产生的销售额占总销售额的百分比。其计算公式为：会员消费占比 = 会员销售额 ÷ 销售额。会员消费占比是考核企业会员管理工作的重要指标。只有将来店消费的客户发展成会员，才有极大可能在后期与其互动，提升会员满意度，最大限度地挖掘会员的终身价值。

2. 新增指标

新增指标主要用于对企业拉新的会员进行分析，主要包括新会员数量、有消新会员数量、新会员有消占比等。

- **新会员数量**，是指开卡日期在统计期间的会员数量，重点考查门店会员拉新工作的执行结果。新增会员是门店未来业绩增长的重要来源。
- **有消新会员数量**，是指首次消费日期在统计期间的会员数量，重点考查门店会员拉新工作的执行质量。只有真正产生消费的新会员才是门店的有效新会员。
- **新会员有消占比**，是指在新增会员中，产生消费的会员数量占比。其计算公式为：新会员有消占比 = 有消新会员数量 ÷ 新会员数量。新会员有消占比重点考查门店会员拉新工作的执行质量。新会员数量及新会员有消占比这两个指标值均高的门店，才是门店会员拉新工作执行到位的门店。

3. 复购指标

复购指标主要用于对企业老会员的消费及复购进行分析，主要包括老会员数量、复购率等。

- **老会员数量**，是指首次消费日期早于统计期间且在统计期间内产生消费的会员数量。在当前客流量不断被分化的大环境下，获取新会员的难度及成本越来越高。聚焦现有会员的复购，挖掘老会员的终身价值，才是企业最大的课题。
- **复购率**，是指在统计期间消费 2 次及以上次数的会员数量占统计期间有消会员数量的百分比。其计算公式为：复购率 = 有消会员数量 (消费 2 次及以上) ÷ 有消会员数量。复购率是会员管理的核心指标。只有不断提升产品品质，提升顾客的购物体验，配合精准的数据分析，在恰当的时间对恰当的会员进行二次激活，才能最大限度地提高复购率，保持企业业绩的稳定增长。

4. 流失指标

流失指标主要用于对已流失及即将流失的会员进行分析，主要包括流失会员数量及流失率等。

- **流失会员数量**，是指会员最后一次消费日期距统计期间的起始日期超过 N 天的会员数量。根据行业不同，未消费天数 N 的取值也有很大差异。消费频率较高的产品，可能 1 ～ 2 个月未再次消费的会员即被定义为流失会员；而消费频率较低的产品，可能 1 ～ 2 年未再次消费的会员才被定义为流失会员。
- **流失率**，是指基期有过消费但在统计期间流失的会员数量占基期有消会员数量的百分比。其计算公式为：流失率 = 流失会员数量 ÷ 基期有消会员数量。任何品牌都不能满足所有客群，所以一定的会员流失率是正常的。我们要做的是，一方面，找到会员即将流失的时点，及时进行唤回；另一方面，在进行预流失唤回时，如果资源有限，重点针对历史消费金额及消费频率相对较高的会员，对于历史消费金额小或者消费频率低的会员，唤回概率通常很小，可以酌情放弃。

1.2 零售行业常用业务场景

本节从运营、商品、会员 3 个板块介绍零售行业经常使用的业务场景，包括各场景的场景描述、涉及的指标及分析维度，并配以相应的可视化图表辅助读者理解。需要注意的是，每一个业务场景，其展示效果的本质都是一张或数张数据透视表，可用多种方法对其进行可视化展示，使用的指标及维度也可根据业务的需求略有不同。本节仅起到抛砖引玉的作用，辅助您梳理业务分析框架、拓展分析思路和了解分析方法。在后面的章节中，我们会精选部分业务场景，详细讲解其业务分析技术实现的方法。

1.2.1 运营板块业务场景

运营板块主要包括区域分析、单店分析、销售预测、开关店分析 4 个主要业务场景，如图 1-4 所示。

1. 区域分析

（1）区域整体销售对比

- **场景描述**：对比企业各区域整体销售绩效，找到业绩贡献的相对落后成员。图 1-5 展示了报表刷新日（即报表数据更新日期）各区域核心指标本期和同期的业绩表现。

- **指标**：门店数、销售额、同期销售额（销售额 PY）、销售额同比增长率（销售额 YOY%）、销售额占比、同期销售额占比（销售额占比 PY）、销售额占比同比增长值（销售额占比 YOY）、店效、销售完成率、折扣率、同期折扣率（折扣率 PY）、折扣率同比增长值（折扣率 YOY）。
- **维度**：区域、省份；时间区间作为切片器。

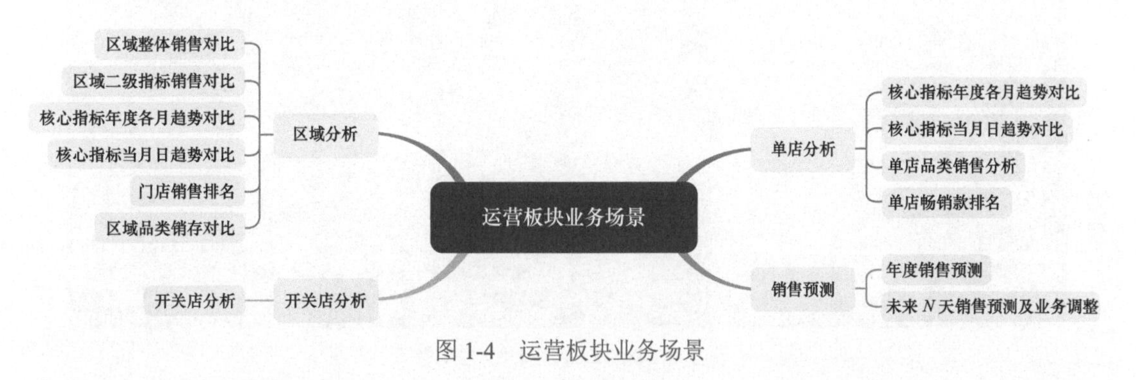

图 1-4 运营板块业务场景

区域	省份	门店数	销售额	销售额 PY	销售额 YOY%	销售额占比	销售额占比 PY	销售额占比 YOY	店效	销售完成率	折扣率	折扣率 PY	折扣率 YOY
营销一区	江苏省	17	33444	50122	-33.27%	19.59%	22.47%	-2.87%	1967	71.66%	80.42%	54.15%	26.27%
	总计	**17**	**33444**	**50122**	**-33.27%**	**19.59%**	**22.47%**	**-2.87%**	**1967**	**71.66%**	**80.42%**	**54.15%**	**26.27%**
营销二区	福建省	3	5671	7219	-21.44%	3.32%	3.24%	0.09%	1890	70.51%	77.56%	59.09%	18.46%
	广东省	4	11142	14774	-24.58%	6.53%	6.62%	-0.09%	2786	64.91%	63.86%	65.42%	-1.56%
	贵州省	1	1975	2432	-18.79%	1.16%	1.09%	0.07%	1975	85.24%	80.25%	56.47%	23.79%
	海南省	1	542	553	-1.99%	0.32%	0.25%	0.07%	542	49.63%	94.76%	55.58%	39.18%
	湖北省	19	42754	51957	-17.71%	25.05%	23.29%	1.76%	2250	65.53%	74.38%	59.01%	15.37%
	总计	**28**	**62084**	**76935**	**-19.30%**	**36.38%**	**34.49%**	**1.89%**	**2217**	**66.14%**	**72.80%**	**60.03%**	**12.77%**
营销三区		**21**	**30869**	**39932**	**-22.70%**	**18.09%**	**17.90%**	**0.19%**	**1470**	**63.41%**	**73.79%**	**57.80%**	**16.00%**
营销四区	浙江省	19	44280	56094	-21.06%	25.94%	25.14%	0.80%	2331	75.85%	86.79%	63.00%	23.79%
	总计	**19**	**44280**	**56094**	**-21.06%**	**25.94%**	**25.14%**	**0.80%**	**2331**	**75.85%**	**86.79%**	**63.00%**	**23.79%**
总计		**85**	**170677**	**223083**	**-23.49%**	**100.00%**	**100.00%**	**0.00%**	**2008**	**68.94%**	**77.68%**	**58.89%**	**18.80%**

图 1-5 区域整体销售对比

（2）区域二级指标销售对比

- **场景描述**：对于销售异常的区域，通过指标拆分进一步对比影响销售额的核心二级指标，看看到底是哪些二级指标导致业绩偏差。图 1-6 展示了报表刷新日各区域核心二级指标本期和同期的业绩表现。
- **指标**：单据数、同期单据数（单据数 PY）、单据数同比增长率（单据数 YOY%）、客单价、同期客单价（客单价 PY）、客单价同比增长率（客单价 YOY%）、件单价、同期件单价（件单价 PY）、件单价同比增长率（件单价 YOY%）、连带率、同期连带率（连带率 PY）、连带率同比增长率（连带率 YOY%）。

- **维度**：区域、省份；时间区间作为切片器。

区域	省份	单据数	单据数 PY	单据数 YOY%	客单价	客单价 PY	客单价 YOY%	件单价	件单价 PY	件单价 YOY%	连带率	连带率 PY	连带率 YOY%
营销一区	江苏省	210	380	-44.74%	170	137	23.76%	104	87	19.44%	1.63	1.58	3.62%
	总计	**210**	**380**	**-44.74%**	**170**	**137**	**23.76%**	**104**	**87**	**19.44%**	**1.63**	**1.58**	**3.62%**
营销二区	福建省	28	48	-41.67%	213	164	30.25%	117	91	28.12%	1.82	1.79	1.66%
	广东省	51	84	-39.29%	236	177	33.06%	121	104	16.69%	1.94	1.70	14.03%
	贵州省	16	16	0.00%	137	152	-9.70%	92	68	35.44%	1.50	2.25	-33.33%
	海南省	2	5	-60.00%	271	111	145.03%	136	79	71.52%	2.00	1.40	42.86%
	湖北省	289	329	-12.16%	166	163	1.99%	108	90	19.25%	1.54	1.80	-14.47%
	总计	**386**	**482**	**-19.92%**	**178**	**164**	**8.22%**	**110**	**92**	**20.24%**	**1.61**	**1.79**	**-10.00%**
营销三区	湖南省	150	257	-41.63%	225	165	36.77%	116	87	33.22%	1.93	1.88	2.66%
	总计	**150**	**257**	**-41.63%**	**225**	**165**	**36.77%**	**116**	**87**	**33.22%**	**1.93**	**1.88**	**2.66%**
营销四区	浙江省	254	303	-16.17%	195	191	2.08%	118	98	19.80%	1.65	1.94	-14.79%
	总计	**254**	**303**	**-16.17%**	**195**	**191**	**2.08%**	**118**	**98**	**19.80%**	**1.65**	**1.94**	**-14.79%**
总计		**1000**	**1422**	**-29.68%**	**187**	**163**	**15.22%**	**112**	**91**	**22.58%**	**1.68**	**1.78**	**-6.00%**

图 1-6　区域二级指标销售对比

（3）核心指标年度各月（截至 2019 年 8 月 20 日）趋势对比

- **场景描述**：从年度视角整体把握各核心指标在各月的变化趋势。图 1-7 展示了 2019 年 1 ～ 8 月公司各核心指标本期和同期的月度趋势（销售完成率无同期数据）。
- **指标**：销售额、同期销售额（销售额 PY）、销售完成率、折扣率、同期折扣率（折扣率 PY）、客单价、同期客单价（客单价 PY）、连带率、同期连带率（连带率 PY）、单据数、同期单据数（单据数 PY）。
- **维度**：月份；年份、区域、省份、城市作为切片器。

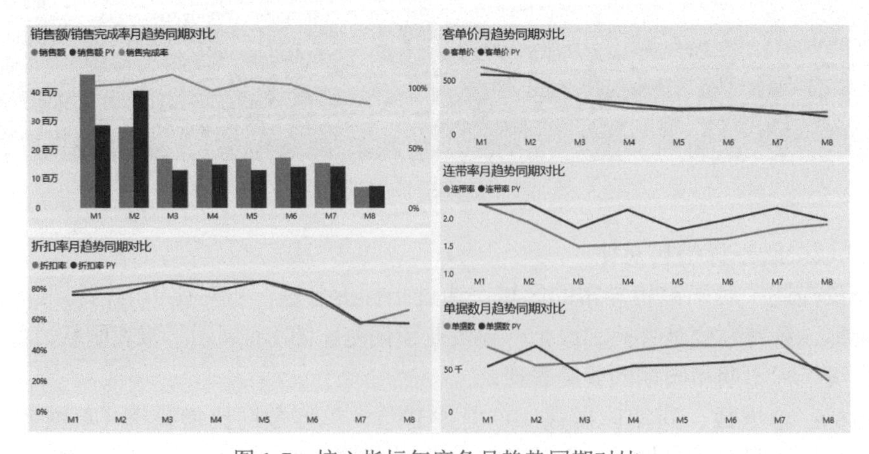

图 1-7　核心指标年度各月趋势同期对比

（4）核心指标当月日趋势对比

- **场景描述：**关注核心指标在近期的变化趋势，以便在发现趋势异常的第一时间恰当应对。图 1-8 展示了 2019 年 8 月公司各核心指标的日趋势同期对比。
- **指标：**折扣率、同期折扣率（折扣率 PY）、客单价、同期客单价（客单价 PY）、连带率、同期连带率（连带率 PY）、单据数、同期单据数（单据数 PY）。
- **维度：**日期；区域、省份、城市作为切片器。

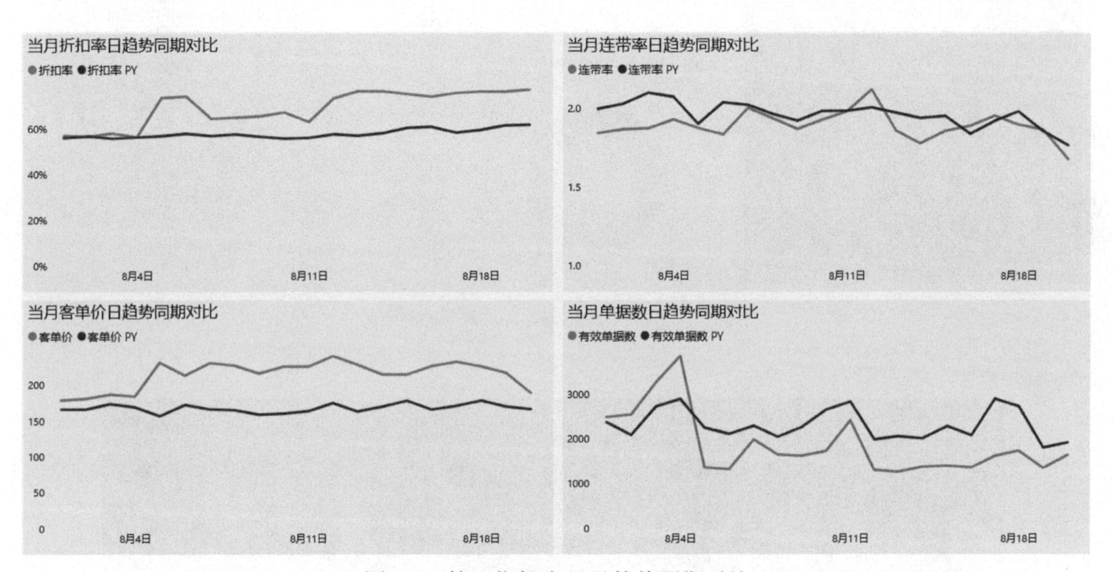

图 1-8 核心指标当月日趋势同期对比

（5）门店销售排名

- **场景描述：**奖励先进门店，鞭策落后门店，并进一步找到优秀门店销售业绩占比较高的商品是哪些，为落后门店提供参考。图 1-9 展示了报表刷新日近 30 日内营销四区各门店销售排名以及销售额构成。
- **指标：**销售额、销量、销售额占比。
- **维度：**区域、门店名称、季节、新老品、品类、单品；时间区间作为切片器。

（6）区域品类销存对比

- **场景描述：**“前线打得轰轰烈烈，后勤粮草供应也要跟上”。通过各区域品类的销存对比，找到可能的缺项品类以及针对某个品类可能存在库存不足的区域。图 1-10 展示了报表刷新日各区域各品类销量占比及期末库存数量占比。
- **指标：**销量占比、期末库存数量占比。
- **维度：**区域、品类；时间区间作为切片器。

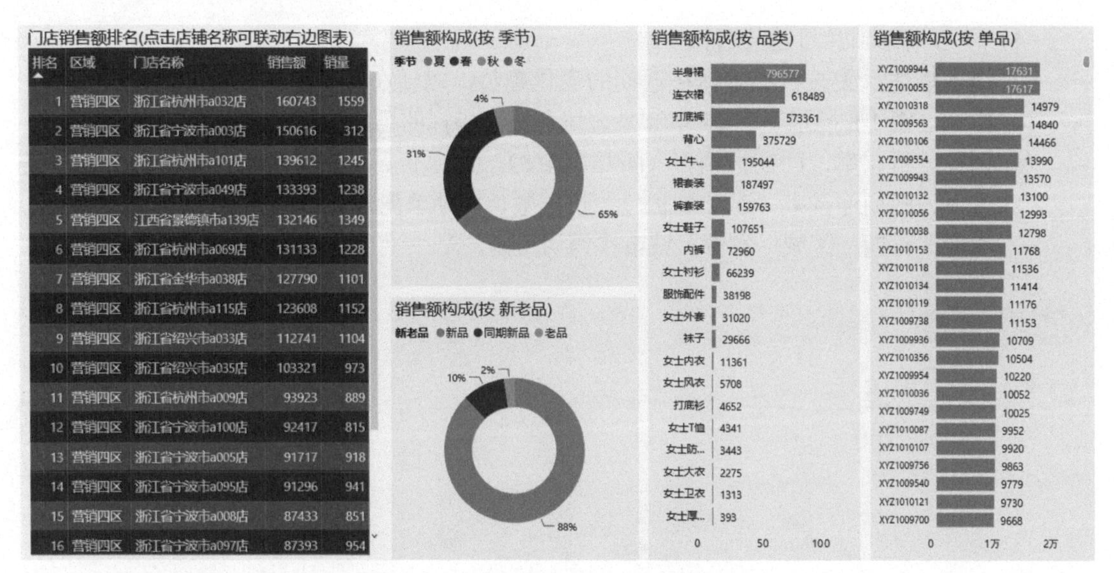

图 1-9　门店销售额排名及销售额构成

区域	营销一区		营销二区		营销三区		营销四区	
品类	销量占比	期末库存数量占比	销量占比	期末库存数量占比	销量占比	期末库存数量占比	销量占比	期末库存数量占比
连衣裙	27.10%	27.53%	26.19%	26.66%	28.53%	28.14%	26.84%	27.42%
半身裙	16.77%	12.18%	16.20%	12.73%	13.56%	12.83%	15.44%	12.70%
袜子	13.29%	6.71%	11.75%	5.89%	11.45%	4.99%	13.89%	5.85%
打底裤	11.96%	12.41%	12.48%	13.28%	13.52%	13.25%	11.94%	13.02%
背心	7.91%	8.70%	8.64%	7.77%	8.45%	7.59%	8.16%	8.59%
内裤	6.14%	2.21%	4.45%	1.72%	5.67%	1.69%	6.73%	2.15%
女士牛仔裤	3.81%	4.43%	4.83%	4.57%	4.82%	4.93%	3.87%	4.46%
裤套装	3.51%	4.39%	3.05%	4.25%	2.52%	3.81%	3.52%	4.10%
女士衬衫	1.95%	3.35%	3.89%	3.38%	2.33%	3.69%	2.28%	3.24%
裙套装	2.10%	3.91%	2.57%	4.47%	2.33%	4.07%	2.11%	4.24%
女士鞋子	1.71%	1.72%	1.93%	1.57%	2.22%	1.65%	1.95%	1.88%
服饰配件	1.65%	1.55%	1.09%	1.13%	1.44%	1.19%	1.13%	1.44%
女士外套	0.80%	3.39%	1.12%	4.21%	1.30%	4.01%	0.70%	3.38%
女士内衣	0.68%	0.87%	0.79%	0.66%	0.70%	0.56%	0.80%	0.87%
打底衫	0.15%	3.07%	0.36%	3.72%	0.33%	3.54%	0.33%	3.15%
女士风衣	0.30%	1.00%	0.25%	1.26%	0.11%	1.21%	0.21%	1.03%
女士T恤	0.18%	1.38%	0.15%	1.52%	0.48%	1.53%	0.12%	1.40%
女士卫衣	—	1.19%	0.25%	1.19%	0.22%	1.32%	0.00%	1.06%
总计	100.00%	100.00%	100.00%	100.00%	100.00%	100.00%	100.00%	100.00%

图 1-10　区域品类销存占比

2. 单店分析

（1）核心指标年度各月趋势对比

参照区域分析的核心指标年度各月趋势对比。

（2）核心指标当月日趋势对比

参照区域分析的核心指标当月日趋势对比。

（3）单店品类销售分析

- **场景描述：**“仗打得好坏，装备的种类、质量、数量至关重要”。从商品层面深入剖析门店销售偏差到底是由哪些品类导致的，是发放的款色数不足还是发放的款本身质量较差，从而有针对性地补充和调整。图 1-11 展示了 2019 年初至报表刷新日某门店新品动销率对比，新品款色数及销售额本期和同期的对比，其中，新品动销率对比图中的虚线代表各个品类新品的平均动销率是 83.78%。
- **指标：**动销率、款色数、同期款色数、销售额、同期销售额。
- **维度：**品类；门店名称、时间区间作为切片器。

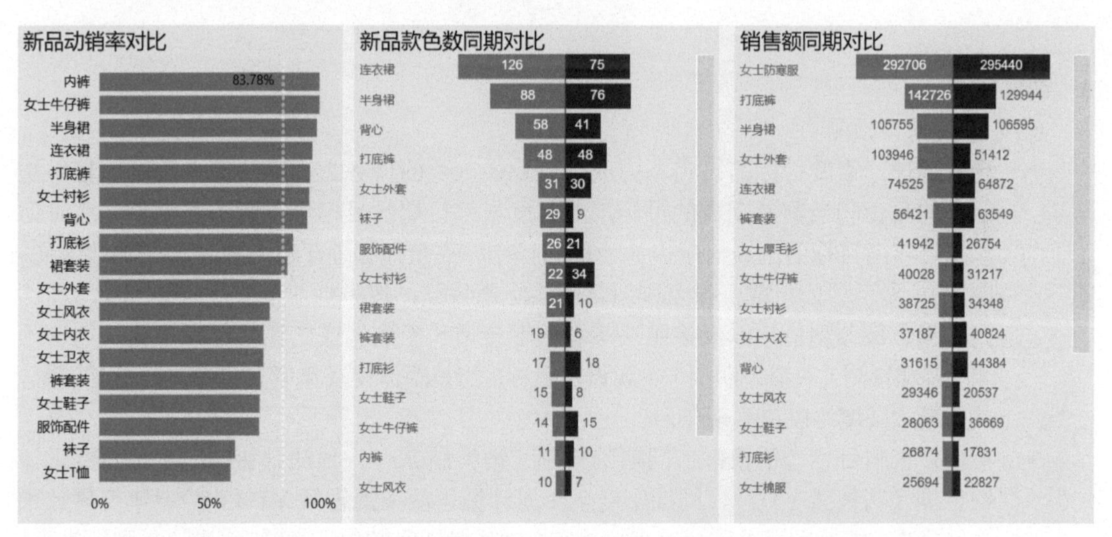

图 1-11 某门店新品动销率对比、新品款色数同期对比、销售额同期对比

（4）单店畅销款排名

- **场景描述：**聚焦门店业绩占比较大的主力单品，重点关注其库存情况，及时补货或者寻找替代品。图 1-12 展示了某门店打底裤品类在报表刷新日前 7 日的畅销款入库、销售及库存情况。
- **指标：**到店日期、首次销售日期、总销售周数、销售额、销量、累计销量、售罄率、入库数量、期末库存数量、在途库存数量、库存可销天数。
- **维度：**产品 ID、品类；门店名称、时间区间作为切片器。

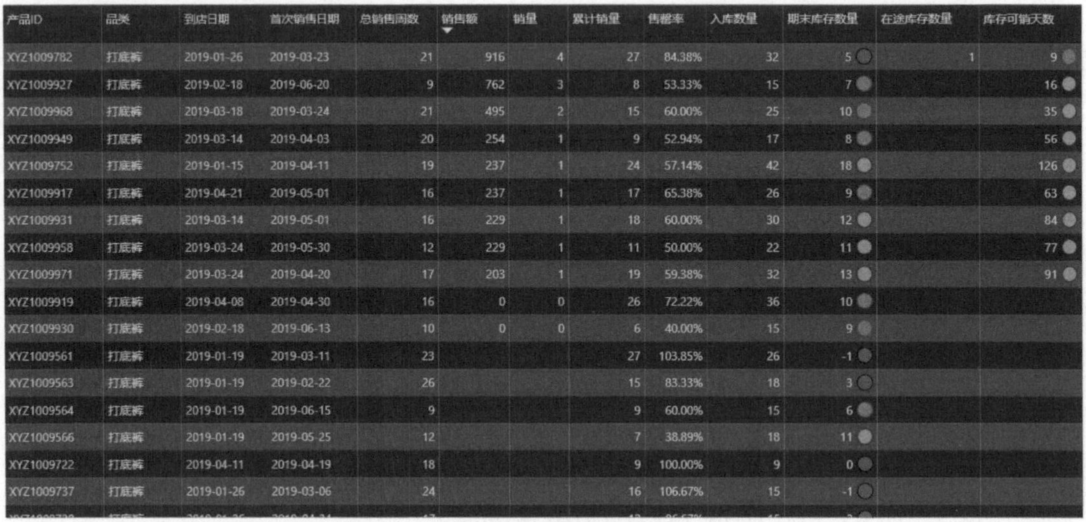

产品ID	品类	到店日期	首次销售日期	总销售周数	销售额	销量	累计销量	售罄率	入库数量	期末库存数量	在途库存数量	库存可销天数
XYZ1009782	打底裤	2019-01-26	2019-03-23	21	916	4	27	84.38%	32	5	1	9
XYZ1009927	打底裤	2019-02-18	2019-06-20	9	762	3	8	53.33%	15	7		16
XYZ1009968	打底裤	2019-03-18	2019-03-24	21	495	2	15	60.00%	25	10		35
XYZ1009949	打底裤	2019-03-14	2019-04-03	20	254	1	9	52.94%	17	8		56
XYZ1009752	打底裤	2019-01-15	2019-04-11	19	237	1	24	57.14%	42	18		126
XYZ1009917	打底裤	2019-04-21	2019-05-01	16	237	1	17	65.38%	26	9		63
XYZ1009931	打底裤	2019-03-14	2019-05-01	16	229	1	18	60.00%	30	12		84
XYZ1009958	打底裤	2019-03-24	2019-05-30	12	229	1	11	50.00%	22	11		77
XYZ1009971	打底裤	2019-03-24	2019-04-20	17	203	1	19	59.38%	32	13		91
XYZ1009919	打底裤	2019-04-08	2019-04-30	16	0	0	26	72.22%	36	10		
XYZ1009930	打底裤	2019-02-18	2019-06-13	10	0	0	6	40.00%	15	9		
XYZ1009561	打底裤	2019-01-19	2019-03-11	23			27	103.85%	26	-1		
XYZ1009563	打底裤	2019-01-19	2019-02-22	26			15	83.33%	18	3		
XYZ1009564	打底裤	2019-01-19	2019-06-15	9			9	60.00%	15	6		
XYZ1009566	打底裤	2019-01-19	2019-05-25	12			7	38.89%	18	11		
XYZ1009722	打底裤	2019-04-11	2019-04-19	18			9	100.00%	9	0		
XYZ1009737	打底裤	2019-01-26	2019-03-06	24			16	106.67%	15	-1		

图 1-12　单店畅销款排名

3. 销售预测

（1）年度销售预测

- **场景描述**：年度目标的设定和完成是企业最重要的任务之一，决策者通过比较年初制定的目标和当前已完成的目标，对年度未来日期的目标进行预测和调整，实时动态拟合年度目标的达成情况，从而更加轻松、高效地管理年度目标及未来调改方向。图 1-13 展示了公司截至报表刷新日的实际销售额，按照当前增长趋势到年底所能达到的销售额预测值，以及按照决策者的期望增长率到年底的销售额期望值。销售预测（客观预测）和销售期望（主观设定目标）的差距促使决策者在当前进行战略调整，从而最大限度达成销售期望。
- **指标**：销售目标、销售额、同期销售额（销售额 PY）、预测销售额、本年至今累计销售额（销售额 YTD）、同期年度至今累计销售额（销售额 YTD PY）、年度累计预测销售额 - 按最后报表日（销售额 预测 YTD 按最后报表日）、年度累计预测销售额 - 按预期增长率（销售额 预测 YTD 按预期增长率）、全年销售目标（销售目标 CFY）、同期全年销售额（销售额 PFY）、全年预测销售额（销售额 预测 CFY）。
- **维度**：月份；年份、区域、省份、城市、门店名称作为切片器。

（2）未来 *N* 天销售预测及业务调整

- **场景描述**：未来 *N* 天销售预测及业务调整给出了应该在哪些点发力，以及各个发力点应达成的目标，使得业务人员想尽一切方案实现每一个发力点的既定目标。图 1-14 展示了公司报表刷新日前 30 天的各项指标完成情况，按照目前的增长态势预测未来 30 天的销售完成率，以及针对各项指标采取相应的业务策略后，最终可能达到的销售完成率，从而指导业务人员有针对性地采取动作。

- **指标**：销售额、单据数、客单价、件单价、连带率、吊牌单价、折扣率、销售完成率、销售额同比增长率（销售额 YOY%）。
- **维度**：区域、省份、城市、门店名称作为切片器。

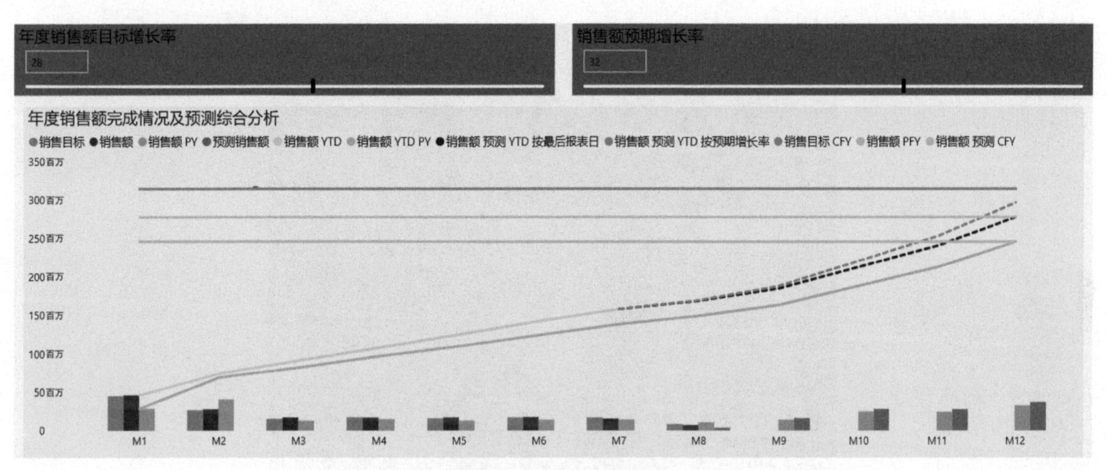

图 1-13　年度销售预测

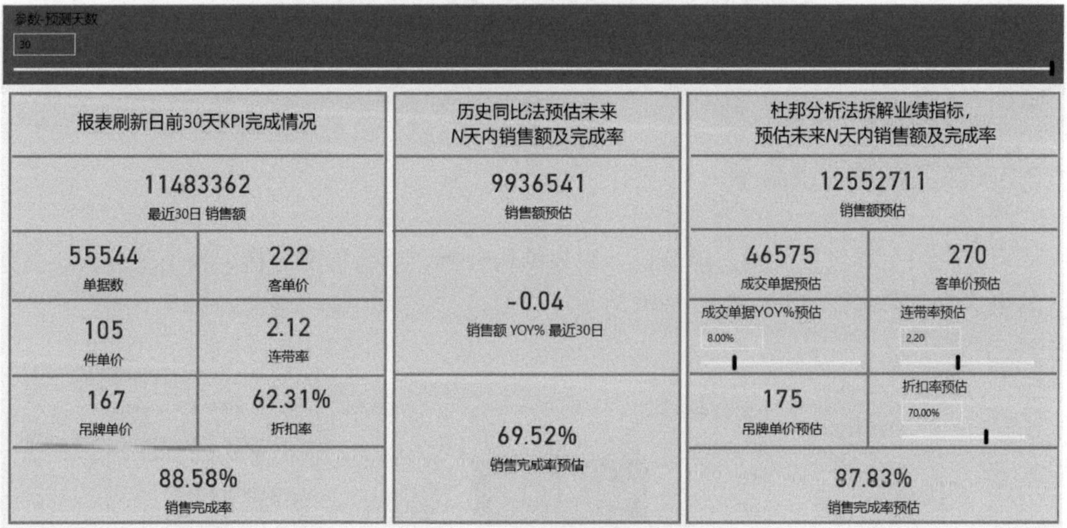

参数-预测天数
30

报表刷新日前30天KPI完成情况
11483362
最近30日 销售额
55544 单据数
222 客单价
105 件单价
2.12 连带率
167 吊牌单价
62.31% 折扣率
88.58% 销售完成率

历史同比法预估未来N天内销售额及完成率
9936541
销售额预估
-0.04
销售额 YOY% 最近30日
69.52%
销售完成率预估

杜邦分析法拆解业绩指标，预估未来N天内销售额及完成率
12552711
销售额预估
46575 成交单据预估
270 客单价预估
成交单据YOY%预估 8.00%
连带率预估 2.20
175 吊牌单价预估
折扣率预估 70.00%
87.83%
销售完成率预估

图 1-14　未来 *N* 天销售预测

4. 开关店分析

- **场景描述**：开关店是快速改变市场份额的重要手段，通过对比新开店数及净增店数，

预测区域发展战略能否按照既定目标实现。图 1-15 对比了各区域 2019 年初至报表刷新日的开关店及门店数详情。

- **指标：**年初门店数、本期开店数、本期关店数、本期净增店数、期末门店数。
- **维度：**区域、省份；时间区间作为切片器。

区域	年初门店数	本期开店数	本期关店数	本期净增店数	期末门店数
⊟ 营销一区	**29**	**8**	**2**	**6**	**35**
江苏省	29		2	-2	27
云南省		8		8	8
⊟ 营销二区	**37**	**3**	**2**	**1**	**38**
福建省	3				3
广东省	4				4
贵州省	1				1
海南省	1	1		1	2
湖北省	28	2	2	0	28
⊟ 营销三区	**36**		**2**	**-2**	**34**
湖南省	36		2	-2	34
⊟ 营销四区	**34**	**12**	**4**	**8**	**42**
江西省		12		12	12
浙江省	34		4	-4	30
总计	**136**	**23**	**10**	**13**	**149**

图 1-15　开关店及门店数详情

1.2.2　商品板块业务场景

商品板块主要包括采购入库分析、销售结构分析、新品售罄分析、畅销款分析、关联性分析 5 个主要业务场景，如图 1-16 所示。

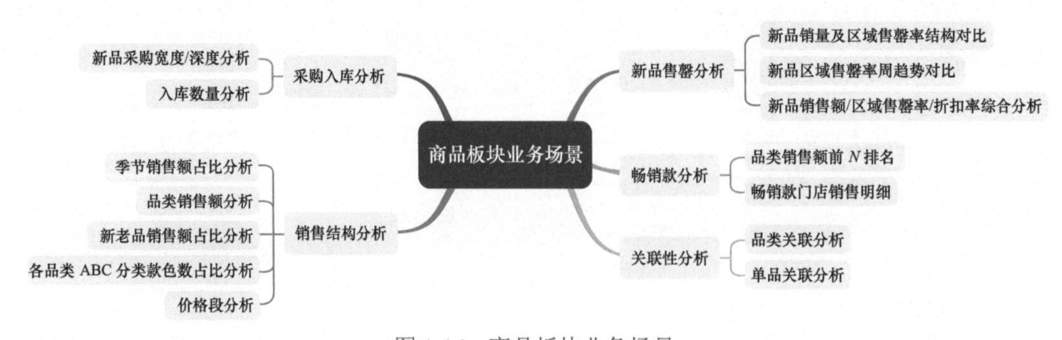

图 1-16　商品板块业务场景

1. 采购入库分析

（1）新品采购宽度 / 深度分析

- **场景描述**：宽度是指产品的款色数，表示产品的丰富程度，深度则是指产品单款的平均采购数量。一个相对成功的产品配置方案是在保证产品丰富程度的基础上确保核心产品备货充足。图 1-17 展示了 2019 年春夏两季各个品类本期和同期的入库款色数及单款平均入库数量。
- **指标**：款色数、同期款色数（款色数 PY）、单款平均入库数量、同期单款平均入库数量（单款平均入库数量 PY）。
- **维度**：品类。

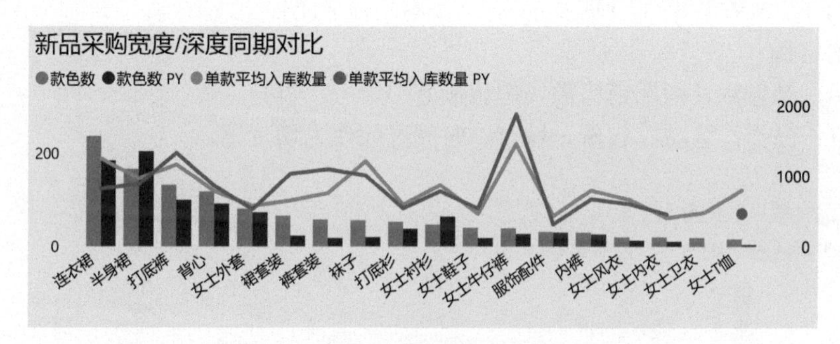

图 1-17　新品采购宽度 / 深度同期对比

（2）入库数量分析

- **场景描述**：品类累计入库数量趋势对比。图 1-18 展示了新品总仓累计入库数量趋势对比。
- **指标**：入库数量、同期入库数量（入库数量 PY）。
- **维度**：日期；品类作为切片器。

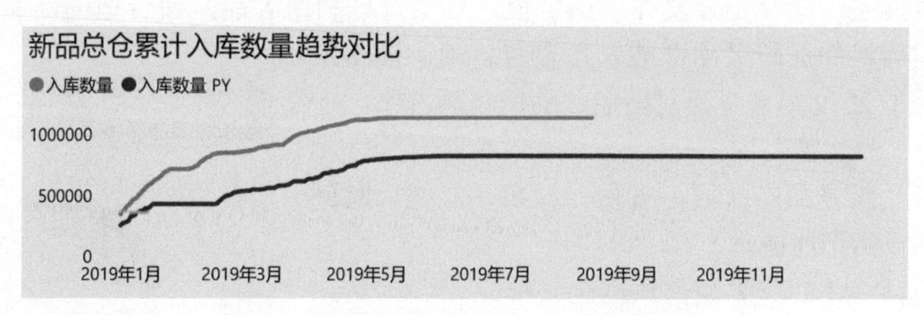

图 1-18　新品总仓累计入库数量趋势对比

2. 销售结构分析

（1）季节销售额占比分析

- **场景描述**：商品是应季的还是反季的，季节交替时是否能够根据气温变化灵活高效进行相应产品的配置。图 1-19 展示了 2019 年 8 月当月各季节产品本期及同期的销售额占比。

- **指标**：销售额占比、同期销售额占比（销售额占比 PY）。
- **维度**：季节；区域、省份、城市、时间区间作为切片器。

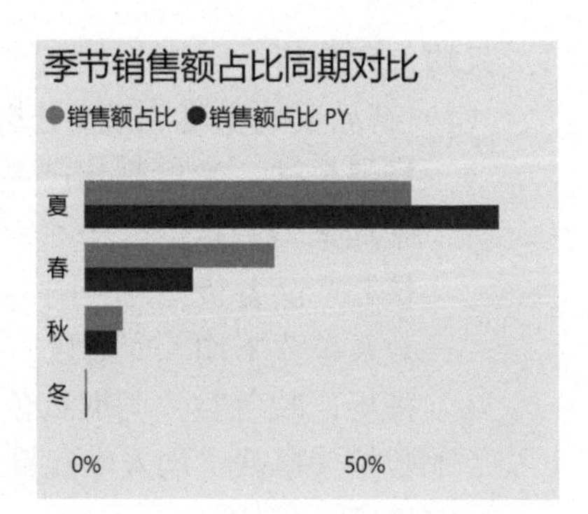

图 1-19　季节销售额占比同期对比

（2）品类销售额分析

- **场景描述**：对比各品类本期销售额和同期销售额是否存在较大偏差，快速锁定异常品类。图 1-20 展示了 2019 年 8 月当月各品类产品本期及同期的销售额。
- **指标**：销售额、同期销售额（销售额 PY）。
- **维度**：品类；区域、省份、城市、时间区间作为切片器。

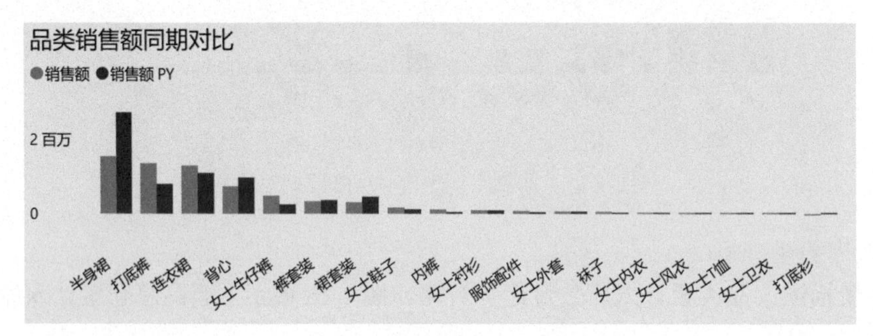

图 1-20　品类销售额同期对比

（3）新老品销售额占比分析

- **场景描述**：既要充分发挥新品价值，也要合理利用老品，使合适的商品出现在合适的门店，保证新老品都能发挥自身价值。图 1-21 展示了 2019 年 8 月当月新老品的销售额占比。
- **指标**：销售额占比。
- **维度**：新老品；区域、省份、城市、品类、时间区间作为切片器。

（4）各品类 ABC 分类款色数占比分析

- **场景描述**：快速诊断各品类销售结构是否符合健康的“二八法则”。图 1-22 展示了 2019 年春夏两季各品类商品整体的销售额以及品类内部 ABC 分类商品的款色数占比（X 轴长度代表销售额大小）。

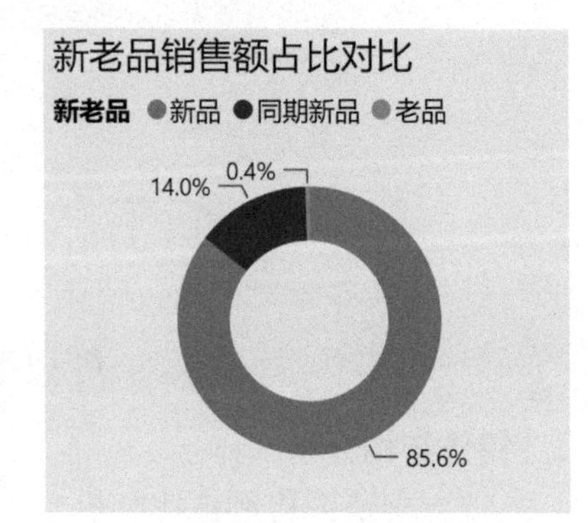

图 1-21　新老品销售额占比对比

- **指标**：销售额、款色数占比。
- **维度**：品类、ABC 分类；区域、省份、城市字段作为切片器。

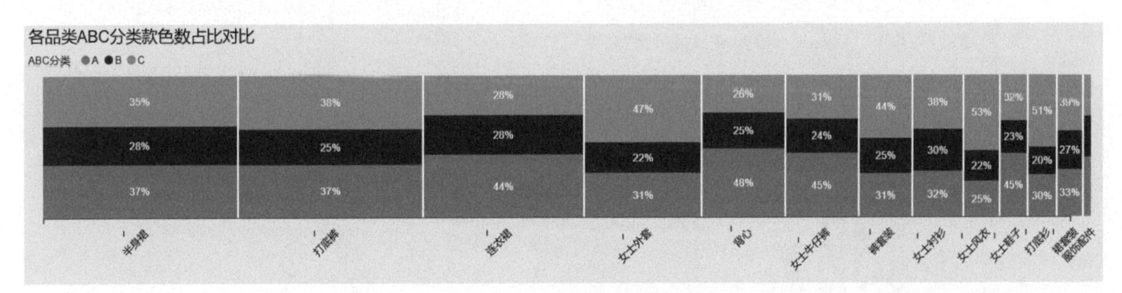

图 1-22 各品类 ABC 分类款色数占比对比

（5）价格段分析

- **场景描述**：对比各价格段的款色数占比及销售额占比。图 1-23 展示了 2019 年连衣裙品类各价格段产品的款色数占比及销售额占比。
- **指标**：款色数占比、销售额占比。
- **维度**：价格段；区域、省份、城市、品类作为切片器。

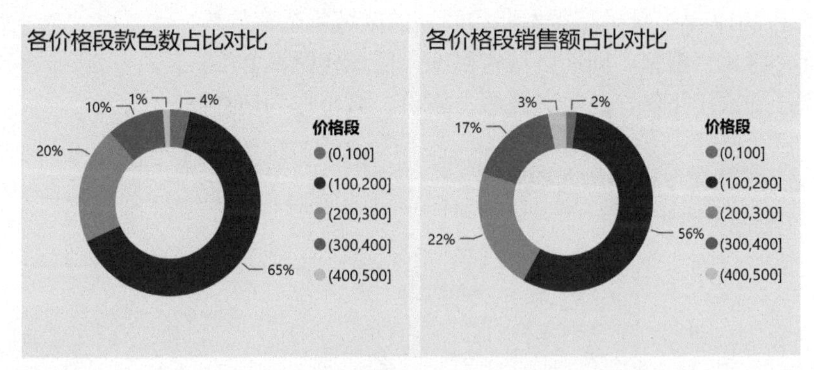

图 1-23 各价格段款色数占比及销售额占比对比

3. 新品售罄分析

（1）新品销量及区域售罄率结构对比

- **场景描述**：横向对比各个品类本期及同期的销量及区域售罄率，快速锁定区域售罄率偏差较大的品类。图 1-24 对比了 2019 年春夏两季各品类商品本期及同期的销量和区域售罄率。
- **指标**：销量、同期销量（销量 PY）、区域售罄率、同期区域售罄率（区域售罄率 PY）。

- **维度**：品类；区域、省份、城市作为切片器。

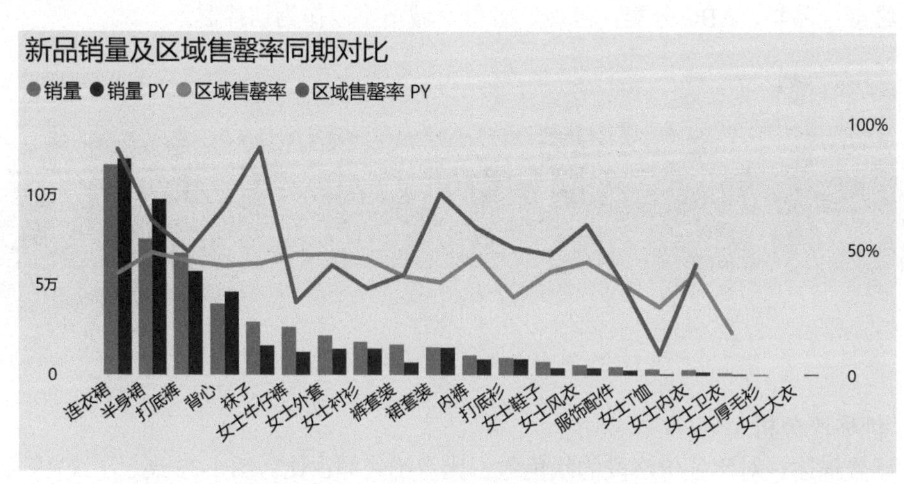

图 1-24　新品销量及区域售罄率同期对比

（2）新品区域售罄率周趋势对比

- **场景描述**：关注具体品类区域售罄率变化趋势，出现拐点时及时予以关注。图 1-25 展示了 2019 年半身裙品类本期和同期的区域售罄率趋势。
- **指标**：区域售罄率、同期区域售罄率（区域售罄率 PY）。
- **维度**：周数；年份、品类、区域、省份、城市作为切片器。

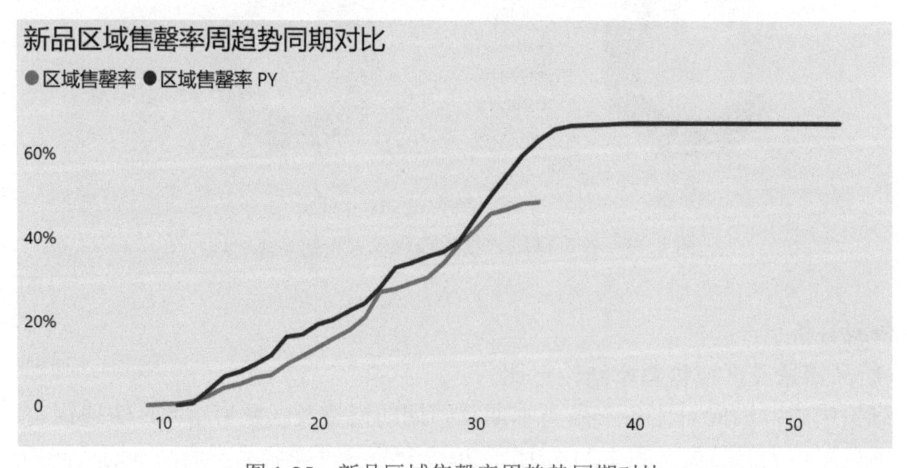

图 1-25　新品区域售罄率周趋势同期对比

（3）新品销售额 / 区域售罄率 / 折扣率综合分析

- **场景描述**：根据销售额、区域售罄率及折扣率对各品类进行定位，为各品类的调整计划提供参考依据。图 1-26 展示了对 2019 年春夏两季各品类新品按照销售额、区域售罄率及折扣率进行的综合分析。其中，X 轴表示区域售罄率，Y 轴表示销售额，散点大小表示折扣率。

- **指标**：销售额、区域售罄率、折扣率。
- **维度**：品类；区域、省份、城市作为切片器。

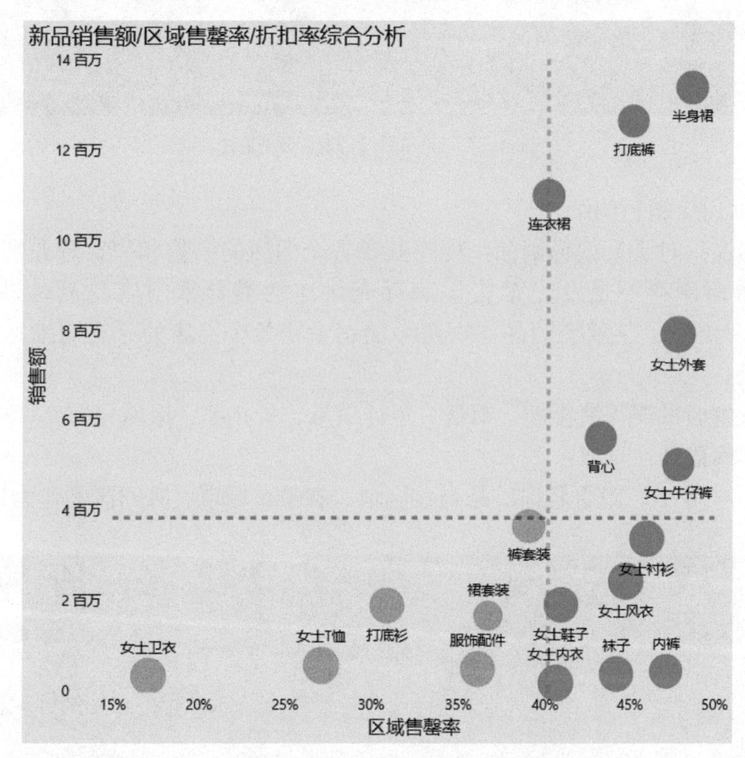

图 1-26　新品销售额 / 区域售罄率 / 折扣率综合分析

4. 畅销款分析

（1）品类销售额前 N 排名

- **场景描述**：不仅要找到畅销品，而且要清楚其库存现状，是否存在门店缺货风险或是总仓库存不足，需要补单或者寻找替代品的情况。图 1-27 展示了半身裙品类报表刷新日销售额前 10 的单品，并对比了其累计销量、入库及库存情况等。
- **指标**：入库日期、到店日期、首次销售日期、总销售周数、销售额、销量、累计销量、折扣率、公司售罄率、区域售罄率、入库数量、总仓库存、门店库存。
- **维度**：品类、产品 ID；区域、省份、城市、时间区间作为切片器。

排名	品类	产品ID	入库日期	到店日期	首次销售日期	总销售周数	销售额	销量	累计销量	折扣率	公司售罄率	区域售罄率	入库数量	总仓库存	门店库存
1	半身裙	XYZ1012724	2019-01-26	2019-03-28	2019-04-04	20	2652	12	751	57.55%	73.63%	80.67%	1020	95	180
2	半身裙	XYZ1010113	2019-03-07	2019-04-03	2019-04-06	19	2174	8	368	60.52%	55.76%	57.32%	660	35	274
3	半身裙	XYZ1010055	2019-03-24	2019-04-03	2019-04-07	19	2029	10	1167	83.84%	56.65%	59.69%	2060	121	788
4	半身裙	XYZ1010132	2018-12-03	2019-02-18	2019-03-05	24	1848	9	681	95.50%	57.71%	63.53%	1180	110	391
5	半身裙	XYZ1010107	2019-01-17	2019-02-18	2019-03-29	21	1711	7	503	90.87%	35.17%	35.88%	1430	30	899
6	半身裙	XYZ1010583	2019-01-25	2019-03-30	2019-04-03	20	1467	8	430	85.29%	34.40%	35.19%	1250	31	792
7	半身裙	XYZ1010056	2019-03-24	2019-04-03	2019-04-05	20	1442	9	1007	66.21%	53.00%	61.67%	1900	267	626
8	半身裙	XYZ1010354	2018-12-19	2019-03-28	2019-04-02	20	1434	7	783	87.92%	52.55%	53.78%	1490	42	673
9	半身裙	XYZ1010133	2019-01-16	2019-02-18	2019-03-29	21	1372	9	1001	70.90%	60.30%	70.84%	1660	252	412
10	半身裙	XYZ1012743	2019-03-06	2019-03-28	2019-04-08	19	1360	4	174	76.06%	72.50%	75.65%	240	16	56

图 1-27　品类销售额前 10 排名

（2）畅销款门店销售明细

- **场景描述：** 对于某款畅销品，检查其在各个门店的销售和库存分布情况，重点锁定有销售但库存不足及无销售但库存充足这两类异常门店，及时进行店间调拨。图 1-28 展示了某款畅销品本周至今的销量在各个门店的分布明细，以及入库、库存情况。
- **指标：** 到店日期、销售额、销量、累计销量、折扣率、区域售罄率、门店库存数量、门店入库数量。
- **维度：** 产品 ID、门店名称；品类、区域、省份、城市、时间区间作为切片器。

产品ID	门店名称	到店日期	销售额	销量	累计销量	折扣率	区域售罄率	门店库存数量	门店入库数量
XYZ1012724	湖北省武汉市a053店	2019-04-02	663	3	26	57.55%	100.00%	0	26
XYZ1012724	湖南省湘潭市a036店	2019-04-03	442	2	26	57.55%	70.27%	11	37
XYZ1012724	湖南省长沙市a002店	2019-04-03	442	2	21	57.55%	91.30%	2	23
XYZ1012724	江苏省扬州市a022店	2019-04-02	442	2	36	57.55%	90.00%	4	40
XYZ1012724	广东省深圳市a039店	2019-04-03	221	1	3	57.55%	100.00%	0	3
XYZ1012724	湖北省武汉市a007店	2019-05-14	221	1	3	57.55%	15.00%	17	20
XYZ1012724	江苏省扬州市a027店	2019-04-03	221	1	34	57.55%	79.07%	9	43
XYZ1012724	江苏省镇江市a096店	2019-04-05	221	1	36	57.55%	85.71%	6	42
XYZ1012724	福建省南平市a017店	2019-04-03			18		81.82%	4	22
XYZ1012724	福建省南平市a018店	2019-04-03			2		100.00%	0	2

图 1-28　畅销款门店销售明细

5. 关联性分析

（1）品类关联分析

- **场景描述：** 购买了某个品类的顾客或单据中，同时购买另一个品类的概率。重点探索品类间的相关性关系。图 1-29 以置信度、支持度和提升度的具体数值展示了各品类与女士防寒服的关联性。

- **指标**：单据数、置信度、支持度、提升度。
- **维度**：品类；区域、省份、城市、时间区间作为切片器。

品类A	单据数A	单据数B	单据数 AB	置信度	支持度	提升度	单据数Total
女士内衣	17930	25907	9422	52.55%	14.48%	1.32	65060
女士牛仔裤	5486	25907	2534	46.19%	3.89%	1.16	65060
打底裤	10668	25907	4723	44.27%	7.26%	1.11	65060
女士鞋子	2764	25907	1162	42.04%	1.79%	1.06	65060
女士厚毛衫	13692	25907	5373	39.24%	8.26%	0.99	65060
打底衫	2772	25907	1035	37.34%	1.59%	0.94	65060
女士保暖衬衫	3097	25907	1082	34.94%	1.66%	0.88	65060
服饰配件	9027	25907	3077	34.09%	4.73%	0.86	65060
裤套装	2481	25907	837	33.74%	1.29%	0.85	65060
女士T恤	2757	25907	867	31.45%	1.33%	0.79	65060
女士棉服	2015	25907	563	27.94%	0.87%	0.70	65060
内裤	6432	25907	1782	27.71%	2.74%	0.70	65060
女士风衣	101	25907	26	25.74%	0.04%	0.65	65060
袜子	14529	25907	3438	23.66%	5.28%	0.59	65060
女士大衣	2647	25907	602	22.74%	0.93%	0.57	65060
女士外套	1599	25907	354	22.14%	0.54%	0.56	65060

图 1-29 品类关联分析

（2）单品关联分析

- **场景描述**：购买了某个单品的顾客或单据中，同时购买另一个单品的概率。通过单品关联分析，找到和目标单品关联性较大的商品。通常选择主推品或者畅销品进行单品关联分析。图 1-30 展示了防寒服品类的某款畅销品与其关联性较高的单品。
- **指标**：单据数、置信度、提升度。
- **维度**：品类、产品 ID；区域、省份、城市、时间区间作为切片器。

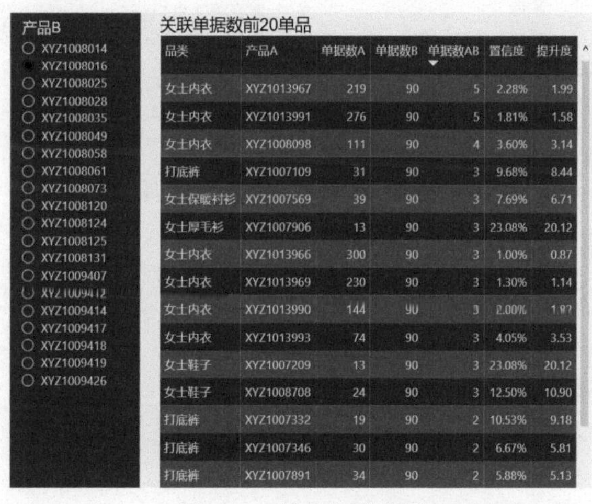

品类	产品A	单据数A	单据数B	单据数AB	置信度	提升度
女士内衣	XYZ1013967	219	90	5	2.28%	1.99
女士内衣	XYZ1013991	276	90	5	1.81%	1.58
女士内衣	XYZ1008098	111	90	4	3.60%	3.14
打底裤	XYZ1007109	31	90	3	9.68%	8.44
女士保暖衬衫	XYZ1007569	39	90	3	7.69%	6.71
女士厚毛衫	XYZ1007906	13	90	3	23.08%	20.12
女士内衣	XYZ1013966	300	90	3	1.00%	0.87
女士内衣	XYZ1013969	230	90	3	1.30%	1.14
女士内衣	XYZ1013990	144	90	3	2.00%	[illegible]
女士内衣	XYZ1013993	74	90	3	4.05%	3.53
女士鞋子	XYZ1007209	13	90	3	23.08%	20.12
女士鞋子	XYZ1008708	24	90	3	12.50%	10.90
打底裤	XYZ1007332	19	90	2	10.53%	9.18
打底裤	XYZ1007346	30	90	2	6.67%	5.81
打底裤	XYZ1007891	34	90	2	5.88%	5.13

图 1-30 单品关联分析

1.2.3　会员板块业务场景

会员板块包括会员结构分析、新增及复购分析、会员转化分析、RFM 分析 4 个主要业务场景，如图 1-31 所示。

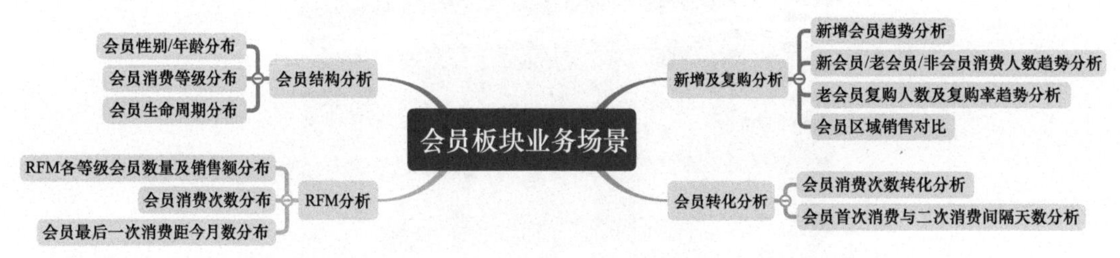

图 1-31　会员板块业务场景

1. 会员结构分析

（1）会员性别、年龄分布

- **场景描述**：展示门店会员基础信息。图 1-32 展示了会员整体的性别及年龄分布。
- **指标**：会员数量占比。
- **维度**：性别、年龄区间；区域、省份、城市作为切片器。

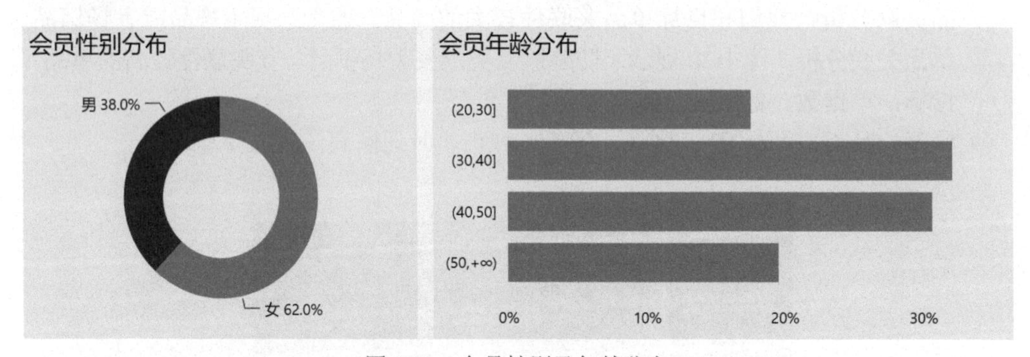

图 1-32　会员性别及年龄分布

（2）会员消费等级分布

- **场景描述**：分析会员对门店的历史价值贡献，将更多的精力用在贡献度较大的顾客上。图 1-33 展示了会员的消费等级分布。
- **指标**：会员数量占比。
- **维度**：会员消费等级；区域、省份、城市作为切片器。

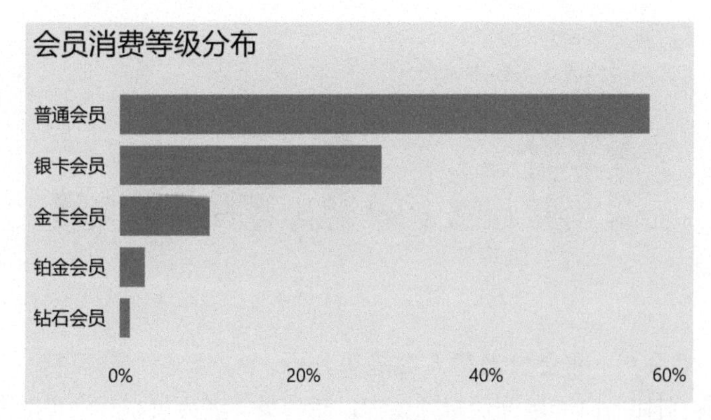

图 1-33 会员消费等级分布

（3）会员生命周期分布

- **场景描述**：门店会员活跃程度，在很大程度上决定了门店的销售潜力。图 1-34 展示了会员的生命周期分布。
- **指标**：会员数量占比。
- **维度**：会员生命周期；区域、省份、城市作为切片器。

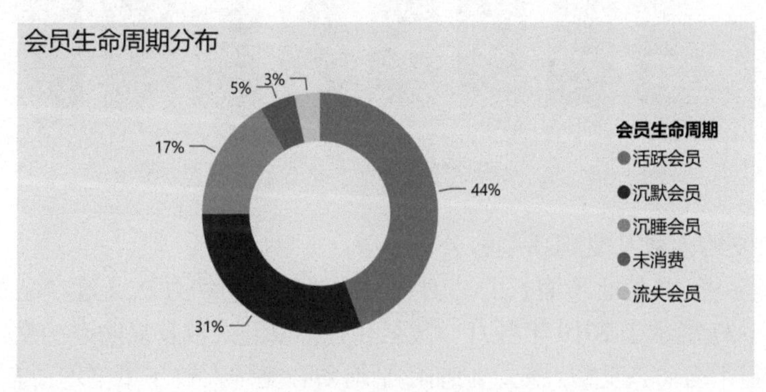

图 1-34 会员生命周期分布

2. 新增及复购分析

（1）新增会员趋势分析

- **场景描述**：拉新是会员管理的关键指标，需要监控各时间区间新增会员的变化趋势，图 1-35 展示了 2019 年各月（截至 8 月）新会员数量本期和同期的变化趋势。
- **指标**：新会员数量、同期新会员数量（新会员数量 PY）、新会员数量同比增长率（新会员数量 YOY%）。
- **维度**：月份；年份、区域、省份、城市作为切片器。

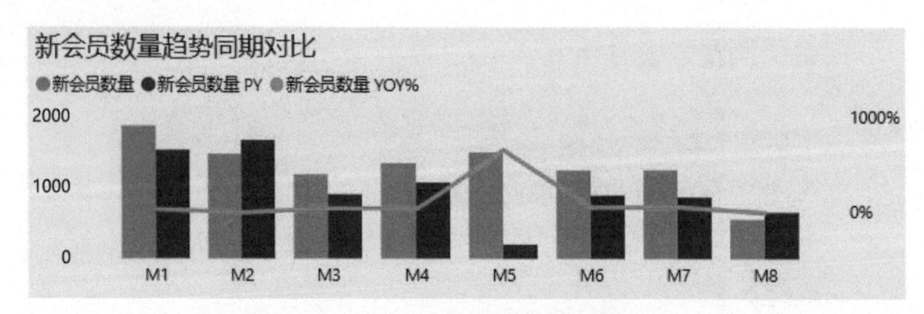

图 1-35　新会员数量趋势同期对比

（2）新会员 / 老会员 / 非会员消费人数趋势分析

- **场景描述**：对比各时间区间消费顾客中，新会员、老会员、非会员的占比趋势。图 1-36 展示了 2019 年各月（截至 8 月）新会员、老会员及非会员的数量占比变化趋势。
- **指标**：新会员数量占比、老会员数量占比、非会员数量占比。
- **维度**：月份；年份、区域、省份、城市作为切片器。

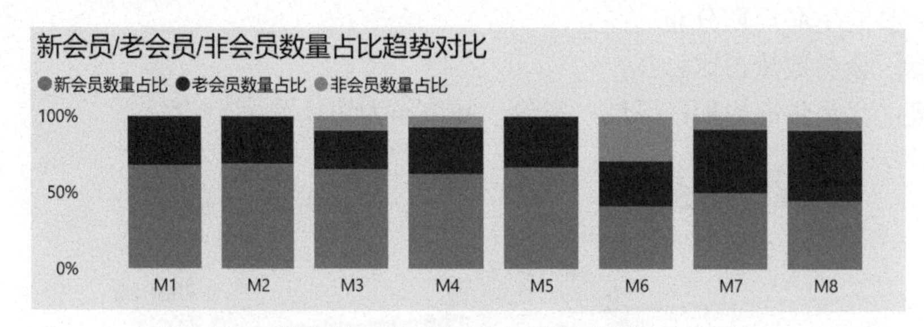

图 1-36　新会员 / 老会员 / 非会员数量占比趋势对比

（3）老会员复购人数及复购率趋势分析

- **场景描述**：复购是业绩增长的动力，门店要想尽一切办法通过产品及服务提升复购率。图 1-37 展示了 2019 年各月（截至 8 月）复购人数及复购率的变化趋势。
- **指标**：年平均动态复购人数、同期年平均动态复购人数（年平均动态复购人数 PY）、年平均动态复购率、同期年平均动态复购率（年平均动态复购率 PY）。
- **维度**：月份；年份、区域、省份、城市作为切片器。

（4）会员区域销售对比

- **场景描述**：综合对比各区域拉新及复购的效果。图 1-38 展示了 2019 年各区域会员数量、拉新及复购业绩。
- **指标**：有消会员数量、同期有消会员数量（有消会员数量 PY）、有消会员数量同比增长率（有消会员数量 YOY%）、新会员数量占比，同期新会员数量占比（新会员数量占比 PY）、新会员数量占比同比增长值（新会员数量占比 YOY）、会员消费占比、年平均动态复购率。

- **维度**：区域、省份；时间区间作为切片器。

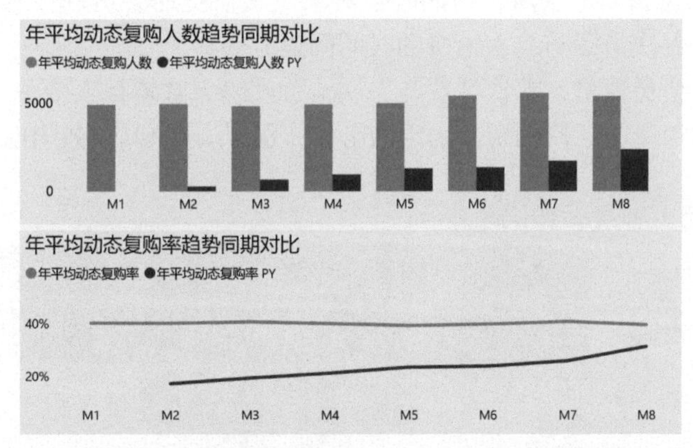

图 1-37 年平均动态复购人数及复购率趋势同期对比

区域	省份	有消会员数量	有消会员数量 PY	有消会员数量 YOY%	新会员数量占比	新会员数量占比 PY	新会员数量占比 YOY	会员消费占比	年平均动态复购率
营销一区	江苏省	4678	4873	-4.00%	59.04%	66.86%	-7.82%	95.81%	33.15%
	云南省	960			88.75%		88.75%	96.31%	25.55%
	总计	**5637**	**4873**	**15.68%**	**63.92%**	**66.86%**	**-2.94%**	**95.88%**	**32.80%**
营销二区	福建省	544	727	-25.17%	44.12%	64.92%	-20.81%	98.83%	37.86%
	广东省	560	899	-37.71%	48.93%	65.41%	-16.48%	96.09%	39.44%
	贵州省	160	192	-16.67%	58.13%	64.58%	-6.46%	98.43%	34.50%
	海南省	171	131	30.53%	78.36%	78.63%	-0.26%	94.14%	41.30%
	湖北省	4443	5174	-14.13%	50.60%	65.50%	-14.90%	96.26%	37.25%
	总计	**5877**	**7077**	**-16.96%**	**50.71%**	**65.39%**	**-14.69%**	**96.43%**	**37.67%**
营销三区	湖南省	4849	4677	3.68%	57.10%	66.07%	-8.96%	92.67%	35.96%
	总计	**4849**	**4677**	**3.68%**	**57.10%**	**66.07%**	**-8.96%**	**92.67%**	**35.96%**
营销四区	江西省	1351			85.05%		85.05%	92.51%	29.07%
	浙江省	4998	5632	-11.26%	52.68%	67.81%	-15.13%	89.55%	36.60%
	总计	**6349**	**5632**	**12.73%**	**58.97%**	**67.81%**	**-8.84%**	**90.09%**	**36.18%**
总计		**22681**	**21724**	**4.41%**	**56.00%**	**64.66%**	**-8.66%**	**93.65%**	**36.65%**

图 1-38 会员区域销售对比

3. 会员转化分析

（1）会员消费次数转化分析

- **场景描述**：消费 *N* 次的会员，有多少会员会进行第 *N*+1 次消费，通过转化率的趋势分析，找到提升转化的关键发力点。图 1-39 展示了某门店会员的消费次数转化率。
- **指标**：会员数量。
- **维度**：消费次数；区域、省份、城市作为切片器。

（2）会员首次消费与二次消费间隔天数分析

- **场景描述**：进行二次消费的会员中，通过分析首次消费与二次消费的时间间隔是如何分布的，找到一个相对合适的时点对未二次消费的会员进行触达。图 1-40 展示了某门店会员首次消费与二次消费的时间间隔分布。
- **指标**：有消会员数量、首次消费与二次消费间隔天数累计人数占比。
- **维度**：首次消费与二次消费间隔天数分组；区域、省份、城市作为切片器。

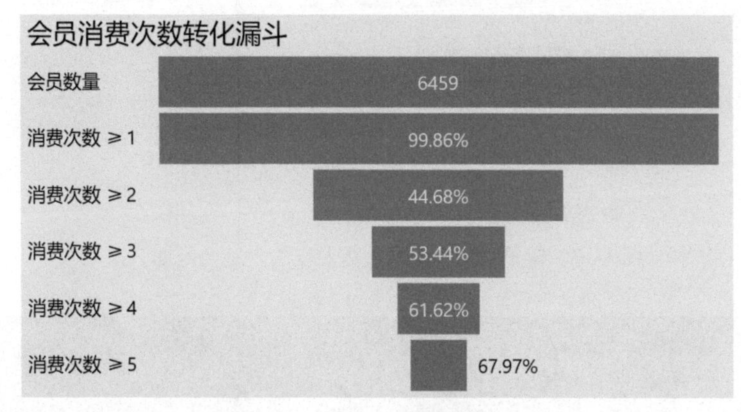

图 1-39 会员消费次数转化漏斗

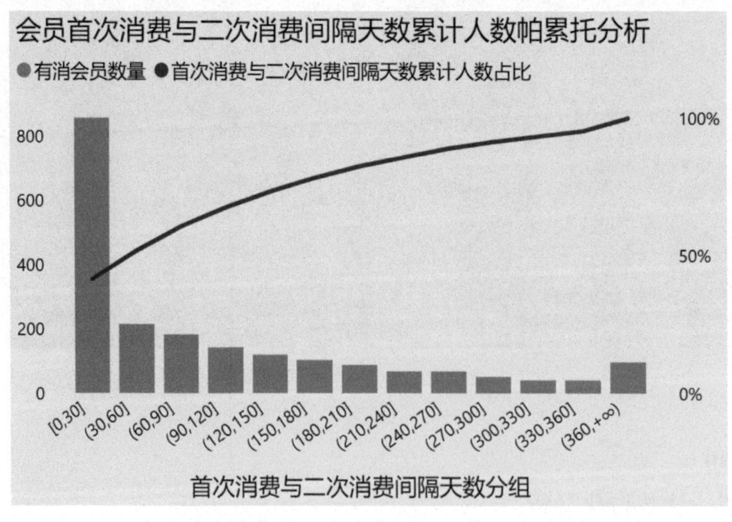

图 1-40 会员首次消费与二次消费间隔天数累计人数帕累托分析

4. RFM 分析

（1）RFM 各等级会员数量及销售额分布

- **场景描述**：根据会员的最近一次消费距今时间、历史消费频率及历史消费金额对会员进行等级划分，针对不同等级的会员采取不同的营销策略。图 1-41 展示了 RFM 各等级会员的数量分布及销售额分布情况。

- **指标：**会员数量占比、销售额占比。
- **维度：**RFM 分类；区域、省份、城市作为切片器。

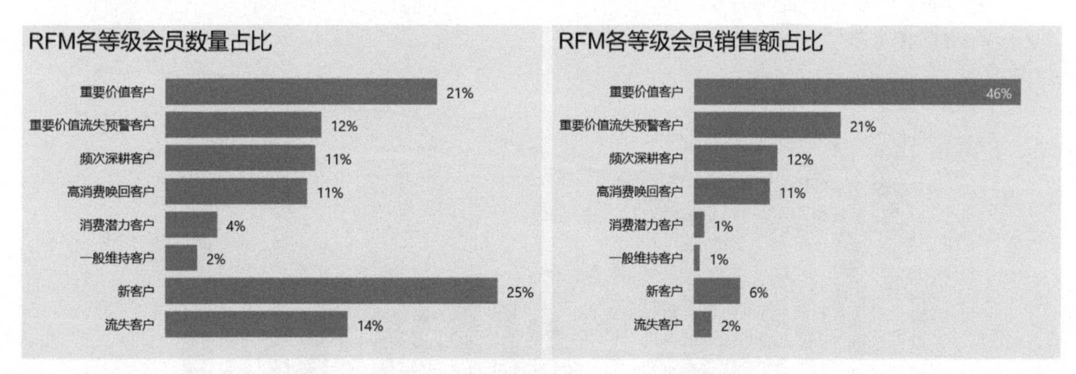

图 1-41 RFM 各等级会员数量占比及销售额占比

（2）会员消费次数分布

- **场景描述：**分析门店会员的消费次数主要集中在什么范围，找到需要重点触达的客群。图 1-42 展示了各消费次数的会员数量占比及销售额占比。
- **指标：**有消会员数量占比、销售额占比。
- **维度：**消费次数；区域、省份、城市作为切片器。

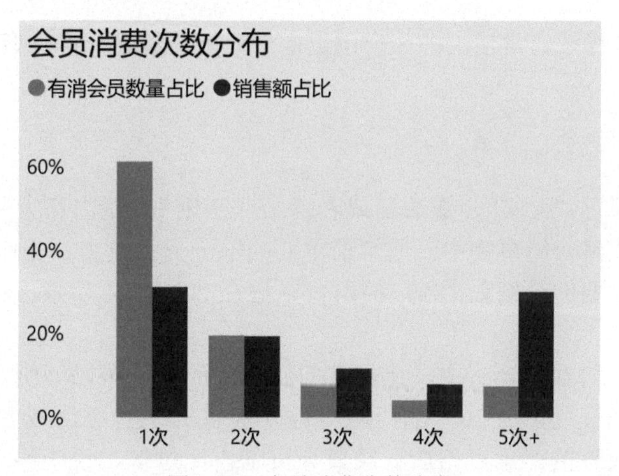

图 1-42 会员消费次数分布

（3）会员最后一次消费距今月数分布

- **场景描述：**通过会员最后一次消费距今月数分布反映门店会员的活跃度水平。图 1-43

展示了会员最后一次消费距今的月数分布情况。

- **指标**：有消会员数量、有消会员数量累计占比。
- **维度**：最后一次消费距今月数；区域、省份、城市作为切片器。

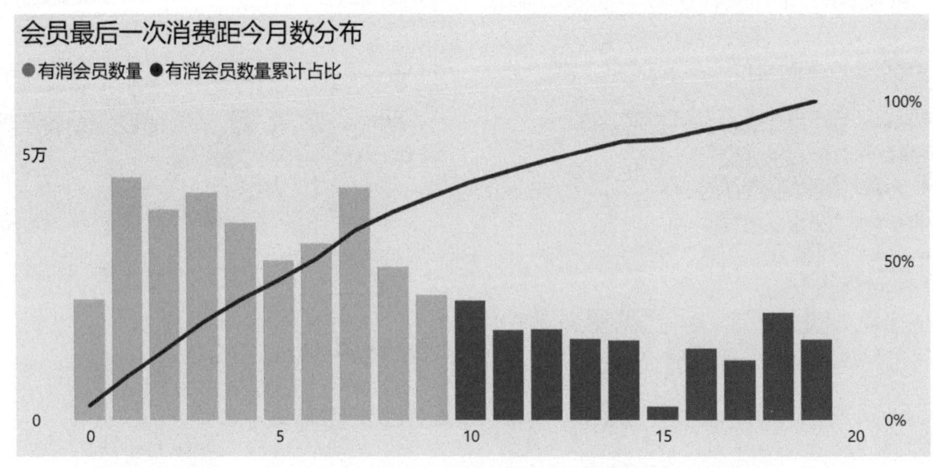

图 1-43 会员最后一次消费距今月数分布

1.3 零售行业常用数据分析模型

本节介绍在零售行业经常使用的 8 个用于定量分析的数据分析模型。

1.3.1 帕累托模型

帕累托模型，又称“ABC 分析法”或者“二八法则”，是由意大利经济学家帕累托提出的。它指的是在任何一组事物中，通常最重要的部分只占到大约 20%，而其余的 80% 尽管是多数，但却是次要的。例如：80% 的财富掌握在 20% 的人手中，80% 的业绩通常来自 20% 的客户贡献等。

该模型运用在零售数据分析中，比如多门店连锁经营，可以分析重点门店的销售额对整个公司业绩的贡献程度，前 20% 的门店能否贡献 80% 的业绩，或者 80% 的业绩是由前多少百分比的门店贡献的。重点门店业绩累计贡献占比过低，说明整个连锁系统缺少核心的标杆门店，无法形成强有力的品牌效应；贡献过高则说明销售过于集中在几家重点门店，其他门店和第一梯队差距过大，风险过于集中。而对门店进行 80/20 分类后，管理人员可以将有限的精力更加高效地分配在重点门店，产生最优价值。

针对产品也可以进行帕累托分析。比如具体到某个品类，80% 的销售业绩是否由前 20% 的产品贡献。如果贡献 80% 业绩的产品占比明显高于 20%，说明订货偏向保守，具有畅销款潜质的产品未加深定量；如果小于或等于 20%，除非重点单品真的是匠心独运的优质商品，否则说明订货略显激进，销售业绩都集中在了前几款产品上，存在较大风险。图 1-44 展示了卫衣品类各款色的销售额及累计销售额占比，共计 20 个款色。其中前 7 个款色累计销售额占比 65%，款色数占比 35%，属于重点单品，较好地契合了“二八法则”。

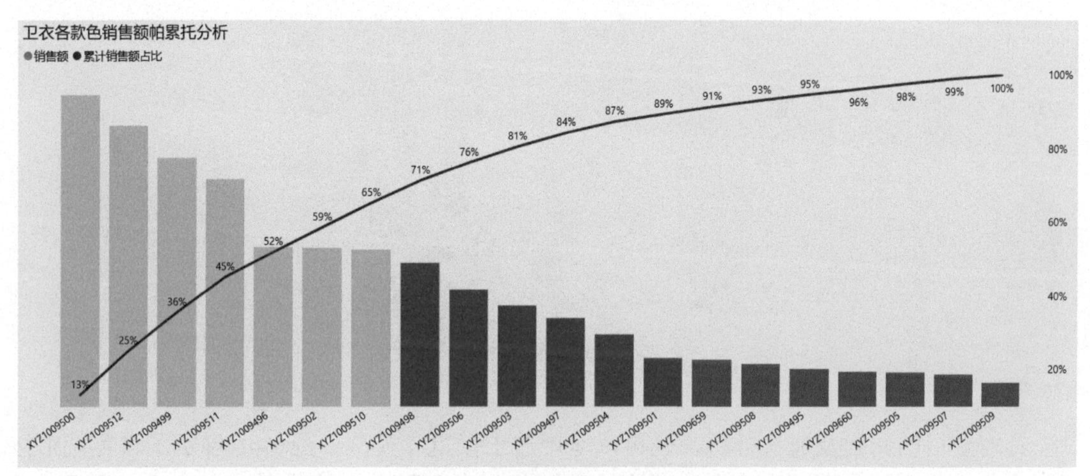

图 1-44　卫衣销售额帕累托分析

1.3.2　波士顿矩阵模型

波士顿矩阵，又称“四象限分析法”，由美国著名的波士顿咨询公司创作。它的主要思想是，在分析事物时，从两个不同的维度着手考虑，通过两个维度的相互作用，产生 4 种不同的类型，从而将事物划分在 4 个象限中，针对不同象限中的事物采取不同的策略。

比如进行产品分析时，可以按照市场占有率和销售增长率将产品划分在 4 个象限中。市场占有率和销售额增长率均高于平均水平的产品，叫作明星类产品；市场占有率和销售额增长率均低于平均水平的产品，叫作瘦狗类产品；市场占有率低、销售额增长率高的产品叫作问题类产品；市场占有率高、销售额增长率低的产品叫作金牛类产品。

该模型运用在零售数据分析中，可以通过各个品类的销售额和售罄率对各品类进行定位。图 1-45 展示了对各个品类按照销售额和售罄率进行的四象限划分。处在右上方象限的是核心大品类，销售额高且售罄率保持良好，后期需保持品类宽度和深度的稳定；处在右下方象限的品类售罄率较高，但销售额偏低，后期需适度增加品类的宽度和深度，“做大”品类，提升销售额；处在左上方象限的品类售罄率相对偏低、销售额较高，后期在订货时需精选款色，适度压缩品类的宽度和深度；处在左下方象限的品类，销售额及售罄率均偏低，后期订货时需减少单款订量，精选款色、精选门店发放。

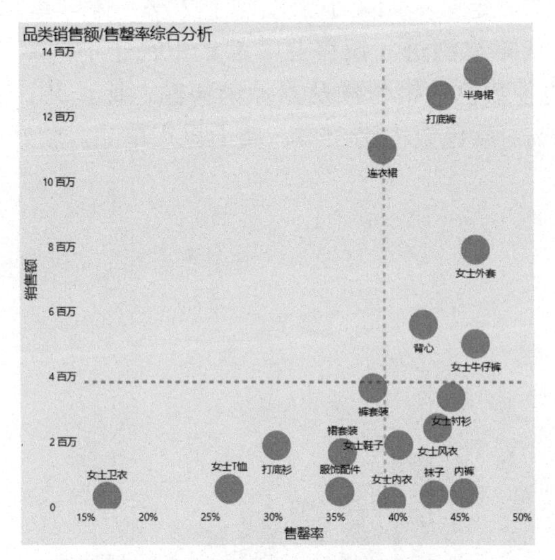

图 1-45　品类销售额 / 售罄率综合分析

针对会员的新增及流失分析，也可以运用波士顿矩阵模型。图 1-46 展示了将各城市按照新会员数量占比和预流失会员数量占比划分的 4 个象限。会员管理较好的城市是处在右下方象限的城市，新会员占比相对偏高，预流失会员占比相对偏低；会员管理相对较差的城市是处在左上方象限的城市，新会员占比偏低，预流失会员占比偏高。

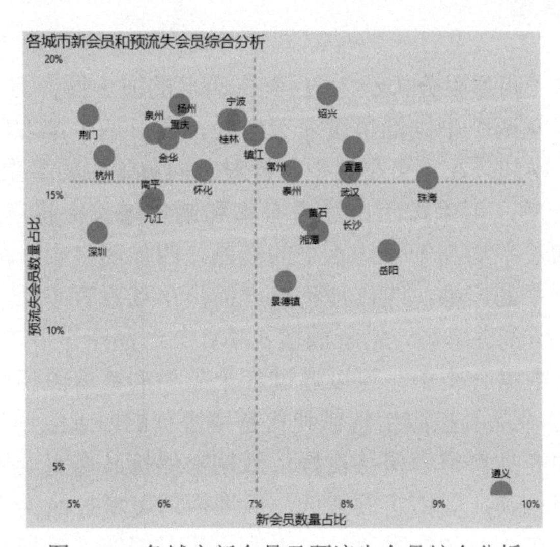

图 1-46　各城市新会员及预流失会员综合分析

1.3.3 购物篮模型

购物篮模型是用来进行商品间关联性分析的经典模型。它通过研究客户的购买行为，找到同一个购物篮中出现频率相对较高的产品组合，从而挖掘出客户群体购买习惯中隐藏的共性和规律。运用这一规律，指导后期的业务策略，从而将这一规律主动性地放大，达到 1 + 1 > 2 的效果。比如经典的“啤酒 + 尿布”，以及超市中经常看到的“泡面 + 火腿肠”“贡丸 + 牛羊肉卷 + 火锅调料”等的组合陈列，均大大提升了购物篮的客单价及连带率。

购物篮模型通过 3 个指标衡量产品间的关联程度，这 3 个指标分别为支持度、置信度、提升度。

支持度（Support），是指同时包含产品 A 和产品 B 的单据数占总单据数的百分比。其计算公式为：支持度 AB = 单据数 AB ÷ 单据数 Total × 100%。支持度描述的是产品组合与整体的关系，反映了产品组合的重要程度。

例：在 100 张单据中，买泡面的有 40 单，买火腿肠的有 30 单，同时包含泡面和火腿肠的单据有 20 单，则泡面和火腿肠组合的支持度是 20 ÷ 100 × 100% = 20%，即在所有单据中，同时包含泡面和火腿肠的单据占比为 20%。

置信度（Confidence），是指包含产品 A 的单据中同时也包含产品 B 的百分比，即同时包含产品 A 和产品 B 的单据占包含产品 A 的单据的百分比。其计算公式为：置信度 AB = 单据数 AB ÷ 单据数 A × 100%。置信度描述的是个体与个体的关系，反映了产品关联规则的准确程度。

例：在 100 张单据中，买泡面的有 40 单，买火腿肠的有 30 单，同时包含泡面和火腿肠的单据有 20 单，则泡面对火腿肠的置信度是 20 ÷ 40 × 100% = 50%，而火腿肠对泡面的置信度是 20 ÷ 30 × 100% = 66.7%。也就是说，在所有购买泡面的单据中，50% 的单据中购买了火腿肠；而在所有购买火腿肠的单据中，66.7% 的单据中购买了泡面。

提升度（Lift），是指包含产品 A 的单据中同时包含产品 B 的百分比与包含产品 B 的单据百分比的比值，即在购买产品 A 的情况下，购买产品 B 的概率是否大于只考虑购买产品 B 的概率，考查在产品 A 的影响下，产品 B 的购买率是否会有所提升。其计算公式为：提升度 AB = (单据数 AB ÷ 单据数 A) ÷ (单据数 B ÷ 单据数 Total)，或者提升度 AB = 置信度 AB ÷ 支持度 B。

例：在 100 张单据中，买泡面的有 40 单，买火腿肠的有 30 单，同时包含泡面和火腿肠的单据有 20 单，则泡面对火腿肠的置信度是 20 ÷ 40 × 100% = 50%，而火腿肠的支持度是 30 ÷ 100 × 100% = 30%。泡面对火腿肠的提升度是 50% ÷ 30% = 1.67，即在购买泡面的影响下，购买火腿肠的概率比单独购买火腿肠的概率大，所以泡面和火腿肠是正相关性关系。

图 1-47 展示了女装各品类与女士防寒服的关联性分析，可以看到女士厚毛衫、女士内衣、打底裤这 3 个品类相对女士防寒服的支持度和置信度都很高，具有较强的正相关性。

女士牛仔裤相对女士防寒服的置信度是最高的，说明购买女士牛仔裤后买女士防寒服的概率最大，但是两者组合的支持度相对偏低，说明组合单据数相对偏少，其重要性程度弱于前 3 个组合（女士厚毛衫、女士内衣、打底裤分别与女士防寒服的组合）。

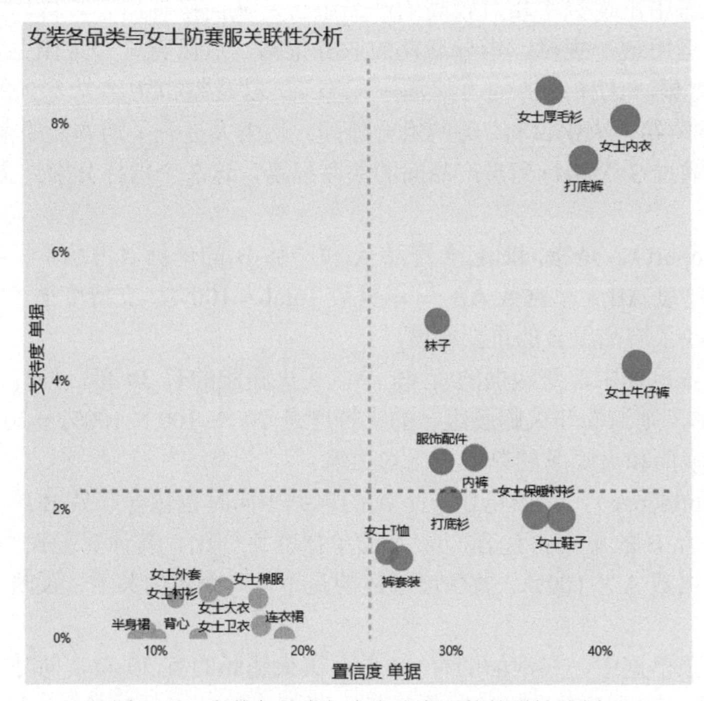

图 1-47　女装各品类与女士防寒服的关联性分析

1.3.4　转化漏斗模型

转化漏斗模型，本质上是对流程进行分解，从流程的起点到终点，量化每个步骤到下一个步骤的转化率，找到流程中对最终目标影响最大的关键节点进行改善，从而提升整个流程的转化率。

转化漏斗模型广泛应用在电商领域。某个购物网站，从进入首页→中间页→产品页，到加入购物车，进入支付页面，支付成功，再到复购，这里面的每个环节都存在一定程度的访客流失。通过转化漏斗模型找到转化率较低的几个环节进行优化。

转化漏斗模型也可以用于会员复购分析。从顾客进店注册成为会员，绝大部分顾客会在当日进行首次消费。如果购物体验良好，那么一段时间后顾客会进行复购。如果满意度一直保持在较高水平，那么顾客会不断地重复消费，成为忠实会员。另外还有一些顾客，在消费了一次或几次后，由于各种原因，不再来店消费，成为流失会员。转化漏斗模型就是分析从首次消费到二次消费、二次消费到三次消费……每增加一次消费，会员的转化及流失情况，找到针对会员转化的“发力点”。

图 1-48 展示了会员消费次数每增加一次，会员留存率的变化情况。可以看到随着消费次数的增加，留存率也在逐步增加，说明会员的忠诚度随着消费次数的增加在逐步提升。其中，从首次消费到二次消费，留存率最低，仅有 58.21%。但从二次消费后继续增加消费次数，留存率基本处于一个较高水平，且逐渐趋于稳定，从 65.1% 逐渐增加到了 83.53%。这说明该品牌会员转化的发力点在首次消费到二次消费这个节点。配合其他辅助手段，找到需要进行二次激活的会员及激活的最佳时点，最大限度地增加二次消费转化率，增加会员留存的基数，最终带来每个环节会员留存数量的增加。

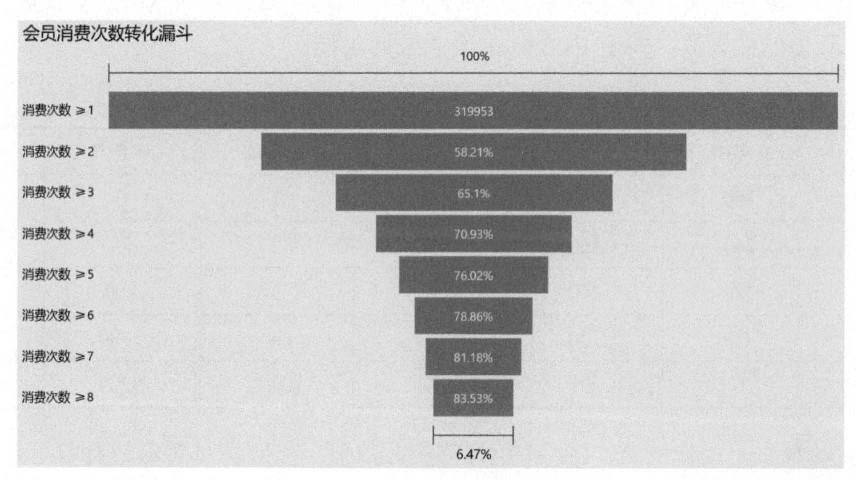

图 1-48 会员消费次数转化漏斗

1.3.5 AARRR 模型

AARRR 模型是用于用户分析和管理的经典工具。它以完整的用户生命周期为线索，描述了用户使用产品需经历的 5 个环节。这 5 个环节从获取用户到用户最终为产品进行推广传播，形成一个使用户流量不断扩大的闭环商业飞轮，快速实现企业规模的扩展。AARRR 模型是转化漏斗模型的一个具体应用。

AARRR 模型分为用户获取（Acquisition）、用户激活（Activation）、用户留存（Retention）、用户变现（Revenue）和用户推荐（Referral）等 5 个部分，如图 1-49 所示。

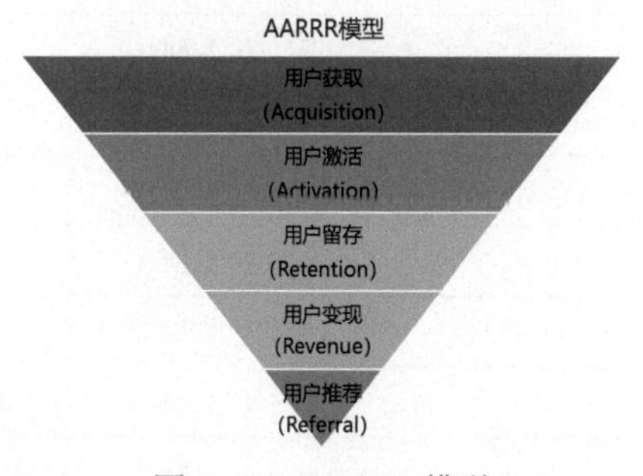

图 1-49 AARRR 模型

1.3.6 RFM模型

RFM模型是衡量用户价值和创利能力的重要工具和手段。它通过研究用户的历史消费行为，包括用户最近一次消费距今时间、历史消费频率及历史消费金额3个指标，综合评定用户的价值。

- R（Recency）：最近一次消费距今时间。R值越小，表示用户的活跃度越高。
- F（Frequency）：历史消费频率。F值越大，表示用户的满意度越高。
- M（Monetary）：历史消费金额。M值越大，表示用户的贡献值越高。

首先依据行业特征对R、F、M进行等级划分并确定各等级分值。表1-1展示了一个服饰企业的RFM评分等级。分值越高，表示用户价值越大。其中，R-MIN表示R的最小值，R-MAX表示R的最大值，关于F与M的表头依此类推。

表1-1　RFM评分等级

分数	R-MIN	R-MAX	F-MIN	F-MAX	M-MIN	M-MAX
1	360	10000	0	1	0	400
2	240	360	1	2	400	800
3	120	240	2	3	800	1600
4	60	120	3	4	1600	3200
5	0	60	4	10000	3200	1000000

然后，计算每个用户的R、F、M指标的实际数值，参照评分等级进行打分，并与所有用户的平均分进行比较，得到每个用户的RFM等级。根据这3个指标大于等于或小于均值，将所有用户分成8个组，如表1-2所示。

表1-2　RFM用户分组

RFM等级	等级名称
R↑F↑M↑	重要价值客户
R↓F↑M↑	重要价值流失预警客户
R↑F↓M↑	频次深耕客户
R↓F↓M↑	高消费唤回客户
R↑F↑M↓	消费潜力客户
R↓F↑M↓	一般维持客户
R↑F↓M↓	新客户
R↓F↓M↓	流失客户

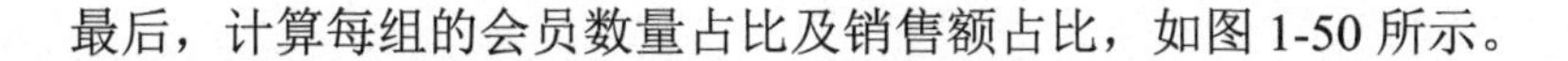

最后，计算每组的会员数量占比及销售额占比，如图 1-50 所示。

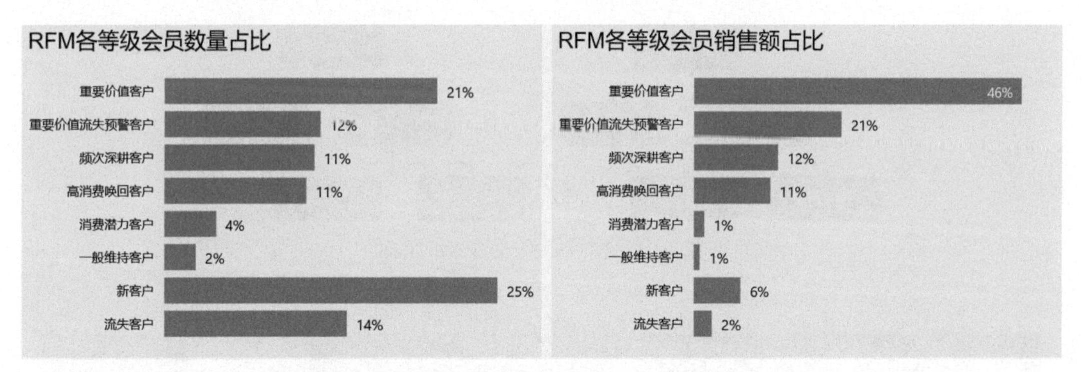

图 1-50 RFM 各等级会员数量占比及销售额占比

从图 1-50 中可以看出，重要价值客户及重要价值流失预警客户的数量占比及销售额占比都相对较高，需进行重点维护或再次激活，他们是企业当前业绩的保证；频次深耕客户数量占比相对较高，销售额占比低于前两种客户，他们的活跃度及历史消费金额均较高，需吸引其不断进店消费，增加消费频率；高消费唤回客户的消费频率及活跃度相对较低，但客单价高，需重点唤回；新客户数量占比很高，但销售额占比很低，需重点跟踪并进行二次消费激活，他们是企业未来业绩持续增长的动力；流失客户数量占比相对较高，但销售额贡献很低，在资源有限的情况下可以放弃。

1.3.7 杜邦分析模型

杜邦分析模型是指利用几种主要的财务指标之间的关系来综合分析企业的财务状况的模型，是从财务角度评价企业经营绩效的经典模型。其基本思想是将核心的财务指标逐层拆解为一个个细分指标，便于从多个角度分析影响最终销售业绩的各项因素。

运用这一思想，我们可以将销售额进行拆解并对细分指标逐一分析，找到影响销售额的关键因素。图 1-51 展示了构成销售额的各项二级指标。

对销售额进行二级指标拆解后，参考各项二级指标同期或者上期的实际值，对各项二级指标进行预测，通过计算得到未来的销售目标，并制定相应的业务策略实现各项二级指标，最终实现既定销售目标。

图 1-52 展示了通过计算得到的最近 30 日的各项二级指标实际值。以实际值为基础，预测各项二级指标未来 N 天的数值，如果通过各二级指标预测值最终计算得到的销售额及销售完成率符合预期，则将预测值作为未来 N 天的目标，并制定相应的业务策略来实现各项二级指标，最终达成预期销售完成率目标。

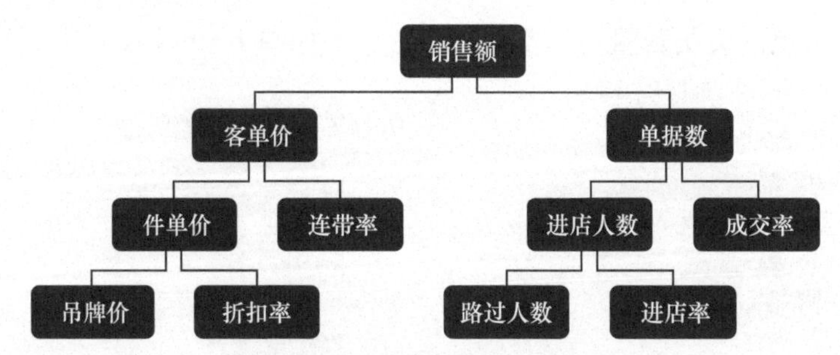

图 1-51　构成销售额的二级指标

参数-预测天数
30

报表刷新日前30天KPI完成情况		历史同比法预测 未来N天销售额及销售完成率	杜邦分析法拆解销售业绩指标 预测未来N天销售额及销售完成率	
11483362 最近30日 销售额		9936541 销售额预测	12552711 销售额预测	
55544 单据数	222 客单价	-3.74% 销售额 YOY% 最近30日	46575 成交单据数预测	270 客单价预测
105 件单价	2.12 连带率		成交单据数YOY%预测 8.00%	连带率预测 2.20
167 吊牌价	62.31% 折扣率	69.52% 销售完成率预测	175 吊牌价预测	折扣率预测 70.00%
88.58% 销售完成率			87.83% 销售完成率预测	

图 1-52　杜邦分析法拆解销售额并制定未来销售目标

1.3.8　销售预测模型

预测领域有很多成熟、经典的销售预测模型。此处介绍一种业务逻辑相对简单且能得到较为准确的预测结果的模型——历史同比法销售预测模型。该模型适用于零售行业销售数据呈现较为明显的周期性变化的应用场景。

模型以历史销售数据为基础，假设未来的销售数据会呈现和历史销售数据同期相似的变化规律。同时考虑到外界环境影响以及被预测个体自身的发展变化，引入同比增长率，该增长率反映内外因素对销售数据的综合影响。最后，考虑到单日销售数据会呈现一定的随机波动，对历史销售数据进行移动平均处理，对当日历史同期的前 N 天的销售数据求平均值，将其作为当日同期销售数据，消除单日销售数据随机波动的影响，以便更加清晰地呈现出销售数据整体的变化趋势，从而预测未来的销售走势。

销售额的预测公式：预测销售额 = 同期销售额移动均值 ×（1+ 销售额同比增长率）。

图 1-53 展示了通过 8 月 1 日到 8 月 20 日的销售额，截至报表刷新日的销售额同比增长率，以及去年同期的日销售额，对 8 月剩余天数的日销售额及月度销售额进行的预测。

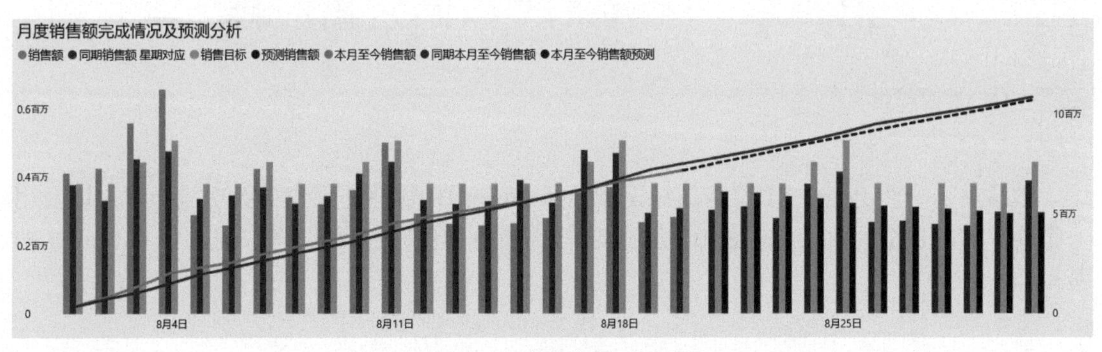

图 1-53　月度销售额预测分析

本章小结

本章介绍了零售行业的核心指标，梳理了常用的业务场景及数据分析模型，帮助您对零售行业的基本业务知识及分析方法有一个初步的了解。在后面的章节中，我们会选取本章提及的部分指标、场景及模型，介绍如何利用 Power BI 去精准定义业务指标、设计业务场景及构建数据模型，帮助您快速实现技术和业务的有效结合，提升数字化生产效率。

第2章　Power BI 数据分析流程

本章重点介绍 Power BI 的基础知识，包括 Power BI 软件的操作界面功能介绍，以及用一个简单的案例演示利用 Power BI 进行数据分析的完整流程，帮助您快速入门 Power BI 的基础操作。

2.1　Power BI 基础知识

Power BI 是微软推出的商业数据分析工具，能够帮助用户在复杂多变的商业环境下快速理清思路，发现数据中隐藏的见解和价值。对于企业，Power BI 是可以制定一整套商业智能解决方案的工具；对于个人，Power BI 是自助式商业智能分析软件，即 Power BI Desktop，可以快速实现自助式商业智能分析。本书的重点在于自助式商业分析，将着重介绍如何利用 Power BI Desktop 搭建数据分析模型。

Power BI Desktop 是一款可在本地计算机上安装的、完全免费的应用程序。它不同于其他数据分析软件，是专门为数据分析师设计的，内置了业界领先的数据查询转换功能及数据建模功能，可将分析结果以专业、精美的可视化图表展现，最后可将报告分享至云端，供团队成员随时随地获得见解。

2.1.1　Power BI Desktop 操作界面

Power BI Desktop 操作界面包含三大视图，分别为“报表”视图、“数据”视图、“模型”视图，对应于图 2-1 中标注的 3 个小图标。

1. “报表”视图介绍

Power BI Desktop 的默认界面即为“报表”视图。“报表”视图用于生成可视化图表，包含 6 个主要区域，如图 2-2 所示。

① 功能区：包含获取数据、转换数据、新建视觉对象、新建度量值、报告发布等一系列功能对应的按钮。

② 画布区域：用于创作和展现可视化图表及报告的区域，是 Power BI 可视化效果的直接展现。

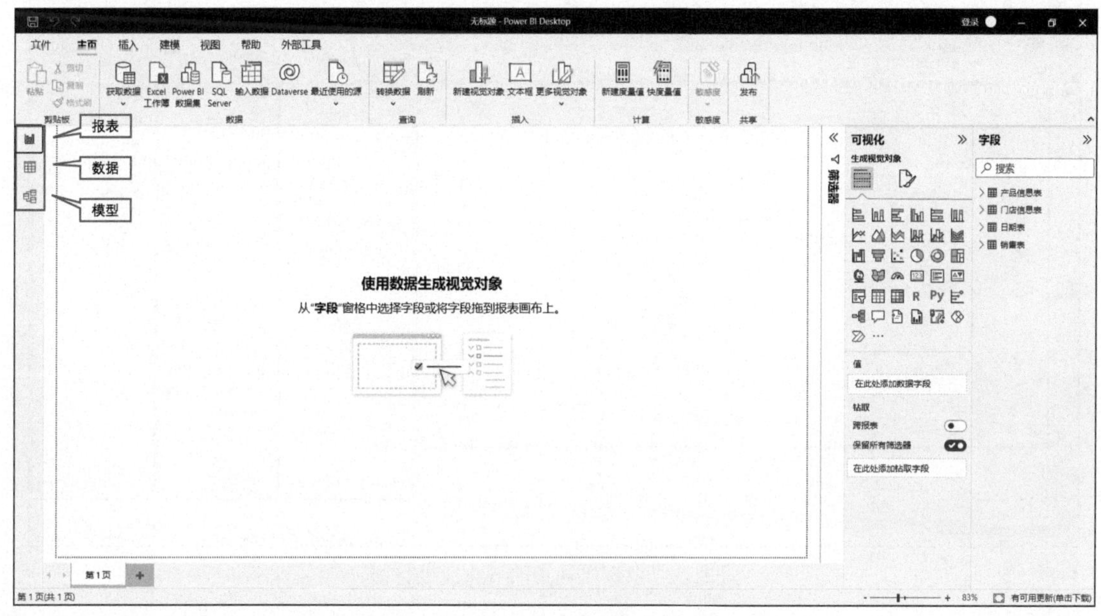

图 2-1 Power BI Desktop 操作界面三大视图对应的图标

③ 页面选项卡：用于选择、新建、删除报表页面。

④"筛选器"窗格：可在其中添加任意字段作为筛选字段，对可视化图表的数据进行筛选。

⑤"可视化"窗格：包含常用的可视化图表样式，可将字段和度量值拖入"可视化"窗格相应位置，制作各种可视化图表。

⑥"字段"窗格：用于显示所有查询报表的可用字段，可以将这些字段拖放到画布区域、"筛选器"窗格或"可视化"窗格中，用于创建或修改可视化图表，也可以在任意一个查询中新建度量值或者计算列，以丰富模型的分析维度。

2. "数据"视图介绍

单击 Power BI Desktop 操作界面左侧的"数据"图标，进入"数据"视图。"数据"视图主要展示每张报表中每个字段的详细信息。"数据"视图包含 4 个主要区域，如图 2-3 所示。

① 功能区：包含新建表、新建列、调整字段的数据类型等功能的按钮或选项。

② 当前视图：用于显示当前视图的字段明细，可以右击视图中的某一字段，进行排序、新建列等相关操作。

③"字段"窗格：用于显示所有查询报表的可用字段，但是字段在"数据"视图中不

可通过拖曳进行可视化分析。

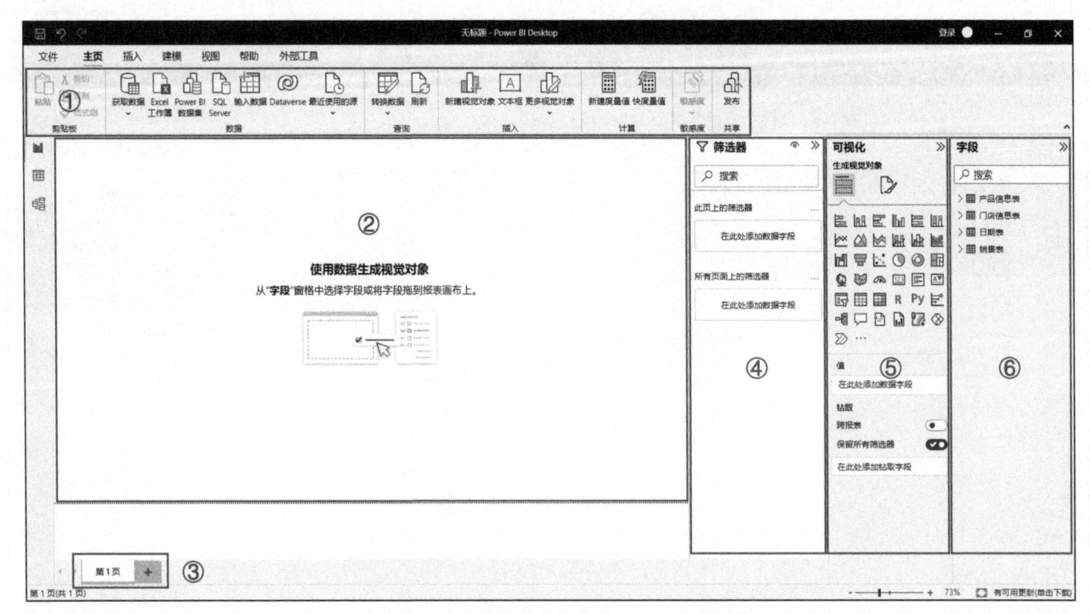

图 2-2　“报表”视图的 6 个主要区域

④ 状态栏：用于显示当前视图中选中列的行数及非重复值的个数。

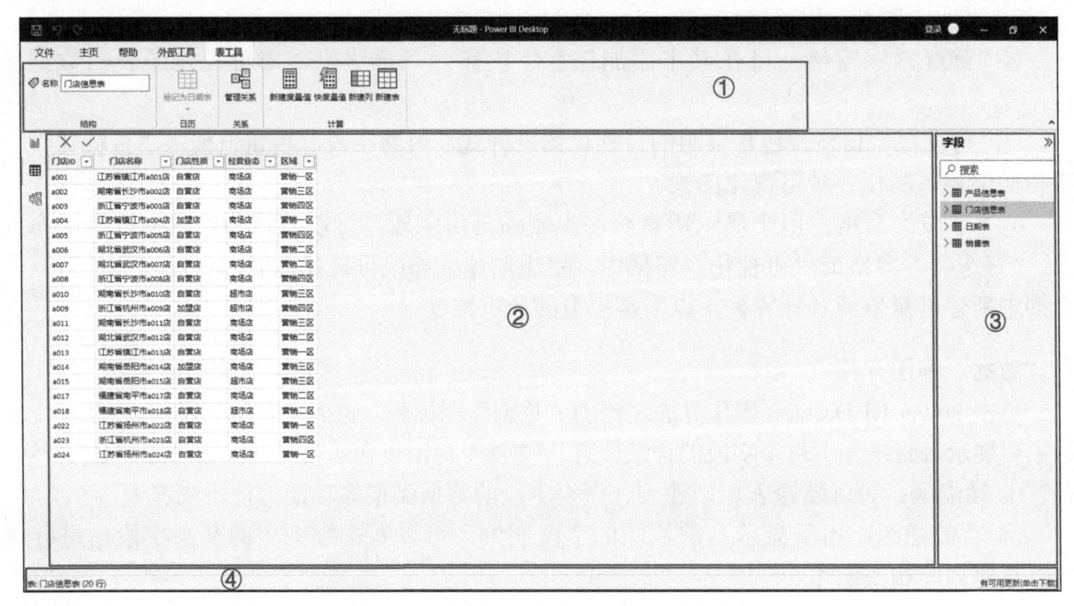

图 2-3　“数据”视图的 4 个主要区域

3. “模型”视图介绍

单击 Power BI Desktop 操作界面左侧的“模型”图标，进入“模型”视图。“模型”视图主要显示模型中的所有表、列和关系。当模型加载多张表时，为了准确计算结果并在“报表”视图中显示正确信息，需要在表与表之间建立关系。

在图 2-4 中，“产品信息表”和“销售表”之间通过产品 ID 字段建立了一对多的关系。“产品信息表”包含主键产品 ID 字段，是关系的一端，“销售表”是关系的多端。关系展现形式为一条从“产品信息表”（一端）指向“销售表”（多端）的实线。这种建立关系的过程类似于在 Excel 中使用 VLOOKUP 函数，通过两张表的共同字段产品 ID，将“产品信息表”中的相关列匹配进“销售表”。不同之处在于，在 Excel 中需要进行多次 VLOOKUP 操作才能将“产品信息表”中的多列字段匹配进“销售表”，效率低；而在 Power BI Desktop 中，只需在“产品信息表”和“销售表”间建立一次一对多的关系，“产品信息表”的所有字段就和“销售表”产生了关联，过程非常简单、高效。

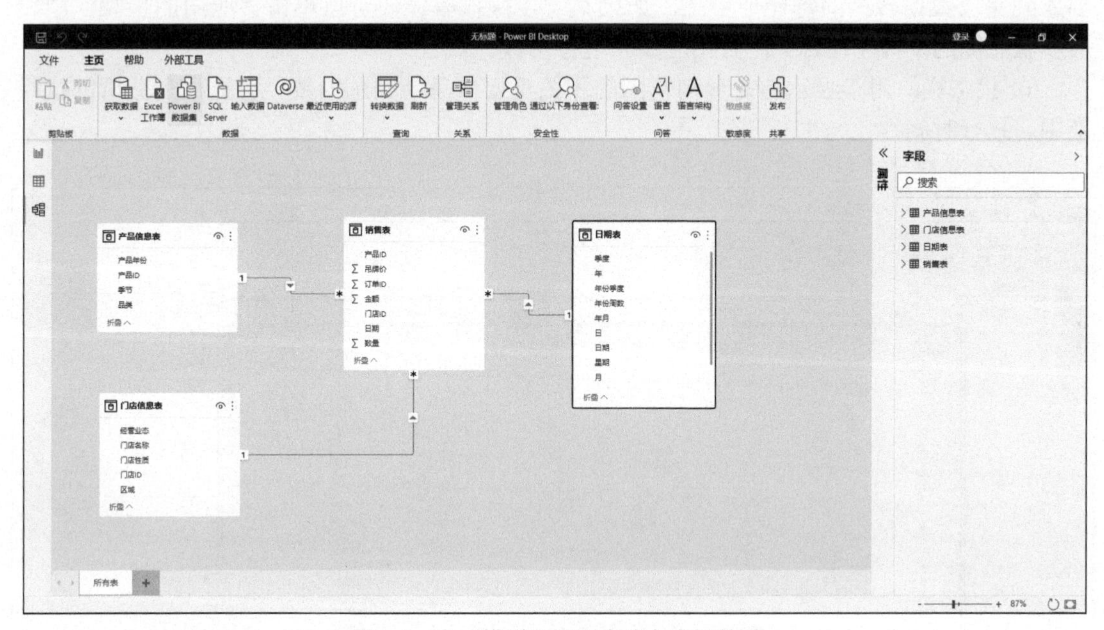

图 2-4 在“模型”视图中建立表间关系

2.1.2 Power Query 操作界面

Power Query 是 Power BI Desktop 的内置组件，专门用于轻量级的 ETL。ETL 是英文单词 Extract（抽取）、Transform（转换）、Load（加载）的缩写，特指从数据源导入数据，将其进行数据转换后加载到数据模型中的过程。作为专业的数据转换工具，Power Query 可以实现个人自助领域绝大多数的数据转换，而且大部分通过单击鼠标即可轻松实现，这也契合了普通数据分析师的需求。Power Query 操作界面包含 6 个主要区域，如图 2-5 所示。

① 功能区：包含 Power Query 中数据导入、转换、加载等的各种功能对应的按钮，完成各种 ETL 操作。

②“查询”窗格：用于显示所有可用的查询视图，包括从数据源导入的原生表格以及在数据建模中通过新建表功能创建的表格。图 2-5 中展示的是刚刚导入的示例数据中的 4 张工作表：产品信息表、日期表、门店信息表和销售表。

③ 编辑栏：用于显示每一步数据转换使用的 M 语言公式，或是在此处输入 M 语言公式进行数据转换。

④ 当前视图：用于显示当前查询视图的预览。在 Power Query 中对当前查询视图进行的任何操作都可以在此处看到操作效果，也可以右击某一列，进行数据转换操作。

⑤“查询设置”窗格：用于显示当前查询视图的名称，并且记录当前查询视图从数据导入到完成数据转换的每一个步骤。如果某一步操作有误，可以单击“应用的步骤”中相应步骤右侧的小齿轮图标，对相应步骤进行修改。

⑥ 状态栏：用于显示当前查询视图的相关重要信息，如总列数、行数，列分析的执行范围、执行时间。

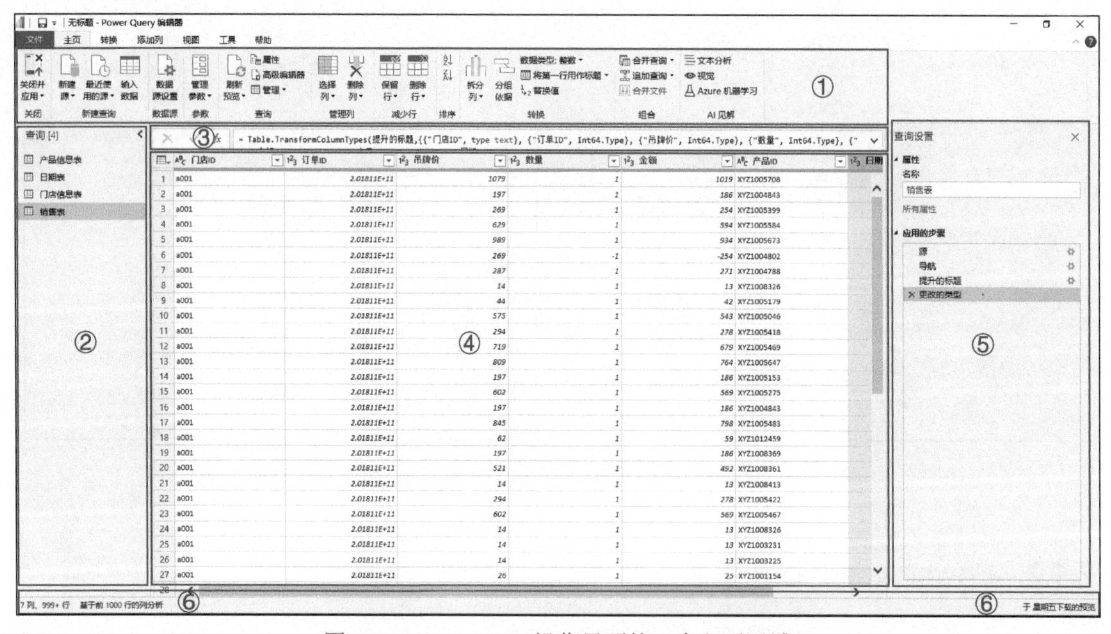

图 2-5　Power Query 操作界面的 6 个主要区域

2.2 利用 Power BI 进行数据分析的流程

利用 Power BI 进行数据分析，通常分为 6 个环节，如图 2-6 所示。

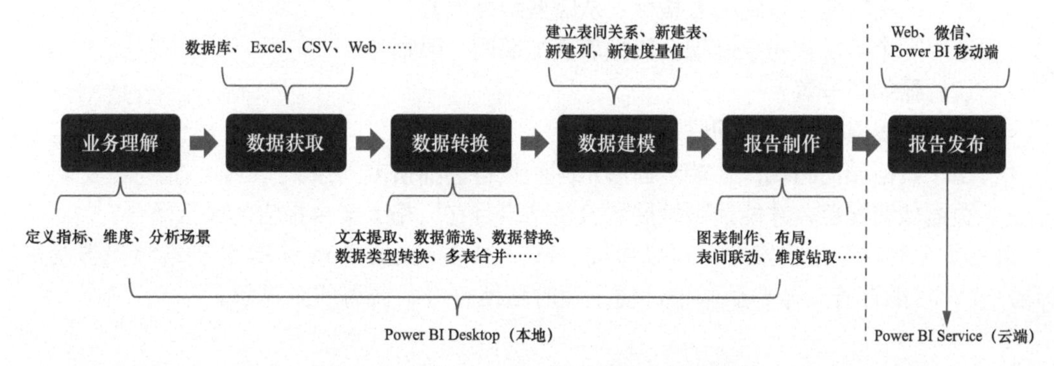

图 2-6 利用 Power BI 进行数据分析的流程

在图 2-6 中，业务理解是数据分析的起点。制作报告需要考虑的是：要解决哪些业务问题，涉及哪些业务指标，从哪些业务角度分析，分析的逻辑框架如何构建等。上述问题的解决就要求数据分析师对公司常用的指标、维度、分析场景了然于胸。

业务场景梳理完成后，就要有针对性地获取数据。由于业务的复杂程度不同，数据可能存在于多个业务系统、数据库或是 Excel 文件中；如果涉及市场环境、竞争对手、天气等分析场景，还要从网络中抓取数据。Power BI 可以连接的数据源有数百个，它强大的数据获取能力可以让我们连接并获取到合规前提下我们所需要的几乎任何数据。

获取到的 Power BI 原始数据可能在数据结构、数据格式上并不能满足分析需求，甚至可能存在一些错误值。因此我们需要对数据进行一系列的加工、处理，用于生成符合条件的标准化表格。其中，常用的数据转换步骤包括字段的拆分、合并，字段信息的提取、数据类型转换、数据筛选、数据替换、多表合并等。数据转换是在 Power Query 中进行的。将原始数据导入 Power Query，进行数据转换并检查无误后，加载到 Power BI Desktop 中进行数据建模。

在 Power BI Desktop 中建立数据模型，主要是构建表间关系。通常加载到 Power BI Desktop 中的各张表之间并不存在任何关系，我们可以根据客观的业务逻辑，将各表间相同的字段进行关联，从而将各张表连接成一个包含丰富的业务分析维度及客观事实数据的大平表，后期就依据该表进行一系列的业务分析。如果原始的表格及字段不能满足分析需求，还可以新建表及计算列，以丰富分析的维度。对于报告中涉及的各项数据指标，需要通过新建度量值，精准地定义其业务含义。

数据模型建立完成后，就可以拖曳各项维度字段及度量值，进行数据分析，制作可视化报告。如果说数据建模环节倚重于对技术知识的精通，那么报告制作环节则更依赖于业务知识的积累。

对以下问题进行周全的考虑及精细化的设置，才能真正设计出一份满足业务需求的可视化报告。

- **分析的主题需要用到哪些指标？从哪些维度展开？**
- **使用哪个可视化对象展现会使报表更加简明、清晰？**
- **切片器如何设置？**
- **哪些图表需要设计表间联动、下钻？**
- **整个页面如何布局，才能全面展示问题也不会拥挤或冗余？**
- **页面如何配色，才能清晰地展示分析结果且在风格上契合报告的展示场合？**

最后一个环节是报告发布。可以通过 Power BI Service、Power BI 移动端将报告发布到云端，或者将报告链接分享至微信，便于随时随地查看，获得即时见解。

2.3　基于 Power BI 的零售数据分析案例

本节我们以一个具体的零售案例，演示利用 Power BI 进行数据分析的完整流程。帮助您快速、全面掌握 Power BI 数据分析各环节的基础操作。

2.3.1　业务理解

案例以女装企业为研究对象，分析其销售额和折扣率两项指标的数据表现，从时间维度、区域维度、产品维度发现销售异常，从而采取相应的调改措施。

根据业务需求，准备相应的数据源，分别为“门店信息表”、“产品信息表”、“日期表”和“销售表”，如表 2-1 ～表 2-4 所示（其中，吊牌价、金额的单位为元，后同）。数据源统一存放在本地 Excel 工作簿——“示例数据”中。

表 2–1　门店信息表

门店 ID	门店名称	门店性质	经营业态	区域
a001	江苏省镇江市 a001 店	自营店	商场店	营销一区
a002	湖南省长沙市 a002 店	自营店	商场店	营销三区
a003	浙江省宁波市 a003 店	自营店	商场店	营销四区
a004	江苏省镇江市 a004 店	加盟店	商场店	营销一区
a005	浙江省宁波市 a005 店	自营店	商场店	营销四区

续表

门店 ID	门店名称	门店性质	经营业态	区域
a006	湖北省武汉市a006店	自营店	商场店	营销二区
a007	湖北省武汉市a007店	自营店	商场店	营销二区
a008	浙江省宁波市a008店	自营店	商场店	营销四区
a010	湖南省长沙市a010店	自营店	超市店	营销三区
a009	浙江省杭州市a009店	加盟店	超市店	营销四区
a011	湖南省长沙市a011店	自营店	商场店	营销三区
a012	湖北省武汉市a012店	自营店	商场店	营销二区
a013	江苏省镇江市a013店	自营店	商场店	营销一区
a014	湖南省岳阳市a014店	加盟店	商场店	营销三区
a015	湖南省岳阳市a015店	自营店	超市店	营销三区
a017	福建省南平市a017店	自营店	商场店	营销二区
a018	福建省南平市a018店	自营店	超市店	营销二区
a022	江苏省扬州市a022店	自营店	商场店	营销一区
a023	浙江省杭州市a023店	自营店	商场店	营销四区
a024	江苏省扬州市a024店	自营店	商场店	营销一区

表2-2 产品信息表

产品 ID	季节	产品年份	品类
XYZ1000000	春	2017	女士外套
XYZ1000028	冬	2017	女士大衣
XYZ1000174	春	2017	女士外套
XYZ1000176	春	2017	女士衬衫
XYZ1000177	夏	2016	半身裙
XYZ1000178	夏	2016	半身裙
XYZ1000179	秋	2017	打底衫
XYZ1000180	秋	2016	打底裤
XYZ1000184	春	2012	内裤
XYZ1000185	春	2012	内裤

表2-3 日期表

日期	年	季度	年份季度	月	年月	周	年份周数	星期	月份名称
2018-01-01	2018	1	20181	1	201801	1	201801	1	M1
2018-01-02	2018	1	20181	1	201801	1	201801	2	M1
2018-01-03	2018	1	20181	1	201801	1	201801	3	M1
2018-01-04	2018	1	20181	1	201801	1	201801	4	M1
2018-01-05	2018	1	20181	1	201801	1	201801	5	M1
2018-01-06	2018	1	20181	1	201801	1	201801	6	M1
2018-01-07	2018	1	20181	1	201801	1	201801	7	M1
2018-01-08	2018	1	20181	1	201801	2	201802	1	M1
2018-01-09	2018	1	20181	1	201801	2	201802	2	M1
2018-01-10	2018	1	20181	1	201801	2	201802	3	M1
2018-01-11	2018	1	20181	1	201801	2	201802	4	M1
2018-01-12	2018	1	20181	1	201801	2	201802	5	M1
2018-01-13	2018	1	20181	1	201801	2	201802	6	M1
2018-01-14	2018	1	20181	1	201801	2	201802	7	M1
2018-01-15	2018	1	20181	1	201801	3	201803	1	M1
2018-01-16	2018	1	20181	1	201801	3	201803	2	M1
2018-01-17	2018	1	20181	1	201801	3	201803	3	M1
2018-01-18	2018	1	20181	1	201801	3	201803	4	M1
2018-01-19	2018	1	20181	1	201801	3	201803	5	M1

表2-4 销售表

门店 ID	订单 ID	吊牌价	数量	金额	产品 ID	日期
a001	201811102826	1079	1	1019	XYZ1005708	2018-01-01
a001	201811102827	197	1	186	XYZ1004843	2018-01-01
a001	201811102827	269	1	254	XYZ1005399	2018-01-01
a001	201811102827	629	1	594	XYZ1005584	2018-01-01
a001	201811102828	989	1	934	XYZ1005673	2018-01-01
a001	201811102829	269	–1	–254	XYZ1004802	2018-01-01
a001	201811102829	287	1	271	XYZ1004788	2018-01-01
a001	201811102830	14	1	13	XYZ1008326	2018-01-01
a001	201811102830	44	1	42	XYZ1005179	2018-01-01
a001	201811102830	575	1	543	XYZ1005046	2018-01-01

续表

门店 ID	订单 ID	吊牌价	数量	金额	产品 ID	日期
a001	201811102831	294	1	278	XYZ1005418	2018-01-01
a001	201811102831	719	1	679	XYZ1005469	2018-01-01
a001	201811102834	809	1	764	XYZ1005647	2018-01-01
a001	201811102835	197	1	186	XYZ1005153	2018-01-01
a001	201811102835	602	1	569	XYZ1005275	2018-01-01
a001	201811102836	197	1	186	XYZ1004843	2018-01-01
a001	201811102836	845	1	798	XYZ1005483	2018-01-01
a001	201811102837	62	1	59	XYZ1012459	2018-01-01
a001	201811102837	197	1	186	XYZ1008369	2018-01-01
a001	201811102837	521	1	492	XYZ1008361	2018-01-01

基础数据准备完成，接下来需要将数据导入 Power Query。

2.3.2 数据获取

打开一个新的 Power BI Desktop 文档，单击“获取数据”，由于数据源存放在 Excel 工作簿中，选择“Excel 工作簿”，如图 2-7 所示。

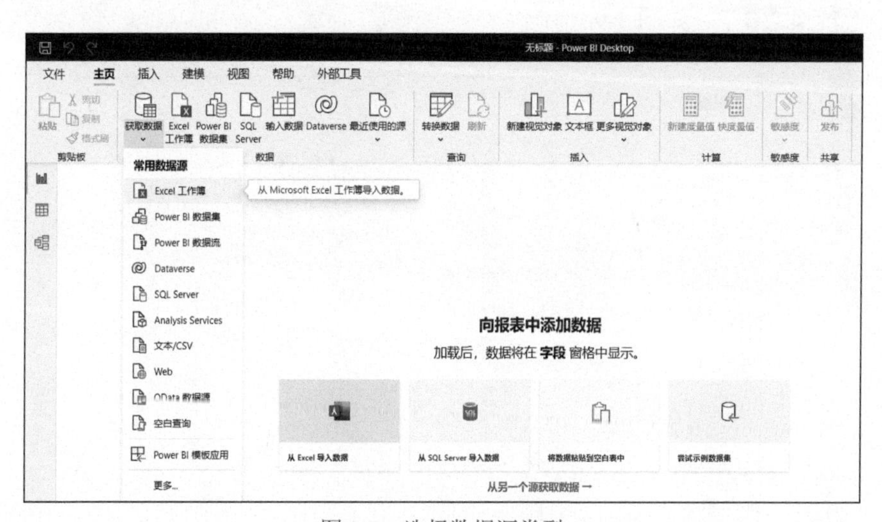

图 2-7 选择数据源类型

通过文件路径找到目标 Excel 工作簿——“示例数据”，单击该工作簿后单击右下角“打开”，如图 2-8 所示。

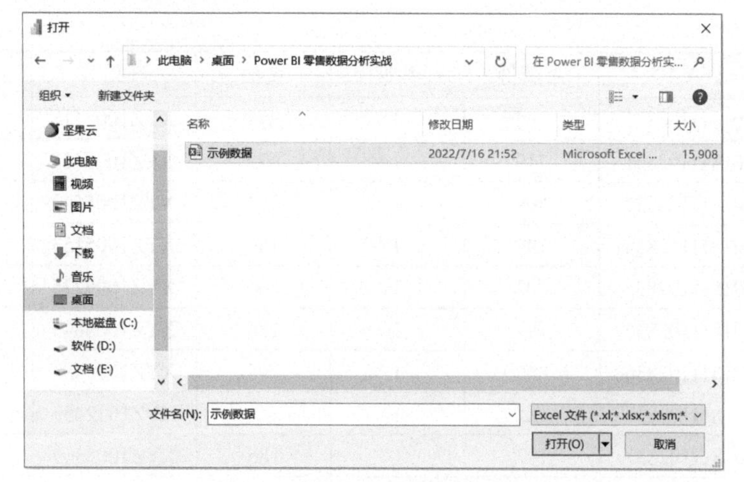

图 2-8　找到目标 Excel 工作簿

此时，“导航器”窗口显示 Excel 工作簿下的所有工作表，根据建模需要进行选择。此处“示例数据”中的 4 张工作表都需要导入模型进行分析，全部勾选后单击右下方的“加载”或者“转换数据”。“加载”表示直接将工作表加载到 Power BI Desktop 中进行建模分析，“转换数据”则表示将工作表导入 Power Query，对数据进行处理后再加载到 Power BI Desktop 中进行建模分析。一般情况下，建议选择“转换数据”，对工作表进行处理，检查无误后再加载到 Power BI Desktop 中，如果您对数据质量非常有信心，可以直接单击“加载”。此处我们单击“转换数据”，如图 2-9 所示。

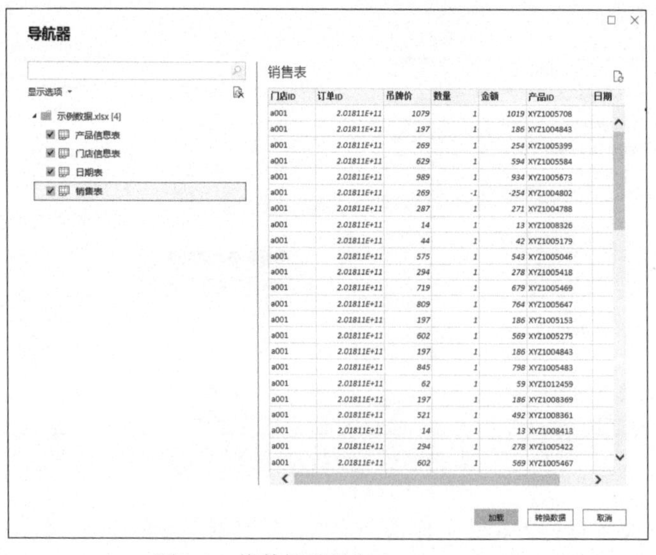

图 2-9　将数据源导入 Power Query

2.3.3 数据转换

数据源在 Power Query 中进行数据转换的步骤都记录在其操作界面右侧的“查询设置”窗格中。以销售表为例，可以看到图 2-10 中，Power Query 已经自动进行了“源”“导航”“提升的标题”“更改的类型”4 步操作。其中，“源”“导航”用于定位到目标查询，是查询的默认操作；“提升的标题”和“更改的类型”是通过在 Power Query 中进行设置来确定是否由 Power Query 自动操作的，默认设置由 Power Query 自动完成操作。要修改检测类型，需要单击“文件”→“选项和设置”→“选项”，在“全局”→“数据加载”下的“类型检测”中，根据需要进行设置，如图 2-11 所示。

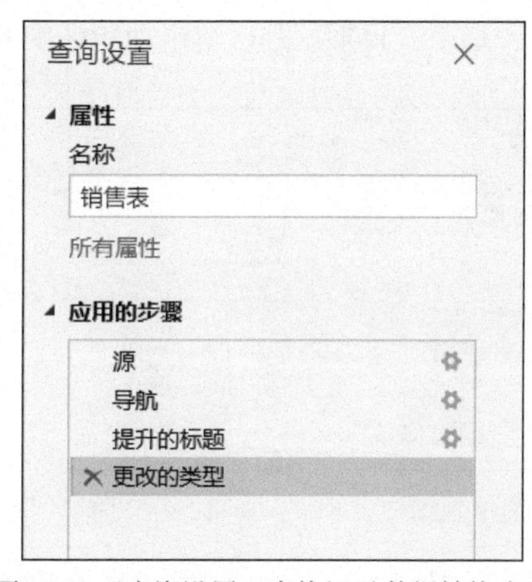

图 2-10 “查询设置”窗格记录数据转换步骤

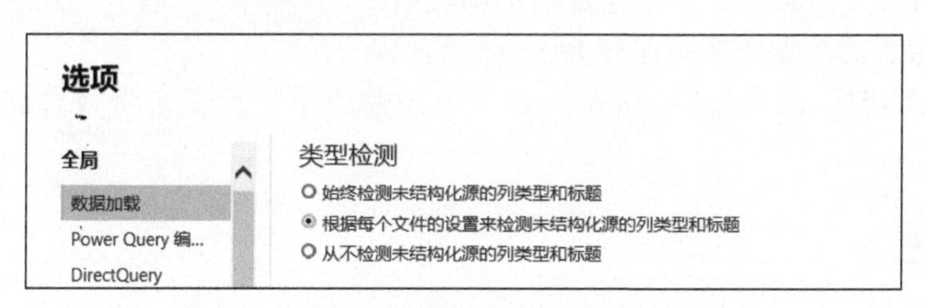

图 2-11 在 Power Query 中设置“类型检测”

由于数据源是从系统中导出的，数据结构非常规范，此处不需要进行其他的数据转换操作，唯一要做的就是检查 Power Query 自动更改的数据类型是否符合业务需求。数据中的订单 ID、吊牌价、数量、金额字段是整数类型，门店 ID、产品 ID 字段是文本类型，都和业务相符。日期字段此处自动修改为整数类型，与业务不符，需修改为日期类型，如图 2-12 所示。

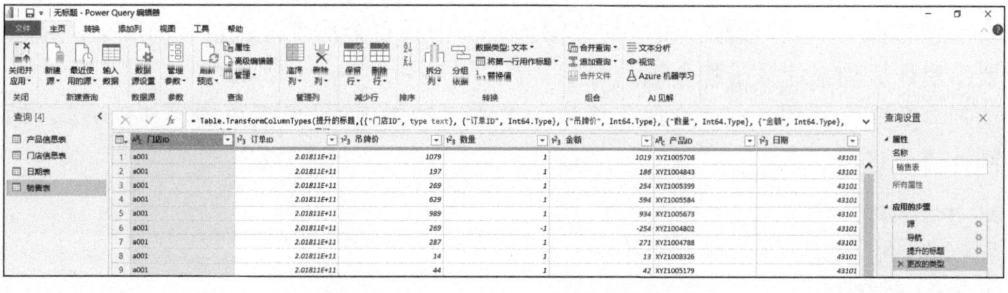

图 2-12 Power Query 数据类型检查

选中“日期”列，单击功能区中的“数据类型”，选择“日期”类型，如图 2-13 所示。

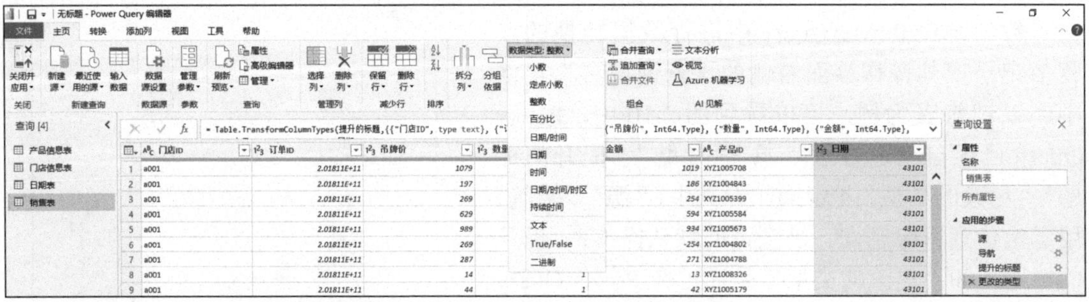

图 2-13　Power Query 数据类型转换

此时，Power Query 提示是“替换当前转换”还是“添加新步骤”，选择“替换当前转换”，日期字段转换为日期类型。

数据类型转换操作虽然相对基础、简单，却是非常重要的。不恰当的数据类型会导致模型占用的内存增多，或者后期建模过程中出现错误。

其他查询报表的数据转换操作与上述方法类似。

所有报表都转换完成后，单击左上角“关闭并应用”按钮，将报表加载至 Power BI Desktop。

2.3.4　数据建模

数据在 Power BI Desktop 中加载完成后，就可以进行建模、分析。

首先在各表间建立关系。单击 Power BI Desktop 操作界面左侧的“模型”图标，进入“模型”视图。依据业务逻辑，在各表间建立关系。“销售表”作为事实表放在中间，“门店信息表”、“产品信息表”和“日期表”作为维度表放在事实表周围，分别和“销售表”建立一对多关系，如图 2-14 所示。

关系建立完成后，要考虑模型中现有字段能否满足建模需求，如果不能满足，则需要新建计算表或计算列来丰富模型的分析维度。案例中的业务场景需要分析销售额和折扣率，折扣率 = 销售额 ÷ 吊牌金额。模型的“销售表”中只有金额字段，没有吊牌金额字段，所以需要新建计算列来计算吊牌金额。

选择“数据”视图，在“字段”窗格中单击“销售表”，然后单击“新建列”，输入吊牌金额计算公式。

“销售表”中的计算列

```
吊牌金额 =
[吊牌价] ×[数量]
```

吊牌金额计算列建立完成，如图 2-15 所示。

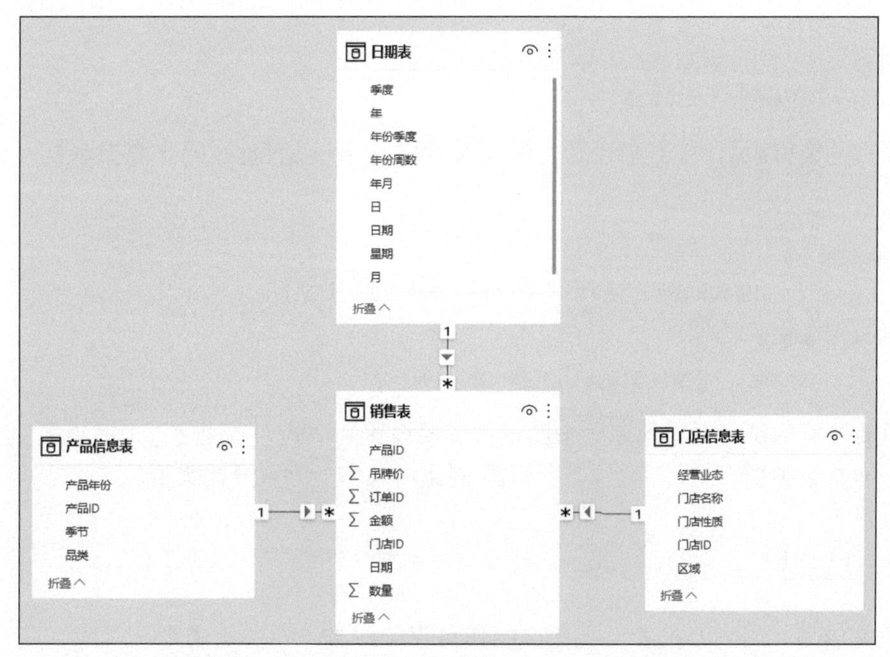

图 2-14 表间关系建立

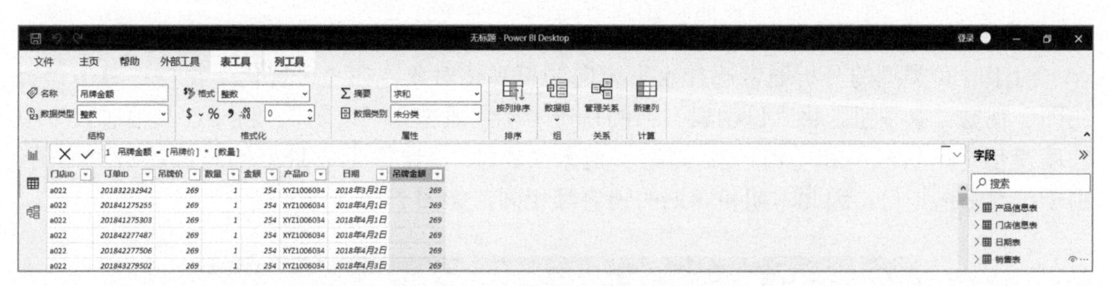

图 2-15 新建吊牌金额计算列

吊牌金额也可以通过新建度量值的方式计算得到。度量值和计算列不同，计算列归属于某张具体表格，而度量值不归属于任何表格，它属于整个数据模型。所以理论上可以在任何表格中新建度量值，而不影响它的使用。此处我们在“产品信息表”下新建度量值，计算 [销售额] 和 [折扣率] 指标。单击“产品信息表”，在菜单栏依次单击“表工具”“新建度量值”，在编辑栏中输入以下公式。

“产品信息表”中的度量值

```
销售额 =
SUM ( '销售表'[金额] )
```

```
吊牌金额 =
SUM ( '销售表'[吊牌金额] )

折扣率 =
DIVIDE ( [销售额], [吊牌金额] )
```

计算完 [销售额]，接下来计算 [销售额 同期] 及 [销售额 同比增长率]。

“产品信息表”中的度量值

```
销售额 同期 =
CALCULATE ( [销售额], SAMEPERIODLASTYEAR('日期表'[日期] ) )

销售额 同比增长率 =
DIVIDE ( [销售额] - [销售额 同期], [销售额 同期] )
```

这里要注意的是，每输入完一个度量值，要设置其格式。[销售额]、[销售额 同期]、[吊牌金额] 为整数类型，[折扣率]、[销售额 同比增长率] 为百分比类型。

2.3.5 报告制作

建模完成后，回到“报表”视图，制作可视化报告。业务需求是从时间维度、区域维度、产品维度对销售额进行分析的，根据业务需求逐一制作可视化图表。

1. 制作月度销售额趋势同期对比图

对于时间类型的分析通常选择水平方向的可视化对象，在“可视化”窗格中单击“折线图”视觉对象按钮。将“日期表”中的月份名称字段拖入“X 轴”，将“产品信息表”中的度量值 [销售额] 和 [销售额 同期] 拖入“Y 轴”，快速生成月度销售额趋势对比图。由于没有筛选年份，因此本期和同期的销售额相同，如图 2-16 所示。

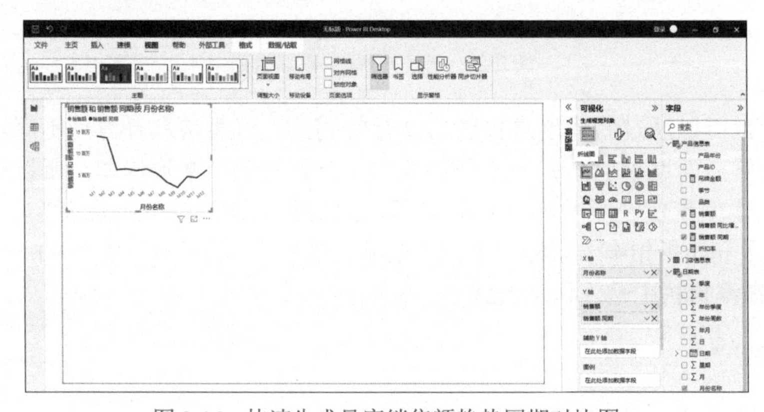

图 2-16 快速生成月度销售额趋势同期对比图

在“可视化”窗格中单击“切片器”视觉对象按钮，将“日期表”中的年字段拖入“字段”窗格，首先设置切片器的显示方式，单击“切片器”右上角的向下箭头，选择“列表”，如图 2-17 所示。然后设置切片器的显示方向，在“可视化”窗格中单击“设置视觉对象格式”“视觉对象”“切片器设置”“选项”“方向”，选择“水平”，然后将下方的“切片器标头”关掉，最后在“切片器”中选择“2019”。此时，“折线图”正确显示了月度本期和同期销售额，如图 2-18 所示。

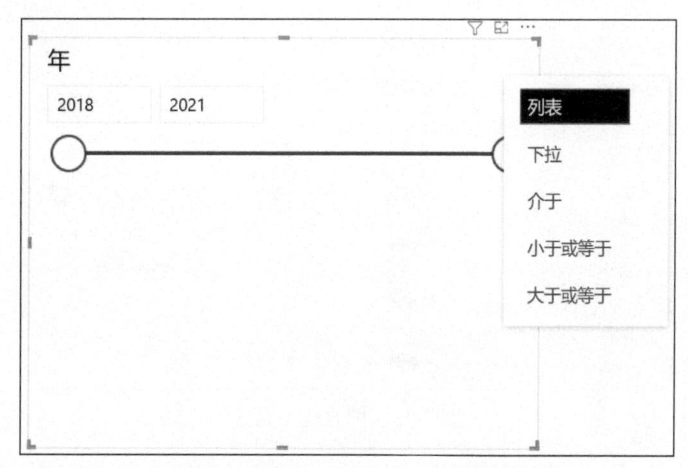

图 2-17 设置切片器显示方式为“列表”

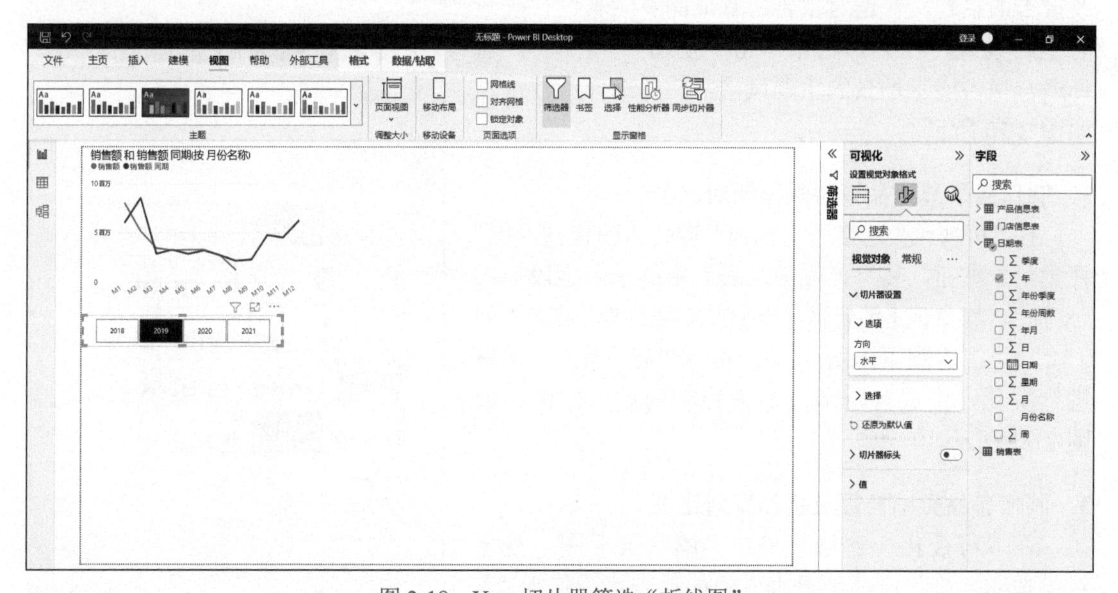

图 2-18 Year 切片器筛选“折线图”

接下来简单进行图表美化。在“可视化”窗格下，单击“设置视觉对象格式”“视觉对象”，将“X 轴”和“Y 轴”的“标题”关掉；再单击“常规”，修改图表标题为“月度销售额趋势同期对比”，如图 2-19 所示。

图 2-19　图表格式修改

最后进行页面配色，推荐使用主题功能。通过修改报告的主题，快速对报告所有页面及图表进行统一的主题设置。在菜单栏中单击“视图”“主题”，选择适合报告展示场景的主题风格，此处选择“边界”，如图 2-20 所示。

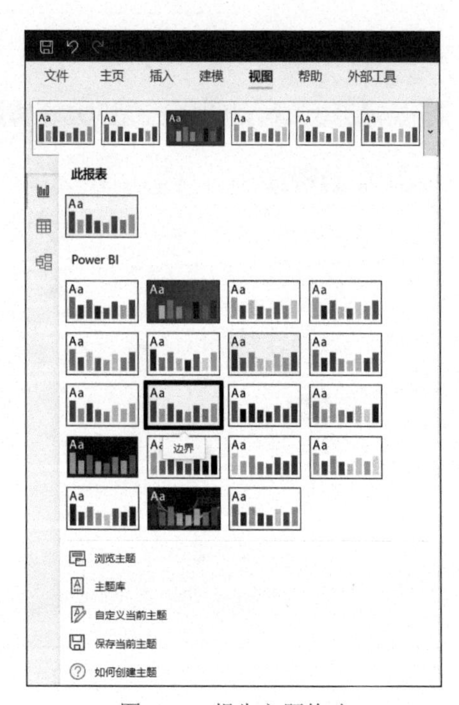

图 2-20　报告主题修改

2. 制作各季节商品销售额同期对比图

在“可视化”窗格下，选择“折线和簇状柱形图”视觉对象按钮，将“产品信息表”中的季节字段拖入“X 轴”、度量值 [销售额] 和 [销售额 同期] 拖入“列 y 轴”、[销售额 同比增长率] 拖入“行 y 轴”，简单进行美化，生成各季节商品销售额同期对比图，如图 2-21 所示。

3. 制作各品类销售额及折扣率对比图

在“可视化”窗格下单击“簇状条形图”视觉对象按钮，将“产品信息表”中的品类字段拖入“Y 轴”、度量值 [销售额] 拖入“X 轴”，简单美化后，生成各品类销售额对比图，如图 2-22 所示。

我们还需进一步对比各品类的折扣率，找到折扣率偏低的品类。该场景的对比图可以参照图 2-21 中的各季节商品销售额同期对比图，使用水平方向的“折线和簇状柱形图”，将［销售额］放在“列 y 轴”、［折扣率］放在“行 y 轴”。此处我们使用另外一种方法，通过对条形图进行颜色设置，根据颜色深浅判断折扣率的高低。

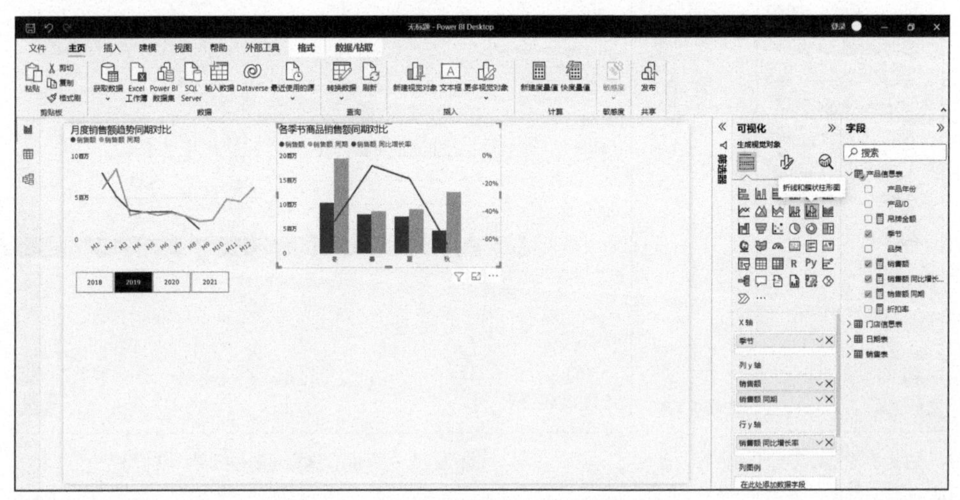

图 2-21　各季节商品销售额同期对比图

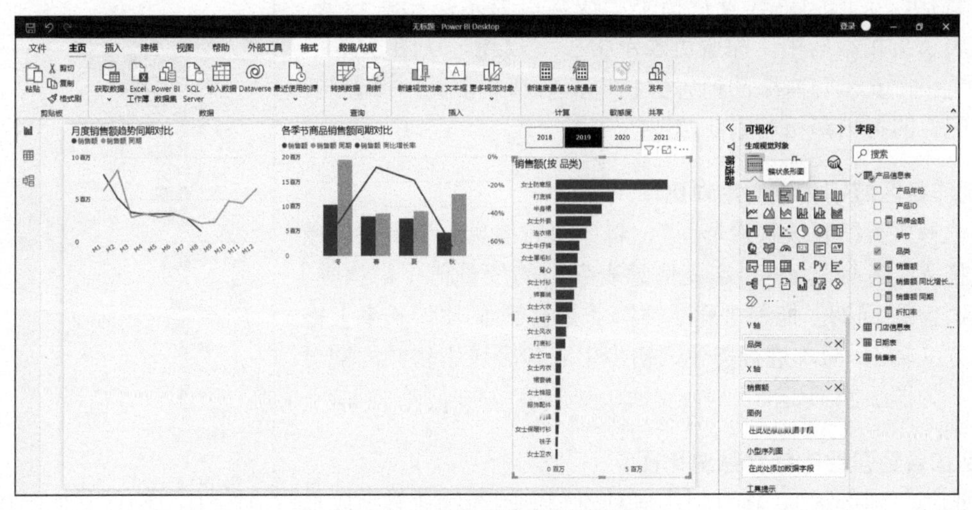

图 2-22　各品类销售额对比图

在“可视化”窗格中，选择“设置视觉对象格式”“视觉对象”“条形”“颜色”，单击“默认值”中的 *fx*，如图 2-23 所示。进入“默认颜色 - 条形”界面，为数据颜色动态配色界面。

在“格式样式”中选择“渐变”，在“应将此基于哪个字段？”中选择“折扣率”，在“最小值”和“最大值”中分别选择颜色，并勾选左下角的“添加中间颜色”，单击“确定”，如图 2-24 所示。

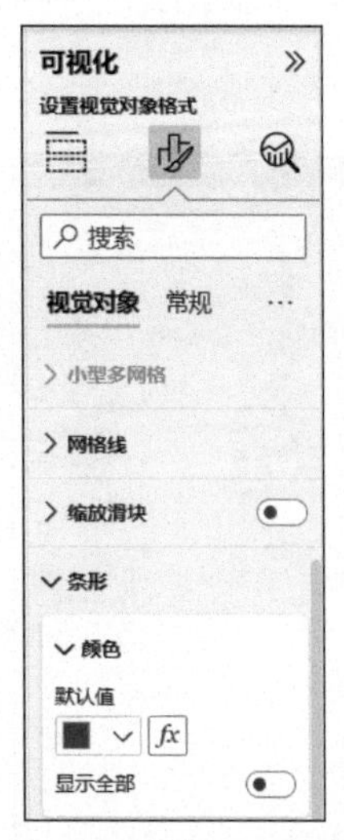

图 2-23　数据颜色动态配色设置

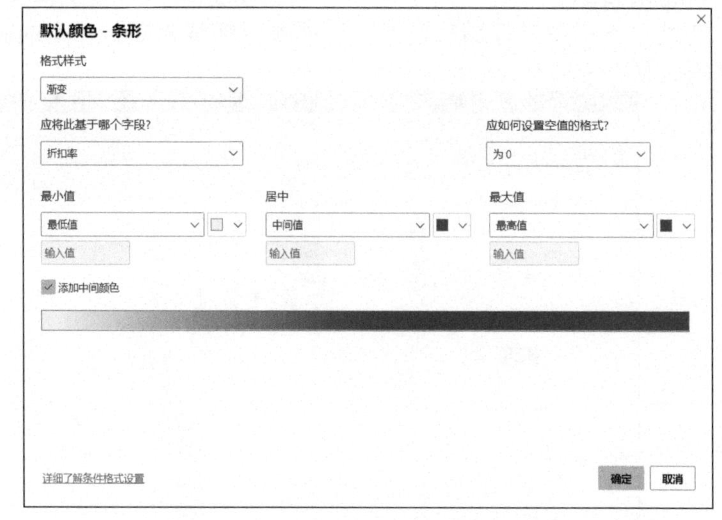

图 2-24　各品类折扣率动态配色设置

此时，图表展示各品类的销售额和折扣率。条形长度代表销售额，条形颜色代表折扣率，浅蓝色表示折扣率较低，红色表示折扣率居中，深蓝色表示折扣率较高。从图 2-25 中可以看出，女士防寒服的销售额和折扣率都非常高，裤套装、服饰配件的折扣率相对偏低。

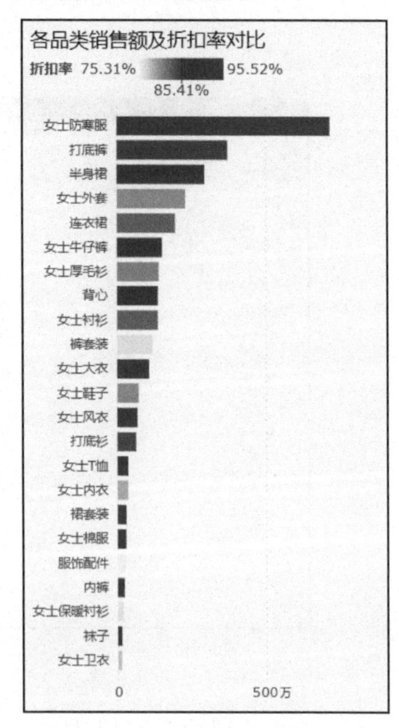

图 2-25　各品类销售额及折扣率对比

4. 制作各区域销售额同期对比图

选择“折线和簇状柱形图”，将“门店信息表”中的区域字段拖入“X 轴”，将“产品信息表”中的度量值［销售额］和［销售额 同期］拖入“列 y 轴”、［销售额 同比增长率］拖入“行 y 轴”，简单进行美化，初步生成各区域销售额同期对比图，如图 2-26 所示。

5. 制作各经营业态销售额对比图

选择“环形图”，将“门店信息表”中的经营业态字段拖入“图例”，将“产品信息表”中的度量值［销售额］拖入“值”，简单进行美化，生成各经营业态销售额对比图，如图 2-27 所示。

最后，对各图表的大小及位置进行微调，可视化报告制作完成，如图 2-28 所示。

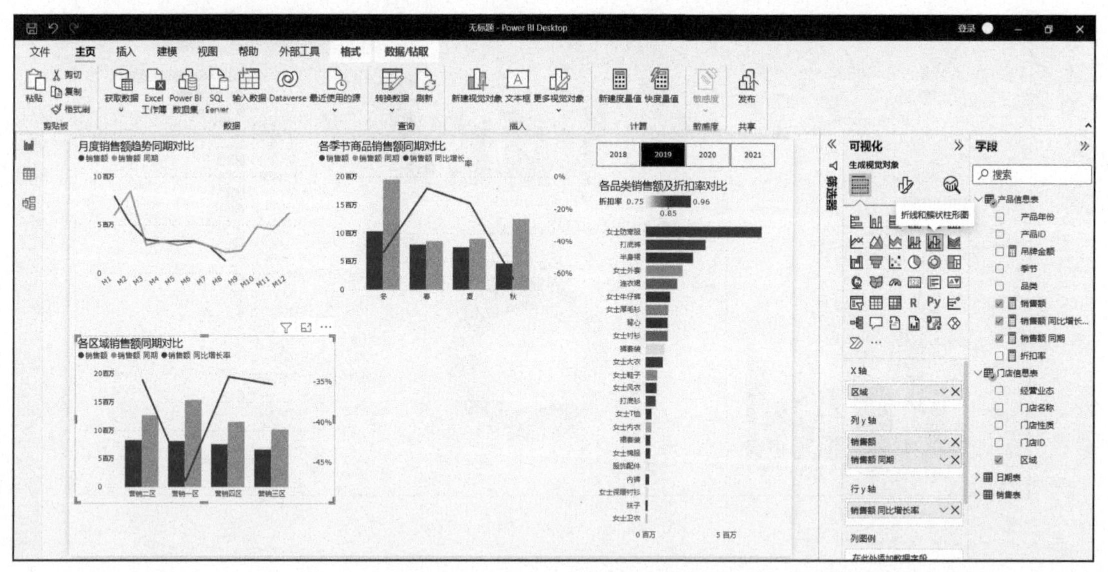

图 2-26　各区域销售额同期对比图

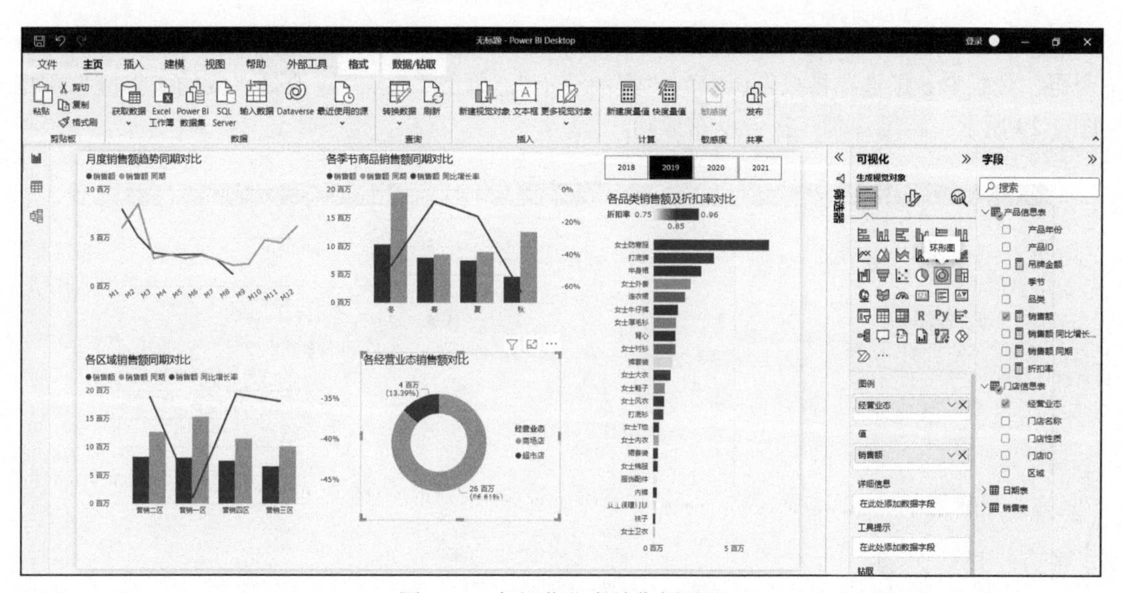

图 2-27　各经营业态销售额对比

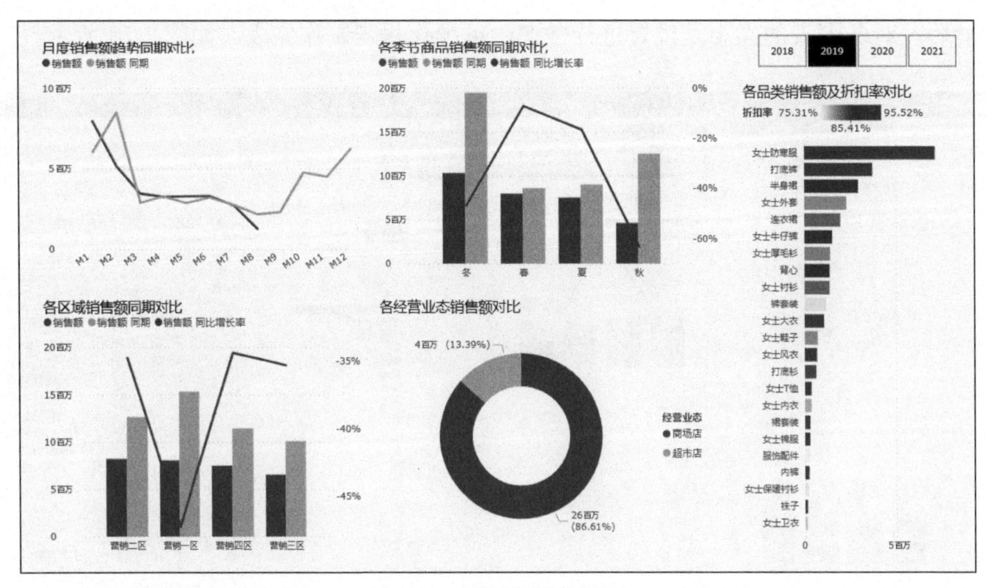

图 2-28　可视化报告展示

2.3.6　报告发布

报告发布需要 Power BI Pro 账号。单击右上角“登录”按钮，根据提示输入用户名和密码，登录 Pro 账号。将报告保存为“案例演示”。单击“发布”，选择“我的工作区”，如图 2-29 所示。稍等片刻，报告发布成功。

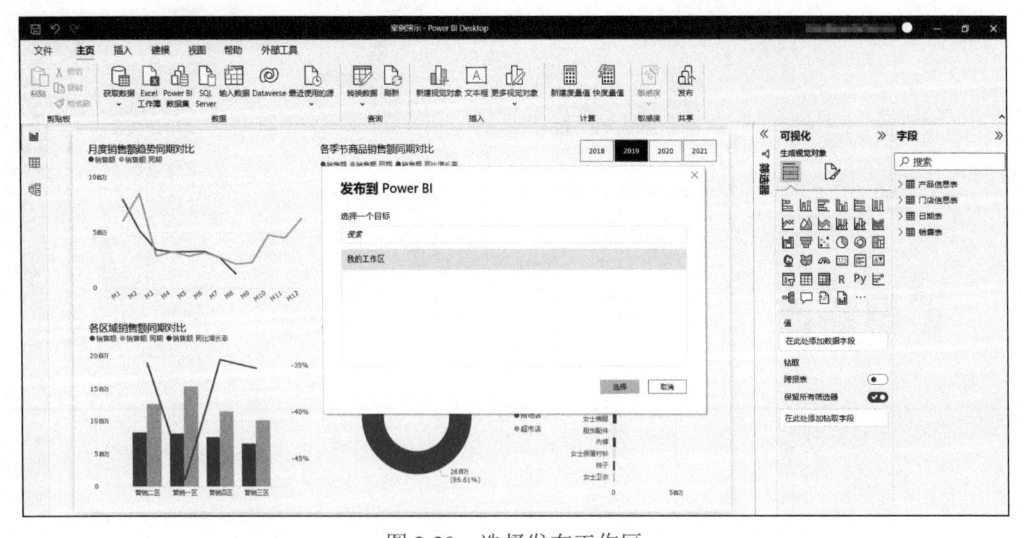

图 2-29　选择发布工作区

登录 Power BI Service，在“我的工作区”找到发布的“案例演示”文件。单击“文件”→“嵌入报表”→“发布到 Web（公共）”，如图 2-30 所示。

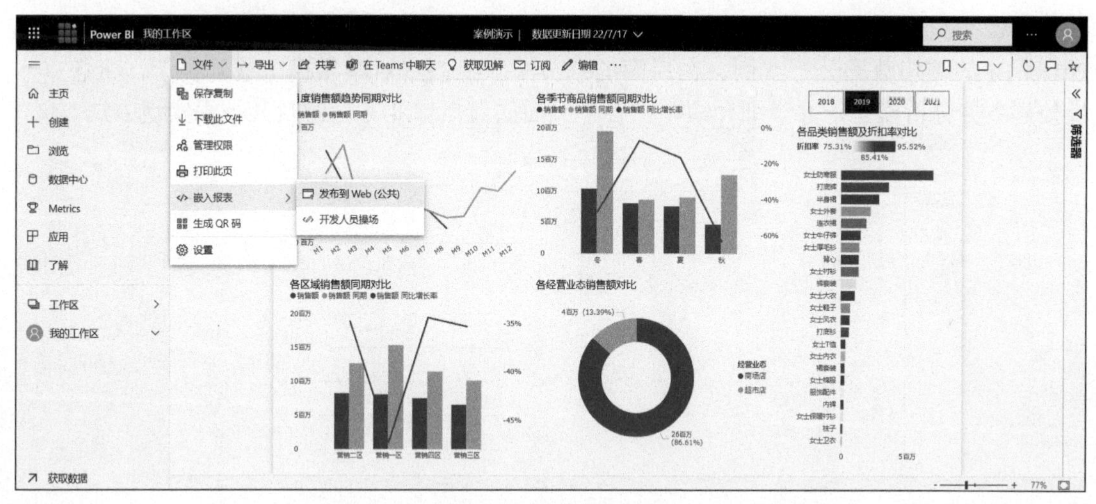

图 2-30 报告发布步骤

此时，Power BI Service 生成了报告链接，如图 2-31 所示。将链接作为网址复制到网页端或移动端，就可以实现随时随地查看报告。

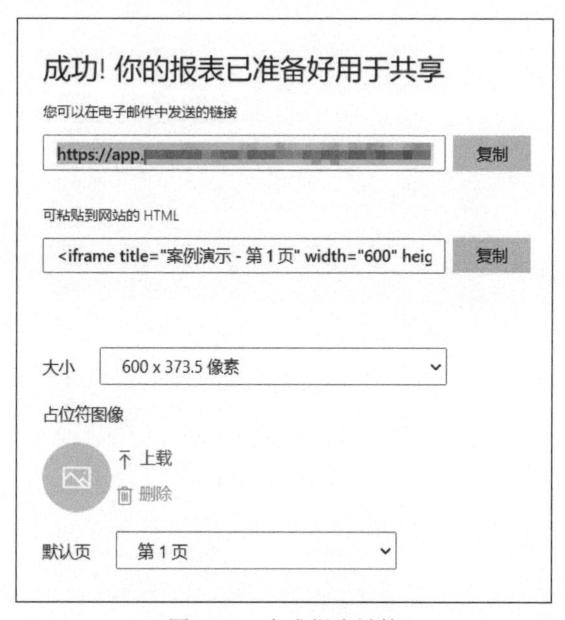

图 2-31 生成报告链接

本章小结

本章介绍了 Power BI 的基础知识、利用 Power BI 进行数据分析流程概述，以及基于 Power BI 的零售数据分析案例。在后面的章节中，我们将对零售模型展开讲解，带您一步步搭建数据分析模型，并详细介绍模型各个页面如何指导业务运营及其技术实现方法。

第 3 章 零售数据模型介绍

模型虚构了一家专营女装的服饰公司，公司有 160 多家门店、50 多万个注册会员，门店主要分布在长三角以南区域。公司的日常经营分析主要包含运营分析、商品分析和会员分析三大板块。

3.1 模型数据源介绍

模型使用的数据源及数据源中包含的业务字段涵盖了绝大部分的零售数据分析场景。数据源包括 6 张维度表和 3 张事实表，如表 3-1 所示。

表 3-1 数据源相关信息

表名	类型	主键	信息描述
门店信息表	维度表	门店 ID	记录每家门店的基础信息及目前所处营业状态
产品信息表	维度表	产品 ID	记录每个产品的基础信息
日期表	维度表	日期	记录从年份起始日期到结束日期每一天的日期信息
会员信息表	维度表	会员 ID	记录每位会员的基础信息
区域信息表	维度表	城市	记录每个区域包含的省份及地级市
产品季节表	维度表	产品季节	记录每个产品季节中产品的新老品属性
销售表	事实表	—	记录每家门店每日每位顾客（会员及非会员）每笔单据中所包含的每个产品的购买数量及金额
进销存表	事实表	—	记录公司总仓及每家门店每个产品每日的进货、配货及销量
任务表	事实表	—	记录每家门店每日的任务

3.1.1 维度表及事实表字段介绍

“门店信息表”记录了公司历史上每家门店的基本信息，其中门店ID字段是主键，主键代表该列内容不包含重复值且不为空。当门店基本信息发生变动时，比如门店状态从营业中变为撤店、门店面积增减或者门店需要丰富分析维度增加字段，均在此表中进行维护。“门店信息表”如表3-2所示，其中门店面积字段的单位是平方米。

表3-2 门店信息表

门店ID	门店名称	开业日期	撤店日期	门店状态	门店性质	经营业态	城市	门店面积	店员标配人数
a001	江苏省镇江市a001店	2008/8/24		营业中	自营店	商场店	镇江市	269	5
a002	湖南省长沙市a002店	2008/9/24		营业中	自营店	商场店	长沙市	144	5
a003	浙江省宁波市a003店	2008/9/30		营业中	自营店	商场店	宁波市	45	4
a004	江苏省镇江市a004店	2008/10/22		营业中	加盟店	商场店	镇江市	115	5
a005	浙江省宁波市a005店	2009/1/11		营业中	自营店	商场店	宁波市	112	5
a034	江苏省常州市a034店	2009/3/18		营业中	自营店	商场店	常州市	280	5
a006	湖北省武汉市a006店	2009/5/7		营业中	自营店	商场店	武汉市	133	7
a007	湖北省武汉市a007店	2009/10/10		营业中	自营店	商场店	武汉市	109	5
a008	浙江省宁波市a008店	2010/1/3		营业中	自营店	商场店	宁波市	150	5
a010	湖南省长沙市a010店	2010/3/14		营业中	自营店	超市店	长沙市	112	4

“产品信息表”记录了从历史至今每个产品的基本信息，其中产品ID字段是主键。当产品信息发生变动的时候，在此表中维护。模型中产品信息比较简单，只满足基本的分析需求。而在真实业务场景中，产品信息会非常丰富。若要深度分析门店销售业绩的异常原因，准确、完整、丰富的产品信息记录是非常关键的。其中序号字段是在可视化作图阶段，用于展示品类的先后顺序的。“产品信息表”如表3-3所示。

表3-3 产品信息表

产品ID	产品季节	季节	季节合并	产品年份	品类	序号
XYZ1000000	17春夏	春	春夏	2017	女士外套	1
XYZ1000028	17秋冬	冬	秋冬	2017	女士大衣	5
XYZ1000174	17春夏	春	春夏	2017	女士外套	1
XYZ1000176	17春夏	春	春夏	2017	女士衬衫	7

续表

产品ID	产品季节	季节	季节合并	产品年份	品类	序号
XYZ1000177	16春夏	夏	春夏	2016	半身裙	12
XYZ1000178	16春夏	夏	春夏	2016	半身裙	12
XYZ1000179	17秋冬	秋	秋冬	2017	打底衫	10
XYZ1000180	16秋冬	秋	秋冬	2016	打底裤	14
XYZ1000184	12春夏	春	春夏	2012	内裤	19
XYZ1000185	12春夏	春	春夏	2012	内裤	19

“日期表”记录了从年份起始日期到结束日期每一天的日期信息，其中日期字段是主键。“日期表”中的日期必须连续、完整，即包含年度从1月1日到12月31日的每一天。零售数据分析中，时间维度的分析是最重要的分析维度之一，“日期表”字段的丰富程度决定了时间维度分析的深度和丰富程度。“日期表”如表3-4所示。

表3-4 日期表

日期	年	季度	年份季度	月	年月	周	年份周数	星期	月份名称
2018-01-01	2018	1	20181	1	201801	1	201801	1	M1
2018-01-02	2018	1	20181	1	201801	1	201801	2	M1
2018-01-03	2018	1	20181	1	201801	1	201801	3	M1
2018-01-04	2018	1	20181	1	201801	1	201801	4	M1
2018-01-05	2018	1	20181	1	201801	1	201801	5	M1
2018-01-06	2018	1	20181	1	201801	1	201801	6	M1
2018-01-07	2018	1	20181	1	201801	1	201801	7	M1
2018-01-08	2018	1	20181	1	201801	2	201802	1	M1
2018-01-09	2018	1	20181	1	201801	2	201802	2	M1
2018-01-10	2018	1	20181	1	201801	2	201802	3	M1
2018-01-11	2018	1	20181	1	201801	2	201802	4	M1
2018-01-12	2018	1	20181	1	201801	2	201802	5	M1
2018-01-13	2018	1	20181	1	201801	2	201802	6	M1
2018-01-14	2018	1	20181	1	201801	2	201802	7	M1
2018-01-15	2018	1	20181	1	201801	3	201803	1	M1
2018-01-16	2018	1	20181	1	201801	3	201803	2	M1

续表

日期	年	季度	年份季度	月	年月	周	年份周数	星期	月份名称
2018-01-17	2018	1	20181	1	201801	3	201803	3	M1
2018-01-18	2018	1	20181	1	201801	3	201803	4	M1
2018-01-19	2018	1	20181	1	201801	3	201803	5	M1

“会员信息表”记录了每位会员的基本信息，其中会员ID字段是主键。在真实的业务场景中，需对会员信息进行进一步完善，更加精准地勾勒品牌的消费者画像。“会员信息表”如表3-5所示。

表3-5　会员信息表

会员ID	性别	生日	行业
A0000001	女	1984/11/25	体育
A0000002	女	1975/7/21	体育
A0000003	男	1976/11/13	通信
A0000004	女	1978/1/16	零售
A0000005	女	1994/9/22	金融
A0000006	女	1994/6/19	制造
A0000007	女	1987/11/28	教育培训
A0000008	女	1971/4/13	法律
A0000009	女	1972/7/19	旅游
A0000010	女	1983/2/19	教育培训

“区域信息表”记录了每个区域包含的省份及地级市，其中城市字段是主键。通过城市字段和“门店信息表”产生关联。对应的区域范围发生变动时，在此表中维护。表中的序号字段是在可视化作图时，用于展示区域的先后顺序的。“区域信息表”如表3-6所示。

表3-6　区域信息表

城市	省份	区域	序号
镇江市	江苏省	营销一区	1
长沙市	湖南省	营销三区	3
宁波市	浙江省	营销四区	4

续表

城市	省份	区域	序号
武汉市	湖北省	营销二区	2
杭州市	浙江省	营销四区	4
岳阳市	湖南省	营销三区	3
怀化市	湖南省	营销三区	3
宜昌市	湖北省	营销二区	2
扬州市	江苏省	营销一区	1
黄石市	湖北省	营销二区	2

“产品季节表”记录了每个产品季节中产品的新老品属性，产品季节字段是主键。通过维护“产品季节表”，可以快速修改产品的新老品属性，准确进行新老品分析。“产品季节表”如表3-7所示。

表3–7 产品季节表

产品季节	序号	新老品
19秋冬	1	新品
19春夏	2	新品
18秋冬	3	同期新品
18春夏	4	同期新品
17秋冬	5	老品
17春夏	6	老品
16秋冬	7	老品
16春夏	8	老品
15秋冬	9	老品
15春夏	10	老品

“销售表”记录了每家门店每日每位顾客每笔订单中所包含的每个产品的销售明细，每天新增的销售数据追加在表格末尾。“销售表”记录的数据体量巨大，为了尽可能减少模型对内存的占用，“销售表”中的字段尽可能保持精简，通常只包含外键（外键是其他维度表的主键，用于建立表间关系。比如门店ID字段在“门店信息表”中是主键，但在“销售表”中是外键），用于和维度表建立关系。维度表中的其他字段则通过维度表和“销售表”建立的表间关系，与“销售表”产生关联。“销售表”如表3-8所示。

表3-8　销售表

门店ID	订单ID	会员ID	吊牌价	数量	金额	产品ID	日期
a047	201933235123	A0308850	12	1	11	XYZ1007787	2019/3/3
a047	2019312250789	A0309517	12	1	11	XYZ1007787	2019/3/12
a013	2019316258348	A0286064	12	1	11	XYZ1007787	2019/3/16
a055	2019317260681	A0266081	12	1	11	XYZ1007787	2019/3/17
a013	2019320266871	A0286054	12	1	11	XYZ1007787	2019/3/20
a013	2019320266877	A0286086	12	1	11	XYZ1007787	2019/3/20
a013	2019324274180	A0286109	12	1	11	XYZ1007787	2019/3/24
a136	2019329284598	A0462966	12	1	11	XYZ1007787	2019/3/29
a100	201931232871	A0148951	12	1	11	XYZ1007488	2019/3/1
a100	201932234287	A0052925	12	1	11	XYZ1007488	2019/3/2

“进销存表”记录了总仓及每家门店每个商品每天的进货、销售等情况。门店分为两类，一类是具体门店，另一类是总仓。商品的状态有3类，对于总仓来讲，从厂家配送到总仓的环节定义为“进货”，从总仓配送到门店的环节定义为“配货”；对于门店来讲，从总仓配送到门店的环节定义为“进货”，门店的销售环节定义为“销售”。每日新增的产品进销存状态追加至表格下方。“进销存表”如表3-9所示。

表3-9　进销存表

门店ID	门店名称	商品ID	日期	状态	数量
AAA	总仓	XYZ1009440	2019/5/2	进货	630
a005	浙江省宁波市a005店	XYZ1009440	2019/5/8	进货	3
a065	湖北省宜昌市a065店	XYZ1009440	2019/5/8	进货	3
a073	江苏省扬州市a073店	XYZ1009440	2019/5/8	进货	3
a101	浙江省杭州市a101店	XYZ1009440	2019/5/8	进货	3
AAA	总仓	XYZ1009440	2019/5/8	配货	18
AAA	总仓	XYZ1009440	2019/5/8	配货	2
AAA	总仓	XYZ1009440	2019/5/8	配货	3
AAA	总仓	XYZ1009440	2019/5/8	配货	3
AAA	总仓	XYZ1009440	2019/5/8	配货	3
a065	湖北省宜昌市a065店	XYZ1009440	2019/8/10	销售	1

“任务表”记录每家门店每日的任务，主要用于和门店每日实际销售额做比较，计算销售完成率。“任务表”如表 3-10 所示，其中任务的单位是元。

表 3–10 任务表

门店 ID	日期	任务
a001	2019/1/1	20888
a002	2019/1/1	18221
a004	2019/1/1	17661
a005	2019/1/1	17465
a006	2019/1/1	48832
a007	2019/1/1	17647
a008	2019/1/1	14686
a009	2019/1/1	9107
a010	2019/1/1	17794
a011	2019/1/1	10087

3.1.2 维度表及事实表维护建议

一般情况下，所有维度表可以统一存放在一个 Excel 工作簿中，便于报表维护；事实表因为需要定期追加数据，建议每个事实表单独存放在一个文件夹下，按月或其他时间间隔存储数据。这里有一点需要注意，虽然“会员信息表”为维度表，但是如果企业的会员数量超过百万行，建议将“会员信息表”以某种逻辑拆分成多个工作簿存放在单独文件夹下，新增的会员数据追加至表格末尾。这样，除“会员信息表”之外的其他维度表统一放在维度表工作簿下，每个事实表及“会员信息表”分别放在独立文件夹下，所有维度表和事实表又统一放在了“RetailData”文件夹下，如图 3-1 所示。

> Power BI 零售数据分析实战 > RetailData

名称	修改日期	类型	大小
会员数量	2023/1/7 14:06	文件夹	
进销存	2023/1/7 14:06	文件夹	
任务	2023/1/7 14:06	文件夹	
销售表	2023/1/7 14:06	文件夹	
维度表	2022/7/25 13:15	Microsoft Excel ...	480 KB

图 3-1 维度表和事实表统一存放于“RetailData”文件夹

对于事实表数据，以“销售表”为例，每 4 个月的数据单独存放在一个 Excel 工作簿中，所有工作簿统一放在“销售表”文件夹下，如图 3-2 所示。

› Power BI 零售数据分析实战 › RetailData › 销售表

名称	修改日期	类型	大小
20180104	2022/7/11 21:02	Microsoft Excel ...	24,483 KB
20180508	2022/7/11 21:01	Microsoft Excel ...	24,115 KB
20180912	2022/7/11 21:02	Microsoft Excel ...	24,595 KB
20190104	2022/7/11 21:01	Microsoft Excel ...	23,811 KB
20190508	2022/7/11 21:01	Microsoft Excel ...	23,670 KB

图 3-2　事实表数据以文件夹形式存放

数据源建议以表格（table）的形式保存在 Excel 中。数据在 Excel 中的默认形式是单元格区域（range），单元格区域是指由多个单元格所组成的区域，建议将其转换为表格（table）。

以“门店信息表”为例，将单元格区域转化为表格的方法是单击“插入”→“表格”或者按快捷键“Ctrl+T”，打开“创建表”对话框，勾选“表包含标题”，将单元格区域转化为表格，如图 3-3 所示。

A1　fx　2010/1/3

	A	B	C	D	E	F	G	H	I	J
1	门店ID	门店名称	开业日期	撤店日期	门店状态	门店性质	经营业态	城市	门店面积	店员标配人数
2	a001	江苏省镇江市a001店	2008/8/24		营业中	自营店	商场店	镇江市	269	5
3	a002	湖南省长沙市a002店	2008/9/24		营业中	自营店	商场店	长沙市	144	5
4	a003	浙江省宁波市a003店	2008/9/30		营业中	自营店	商场店	宁波市	45	4
5	a004	江苏省镇江市a004店	2008/10/22		营业中	加盟店	商场店	镇江市	115	5
6	a005	浙江省宁波市a005店			中	自营店	商场店	宁波市	112	5
7	a034	江苏省常州市a034店			中	自营店	商场店	常州市	280	5
8	a006	湖北省武汉市a006店			中	自营店	商场店	武汉市	133	7
9	a007	湖北省武汉市a007店			中	自营店	商场店	武汉市	109	5
10	a008	浙江省宁波市a008店			中	自营店	商场店	宁波市	150	5
11	a010	湖南省长沙市a010店			中	自营店	超市店	长沙市	112	4
12	a009	浙江省杭州市a009店			中	加盟店	超市店	杭州市	165	5
13	a011	湖南省长沙市a011店	2010/5/27		营业中	自营店	商场店	长沙市	210	5
14	a012	湖北省武汉市a012店	2010/7/12		营业中	自营店	商场店	武汉市	321	6

创建表　?　×
表数据的来源(W):
$A$1:$J$25
☑ 表包含标题(M)
确定　取消

图 3-3　将单元格区域转化为表格

可以看到表格自动增加了筛选功能，且在右下角多了一个蓝色角标，这个角标是表格区别于单元格区域最显著的标志，如图 3-4 所示。单击表格区域，菜单栏中出现“表设计”，此时默认的“表名称”是“表 1”，我们重新命名为“门店信息”，如图 3-5 所示。其他维度表也进行相同操作，转化为表格并重新命名。

E15 营业中

	门店ID	门店名称	开业日期	撤店日期	门店状态	门店性质	经营业态	城市	门店面积	店员标配人数	K	L
160	a150	江西省景德镇市a150店	2019/5/13		营业中	加盟店	街边店	景德镇市	154	5		
161	a151	云南省昆明市a151店	2019/5/17		营业中	加盟店	街边店	昆明市	116	4		
162	a152	江西省九江市a152店	2019/5/28		营业中	加盟店	街边店	九江市	117	5		
163	a154	云南省昆明市a154店	2019/6/16		营业中	自营店	街边店	昆明市	240	6		
164	a153	江西省九江市a153店	2019/6/17		营业中	加盟店	街边店	九江市	182	5		
165	a155	云南省昆明市a155店	2019/7/3		营业中	加盟店	街边店	昆明市	87	5		
166	a156	江西省九江市a156店	2019/7/9		营业中	加盟店	街边店	九江市	128	4		
167	a157	江西省九江市a157店	2019/7/13		营业中	加盟店	街边店	九江市	262	6		
168	a158	云南省昆明市a158店	2019/7/24		营业中	加盟店	街边店	昆明市	196	6		
169	a159	广西省海口市a159店	2019/8/1		营业中	加盟店	街边店	海口市	168	5		
170												

蓝色角标

图 3-4 表格右下角有蓝色角标

表格重命名

文件 开始 插入 页面布局 公式 数据 审阅 视图 自动执行 加载项 帮助 ACROBAT Power Pivot 表设计

表名称: 门店信息 调整表格大小 属性

通过数据透视表汇总 删除重复值 转换为区域 插入切片器 工具

导出 刷新 属性 用浏览器打开 取消链接 外部表数据

标题行 第一列 筛选按钮 汇总行 最后一列 镶边行 镶边列 表格样式选项

表格样式

B7 江苏省常州市a034店

	门店ID	门店名称	开业日期	撤店日期	门店状态	门店性质	经营业态	城市	门店面积	店员标配人数
163	a154	云南省昆明市a154店	2019/6/16		营业中	自营店	街边店	昆明市	240	6
164	a153	江西省九江市a153店	2019/6/17		营业中	加盟店	街边店	九江市	182	5
165	a155	云南省昆明市a155店	2019/7/3		营业中	加盟店	街边店	昆明市	87	5
166	a156	江西省九江市a156店	2019/7/9		营业中	加盟店	街边店	九江市	128	4
167	a157	江西省九江市a157店	2019/7/13		营业中	加盟店	街边店	九江市	262	6
168	a158	云南省昆明市a158店	2019/7/24		营业中	加盟店	街边店	昆明市	196	6
169	a159	海南省海口市a159店	2019/8/1		营业中	加盟店	街边店	海口市	168	5

图 3-5 在“表名称：”处对表格重命名为“门店信息”

3.2 数据获取及数据转换

数据源准备完成后，接下来就是导入 Power BI 进行数据转换和数据分析。重点讲解如何通过 Excel 工作簿和文件夹获取数据。

3.2.1 Excel 工作簿获取数据

首先获取维度表数据。打开一个空的 Power BI Desktop 文件，在“主页”菜单栏单击“获取数据”“Excel 工作簿”，找到维度表所在地址并打开。此时，Power BI Desktop 识别出 8 张表。前 4 张表和后 4 张表的图标是不一样的。前 4 张表的图标中带有蓝色表头，识别的是数据源的表格（table）类型，后 4 张表识别的是普通的工作表（sheet）。虽然类型不同但指向的是同一个数据源。在选择数据源的时候两种类型勾选其一，此处建议选择表格

（table）类型的数据源，如图 3-6 所示。

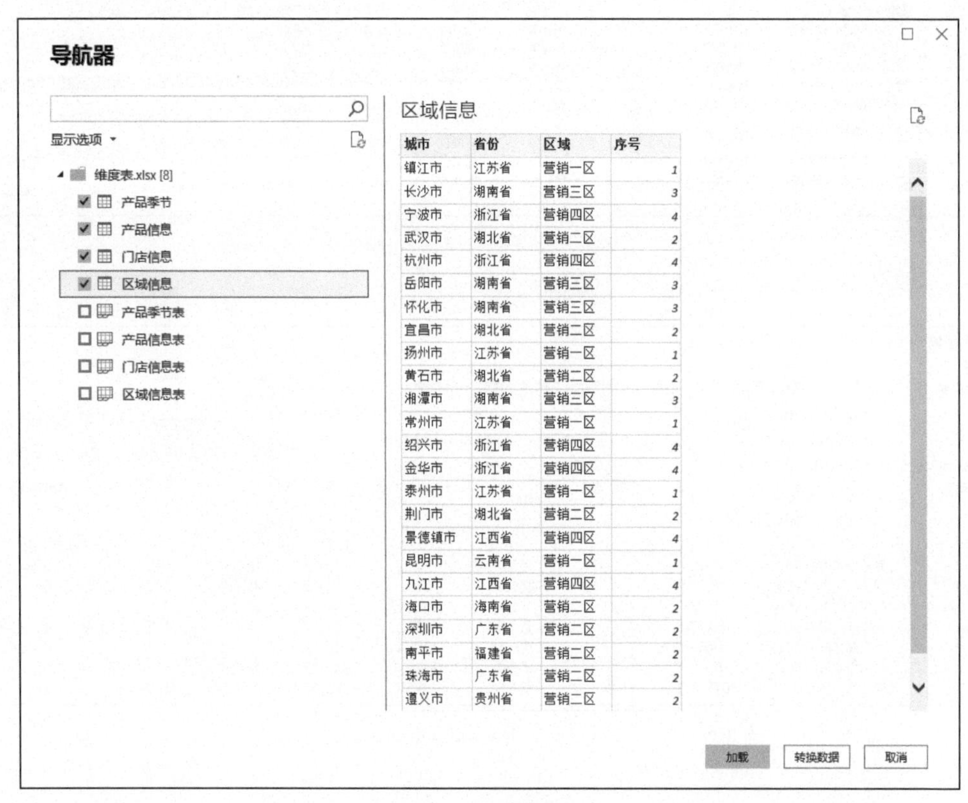

图 3-6　选择数据源

单击“转换数据”，进入 Power Query。由于数据源的格式都相对规范，因此数据转换的步骤相对较少。重点检查 4 张维度表的字段格式，确认无误后，维度表数据转换完成，如图 3-7 所示。

无标题 - Power Query 编辑器

文件　主页　转换　添加列　视图　工具　帮助

关闭并应用　新建源　最近使用的源　输入数据　数据源设置　管理参数　刷新预览　属性　高级编辑器　管理　选择列　删除列　保留行　删除行　拆分列　分组依据　数据类型: 文本　将第一行用作标题　替换值　合并查询　追加查询　合并文件　文本分析　视觉　Azure 机器学习

关闭　新建查询　数据源　参数　查询　管理列　减少行　排序　转换　组合　AI 见解

查询 [4]
产品季节
产品信息
门店信息
区域信息

```
= Table.TransformColumnTypes(区域信息_Table,{{"城市", type text}, {"省份", type text}, {"区域", type text}, {"序号", Int64.Type}})
```

	城市	省份	区域	序号
1	镇江市	江苏省	营销一区	1
2	长沙市	湖南省	营销三区	3
3	宁波市	浙江省	营销四区	4
4	武汉市	湖北省	营销二区	2
5	杭州市	浙江省	营销四区	4
6	岳阳市	湖南省	营销三区	3
7	怀化市	湖南省	营销三区	3
8	宜昌市	湖北省	营销二区	2

查询设置
属性
名称
区域信息
所有属性
应用的步骤
源
导航
更改的类型

图 3-7　维度表数据转换

3.2.2 从文件夹获取数据

接下来导入事实表数据。由于事实表都是单独存放在各自文件夹下的，且通常包含若干个工作簿，建议从“文件夹”获取数据。在 Power Query 编辑器的“主页”菜单下，单击“新建源”“更多”，打开“获取数据”对话框，选择“文件夹”选项，如图 3-8 所示。

图 3-8 “获取数据”对话框下选择“文件夹”选项

找到“销售表”文件夹所在路径，单击“确定”，如图 3-9 所示。

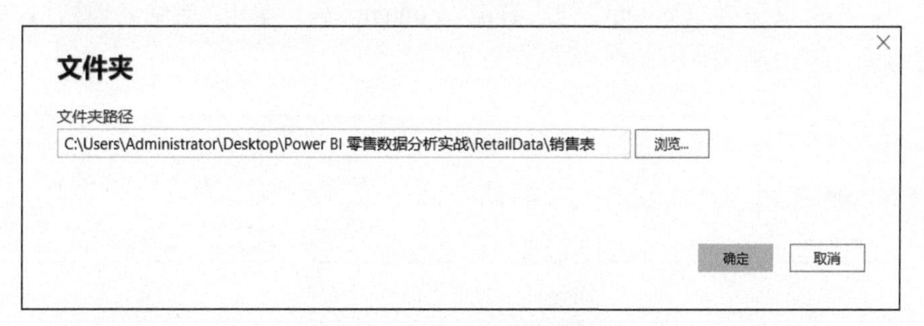

图 3-9 设置“文件夹路径”

此时显示“销售表”文件夹下的全部工作簿，如图 3-10 所示。单击“转换数据”，进入Power Query，单击左侧“销售表”视图，在中间视图窗格中显示了“销售表”文件夹下每个工作簿的内容（以二进制形式存储）、名称、扩展名、创建时间、修改时间、文件路径等。接下来重点介绍如何对文件夹下的多个工作簿数据进行汇总。

C:\Users\Administrator\Desktop\Power BI 零售数据分析实战\RetailData\销售表

Content	Name	Extension	Date accessed	Date modified	Date created	Attributes	Folder Path
Binary	20180104.xlsx	.xlsx	2023/1/7 14:06:27	2022/7/11 21:02:13	2023/1/7 14:06:27	Record	C:\Users\Administrator\Desktop\Power BI
Binary	20180508.xlsx	.xlsx	2023/1/7 14:06:27	2022/7/11 21:02:00	2023/1/7 14:06:27	Record	C:\Users\Administrator\Desktop\Power BI
Binary	20180912.xlsx	.xlsx	2023/1/7 14:06:27	2022/7/11 21:02:20	2023/1/7 14:06:27	Record	C:\Users\Administrator\Desktop\Power BI
Binary	20190104.xlsx	.xlsx	2023/1/7 14:06:27	2022/7/11 21:01:52	2023/1/7 14:06:27	Record	C:\Users\Administrator\Desktop\Power BI
Binary	20190508.xlsx	.xlsx	2023/1/7 14:06:27	2022/7/11 21:01:43	2023/1/7 14:06:27	Record	C:\Users\Administrator\Desktop\Power BI

图3-10 获取“销售表”文件夹下的全部工作簿

（1）删除不需要的列。由于工作簿中的数据以二进制形式存储在“Content”列的“Binary”中，因此仅保留“Content”列。右击“Content”列，单击“删除其他列”，如图3-11所示。

	Content	Name	Extension	Date accessed	Date modified	Date created	Attributes
1	Binary	sx	.xlsx	2022/7/17 17:38:26	2022/7/11 21:02:13	2022/7/17 17:38:26	Record
2	Binary	sx	.xlsx	2022/7/17 17:38:26	2022/7/11 21:02:00	2022/7/17 17:38:26	Record
3	Binary	sx	.xlsx	2022/7/17 17:38:26	2022/7/11 21:02:20	2022/7/17 17:38:26	Record
4	Binary	sx	.xlsx	2022/7/17 17:38:27	2022/7/11 21:01:52	2022/7/17 17:38:26	Record
5	Binary	sx	.xlsx	2022/7/17 17:38:27	2022/7/11 21:01:43	2022/7/17 17:38:27	Record

复制
删除
删除其他列
重复列
从示例中添加列...

图3-11 删除不需要的列

（2）解析“Content”列。在菜单栏单击“添加列”“自定义列”，在“自定义列公式”文本框中输入 =Excel.Workbook(［Content］,true)，单击“确定”，如图3-12所示。这里用到一个固定的函数——Excel.Workbook，用于返回 Excel 工作簿的内容。其中第一个参数是要解析的二进制形式的工作簿，第二个参数为可选参数，通过使用 true，表示指定表格中的第一行作为标题，省去将第一行用作标题和筛选标题行两步操作。注意，该函数需严格区分大小写，Excel.Workbook 中字母 E、W 需大写，true 需小写。

（3）展开“自定义”列。单击“自定义”列右侧双向箭头，展开“自定义”列（注意此处不要勾选“使用原始列名作为前缀”，否则字段名称过长），单击“确定”，如图 3-13 所示。

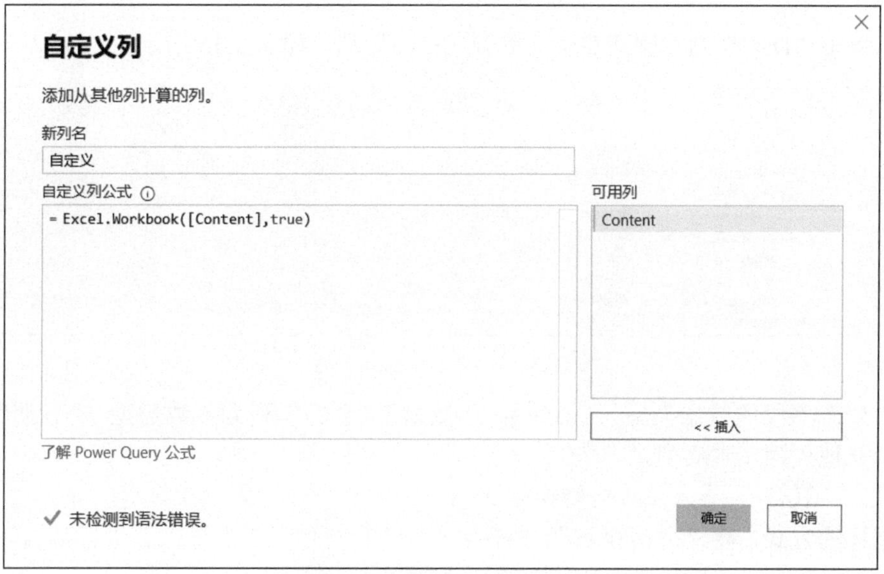

图 3-12　解析“Content”列

图 3-13　展开“自定义”列内容

（4）删除其他列，只保留“Data”列，如图 3-14 所示。

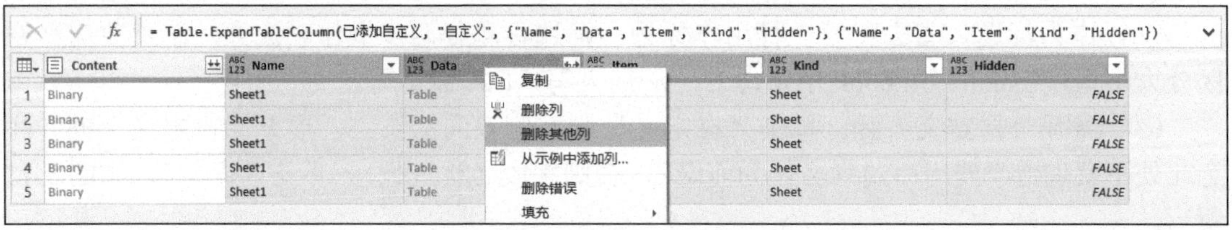

```
= Table.ExpandTableColumn(已添加自定义, "自定义", {"Name", "Data", "Item", "Kind", "Hidden"}, {"Name", "Data", "Item", "Kind", "Hidden"})
```

	Content	Name	Data	Item	Kind	Hidden
1	Binary	Sheet1	Table		Sheet	FALSE
2	Binary	Sheet1	Table		Sheet	FALSE
3	Binary	Sheet1	Table		Sheet	FALSE
4	Binary	Sheet1	Table		Sheet	FALSE
5	Binary	Sheet1	Table		Sheet	FALSE

复制
删除列
删除其他列
从示例中添加列...
删除错误
填充

图 3-14　保留“Data”列

（5）单击“Data”列右侧箭头，展开“Data”列，如图 3-15 所示。

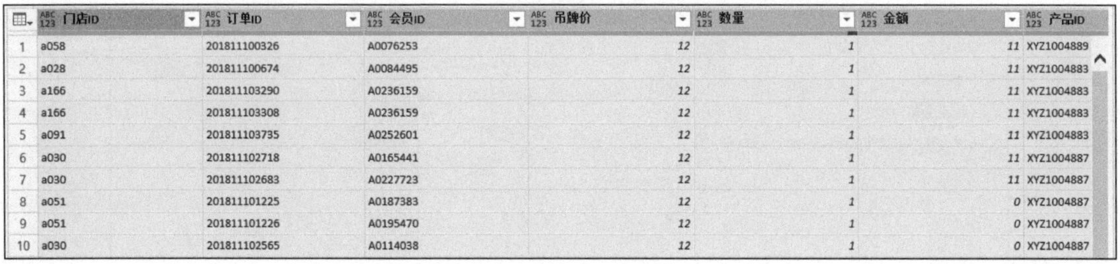

	门店ID	订单ID	会员ID	吊牌价	数量	金额	产品ID
1	a058	201811100326	A0076253	12	1	11	XYZ1004889
2	a028	201811100674	A0084495	12	1	11	XYZ1004883
3	a166	201811103290	A0236159	12	1	11	XYZ1004883
4	a166	201811103308	A0236159	12	1	11	XYZ1004883
5	a091	201811103735	A0252601	12	1	11	XYZ1004883
6	a030	201811102718	A0165441	12	1	11	XYZ1004887
7	a030	201811102683	A0227723	12	1	11	XYZ1004887
8	a051	201811101225	A0187383	12	1	0	XYZ1004887
9	a051	201811101226	A0195470	12	1	0	XYZ1004887
10	a030	201811102565	A0114038	12	1	0	XYZ1004887

图 3-15　展开“Data”列

（6）修改字段的数据类型。“吊牌价”“数量”“金额”列为整数类型，“日期”列为日期类型，其他列为文本类型。

至此，“销售表”导入及数据转换完成。

以同样的方式，将“进销存表”、“任务表”、“会员信息表”导入并进行数据转换。

3.3　数据源路径的参数化设置

目前，在 Power Query 中的 8 张查询报表的数据源路径都是绝对路径。绝对路径的不便之处在于，一旦数据源路径改变，需要在 Power Query 中对每一个查询报表的路径进行相应修改，效率相对低。而将路径以参数形式表示，只需修改参数即可完成数据源路径的更改。如图 3-16 和图 3-17 所示，通过 Excel 工作簿和文件夹获取的查询报表均以绝对路径（即引号中间标红的路径）显示。

找到各个查询报表路径中的相同部分，以“门店信息表”和“销售表”为例，阴影区域是一致的，在图 3-16 和图 3-17 中，路径都是 C:\Users\Administrator\Desktop\Power BI 零售数据分析实战 \RetailData，指向 RetailData 文件夹，将阴影区域用参数进行替代。在“主页”菜单栏单击“管理参数”“新建参数”，打开“管理参数”对话框，将各查询报表路径中相同的部分粘贴到“当前值”文本框中，并将该参数命名为 FilePath，最后单击“确定”，如图 3-18 所示。

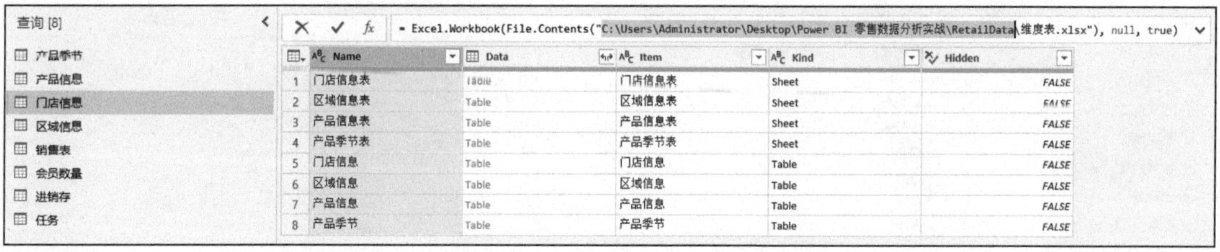

查询 [8]

产品季节
产品信息
门店信息
区域信息
销售表
会员数量
进销存
任务

= Excel.Workbook(File.Contents("C:\Users\Administrator\Desktop\Power BI 零售数据分析实战\RetailData\维度表.xlsx"), null, true)

	Name	Data	Item	Kind	Hidden
1	门店信息表	Table	门店信息表	Sheet	FALSE
2	区域信息表	Table	区域信息表	Sheet	FALSE
3	产品信息表	Table	产品信息表	Sheet	FALSE
4	产品季节表	Table	产品季节表	Sheet	FALSE
5	门店信息	Table	门店信息	Table	FALSE
6	区域信息	Table	区域信息	Table	FALSE
7	产品信息	Table	产品信息	Table	FALSE
8	产品季节	Table	产品季节	Table	FALSE

图 3-16 通过 Excel 工作簿获取的绝对路径

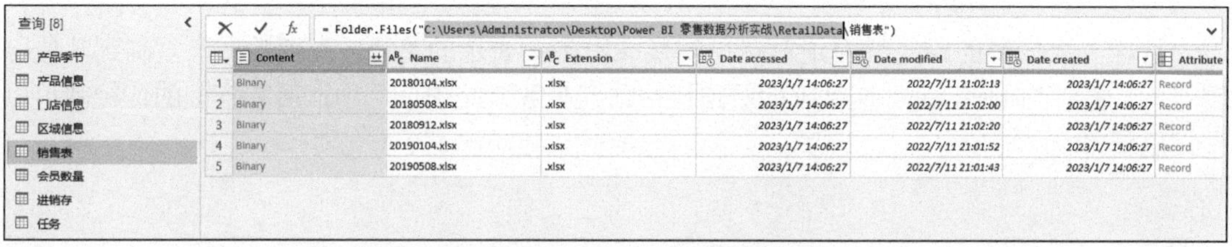

查询 [8]

产品季节
产品信息
门店信息
区域信息
销售表
会员数量
进销存
任务

= Folder.Files("C:\Users\Administrator\Desktop\Power BI 零售数据分析实战\RetailData\销售表")

	Content	Name	Extension	Date accessed	Date modified	Date created	Attribute
1	Binary	20180104.xlsx	.xlsx	2023/1/7 14:06:27	2022/7/11 21:02:13	2023/1/7 14:06:27	Record
2	Binary	20180508.xlsx	.xlsx	2023/1/7 14:06:27	2022/7/11 21:02:00	2023/1/7 14:06:27	Record
3	Binary	20180912.xlsx	.xlsx	2023/1/7 14:06:27	2022/7/11 21:02:20	2023/1/7 14:06:27	Record
4	Binary	20190104.xlsx	.xlsx	2023/1/7 14:06:27	2022/7/11 21:01:52	2023/1/7 14:06:27	Record
5	Binary	20190508.xlsx	.xlsx	2023/1/7 14:06:27	2022/7/11 21:01:43	2023/1/7 14:06:27	Record

图 3-17 通过文件夹获取的绝对路径

管理参数

新建
FilePath

名称
FilePath
说明
必需
类型
任意
建议的值
任何值
当前值
ninistrator\Desktop\Power BI 零售数据分析实战\RetailData

确定 取消

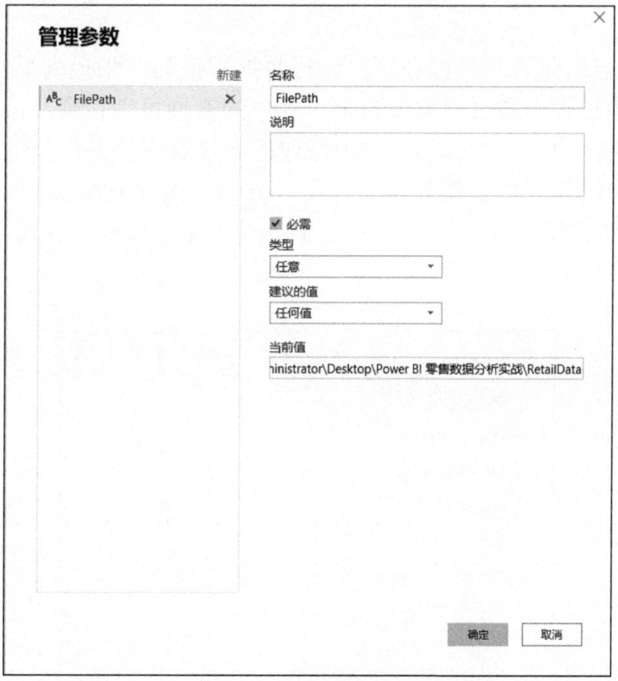

图 3-18 参数命名及赋值

然后将每个查询报表数据源路径中的相同部分替换成参数形式，如图 3-19 所示。

查询 [9]
- 产品季节
- 产品信息
- 门店信息
- 区域信息
- 销售表
- 会员数量
- 进销存
- 任务
- FilePath (C:\Users\Administ...

= Excel.Workbook(File.Contents(FilePath&"\维度表.xlsx"), null, true)

	Name	Data	Item	Kind	Hidden
1	门店信息表	Table	门店信息表	Sheet	FALSE
2	区域信息表	Table	区域信息表	Sheet	FALSE
3	产品信息表	Table	产品信息表	Sheet	FALSE
4	产品季节表	Table	产品季节表	Sheet	FALSE
5	门店信息	Table	门店信息	Table	FALSE
6	区域信息	Table	区域信息	Table	FALSE
7	产品信息	Table	产品信息	Table	FALSE
8	产品季节	Table	产品季节	Table	FALSE

图 3-19　路径参数化设置

这样，数据源的路径就由绝对路径转换成由参数表示的路径。当把数据源复制到其他位置时，只需将“RetailData”文件夹的新路径粘贴到参数“FilePath”中，所有查询的路径就可以一键更新完成。

3.4　查询报表分组及命名

当前，“查询”窗格包含从外部获取并进行数据转换的 8 张查询报表以及 1 个创建的参数，后期在数据建模过程中通过“输入数据”生成的查询报表也会显示在“查询”窗格中。为了保证报表间逻辑结构的清晰，便于维护管理，需要对报表进行分组及标准化命名。

8 张查询报表按照其在数据模型中的作用，分为维度表和事实表。首先对维度表和事实表重新命名。维度表统一使用前缀 Model–Dim+ 名称，事实表使用前缀 Model–Fact+ 名称，如图 3-20 所示。

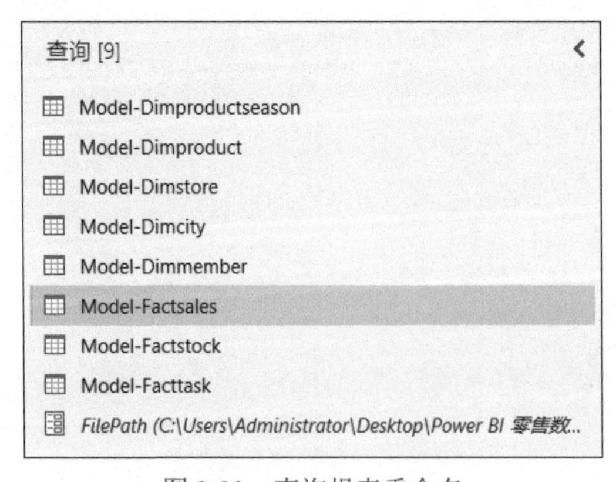

图 3-20　查询报表重命名

同时，维度表和事实表都是业务类数据，用于建立表间关系进行业务分析。和它们相对应的是，后期在建模过程中为了图表可视化而新建的表，这类表是视图类数据。将这两类查询报表分类，分别命名为“业务模型”和“视图模型”。选中所有维度表和事实表，右击“移至组”“新建组”，命名为“业务模型”。后期产生的视图类查询报表就移至“视图模型”中。同时右击参数“FilePath”“移至组”“新建组”，命名为“数据来源”，如图 3-21 所示。同时，当我们进行新建组操作时，软件会自动创建“其他查询”文件夹。

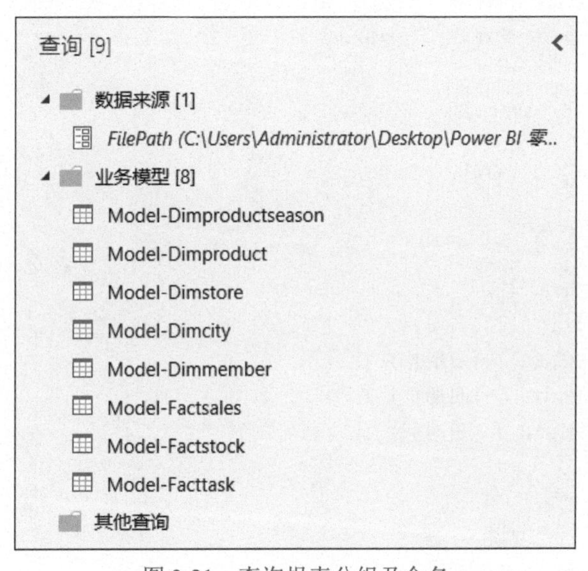

图 3-21 查询报表分组及命名

数据转换完成，单击左上角“关闭并应用”，将查询报表加载至 Power BI Desktop 中。

3.5 日期表创建

对于日期表，可以在 Excel 工作簿中创建后导入 Power BI，也可以在 Power BI 中使用 DAX 函数创建。此处介绍如何在 Power BI 中创建日期表。在菜单栏单击“建模”“新建表”，在编辑栏中输入下面一段代码。该段代码具有通用性，只需将变量 BeginDate 和变量 EndDate 中的 'Model-Factsales'［日期］字段替换成自有数据模型中事实表的日期字段，即可直接使用。

计算表

```
Model-Dimdates =
VAR BeginDate =
```

```
    MIN ( 'Model-Factsales'[日期] ) // 根据实际修改
VAR EndDate =
    MAX ( 'Model-Factsales'[日期] ) // 根据实际修改
RETURN
    ADDCOLUMNS (
        SELECTCOLUMNS (
            CALENDAR (
                DATE ( YEAR ( BeginDate ) - 1, 1, 1 ),
                DATE ( YEAR ( EndDate ) + 1, 12, 31 )
            ),
            "日期", [Date]
        ),
        "年", YEAR ( [日期] ),
        "季度",
            SWITCH (
                TRUE (),
                MONTH ( [日期] ) IN { 1, 2, 3 }, 1,
                MONTH ( [日期] ) IN { 4, 5, 6 }, 2,
                MONTH ( [日期] ) IN { 7, 8, 9 }, 3,
                MONTH ( [日期] ) IN { 10, 11, 12 }, 4
            ),
        "年份季度",
            YEAR ( [日期] ) * 10
                + SWITCH (
                    TRUE (),
                    MONTH ( [日期] ) IN { 1, 2, 3 }, 1,
                    MONTH ( [日期] ) IN { 4, 5, 6 }, 2,
                    MONTH ( [日期] ) IN { 7, 8, 9 }, 3,
                    MONTH ( [日期] ) IN { 10, 11, 12 }, 4
                ),
        "月", MONTH ( [日期] ),
        "月份名称", "M" & MONTH ( [日期] ),
        "年月", YEAR ( [日期] ) * 100 + MONTH ( [日期] ),
        "周", WEEKNUM ( [日期], 2 ),
        "年份周数", YEAR ( [日期] ) * 100 + WEEKNUM ( [日期], 2 ),
        "星期", WEEKDAY ( [日期], 2 ),
        "日", DAY ( [日期] )
    )
```

日期表创建完成后，如果在后期的建模过程中要使用时间智能函数，则必须将“Model-Dimdates”表标记为日期表，并将该表中的“日期”列标记为日期列。在“字段”窗格中单击 Model-Dimdates，然后在菜单栏中单击“表工具”“标记为日期表”，选择“日期”列将其标记为“日期列”，单击“确定”，如图 3-22 所示。

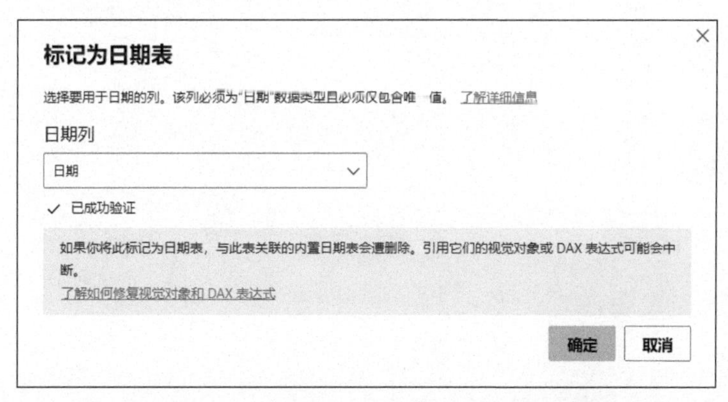

图 3-22 将“Model-Dimdates”表标记为日期表

至此，模型所需的全部事实表和维度表准备完成，下一步建立表间关系，构建数据模型。

3.6 数据模型构建

初始加载的表格是独立存在的，我们需要根据实际业务需求，在表与表之间建立关系，使各个表在底层组合成一个信息完整的大表，便于业务人员自主拖曳生成业务分析报表，这个过程就是数据建模过程，类似于在 Excel 中使用 VLOOKUP 函数在表间进行关系匹配。

单击 Power BI Desktop 操作界面左侧的“模型”图标，画布区域显示所有加载到模型中的表格以及表格中的所有字段。根据业务需求建立表间关系。

在 Power BI 中，表与表之间的关系分为 3 种：一对一、一对多、多对多。通常建立的都是一对一和一对多关系。除非非常清楚地知道多对多的关系是如何相互作用的，否则建议不要尝试建立多对多关系。报表间的模型结构通常以星形模型为主，事实表在中间，维度表环绕在事实表周围。

可以看到，案例中的数据模型结构非常清晰，表间都是一对多关系。“Model-Factsales”“Model-Factstock”“Model-Facttask”这 3 张事实表在中间，“Model-Dimdates”“Model- Dimstore”“Model-Dimproduct”“Model-Dimmember”这 4 张主要的维度表排布在事实表四周，“Model-Dimcity”“Model-Dimproductseason”又进一步分别和“Model-Dimstore”“Model-Dimproduct”进行关联，确保业务人员能够从时间、区域、商品、会员角度进行多场景的业务数据分析，如图 3-23 所示。

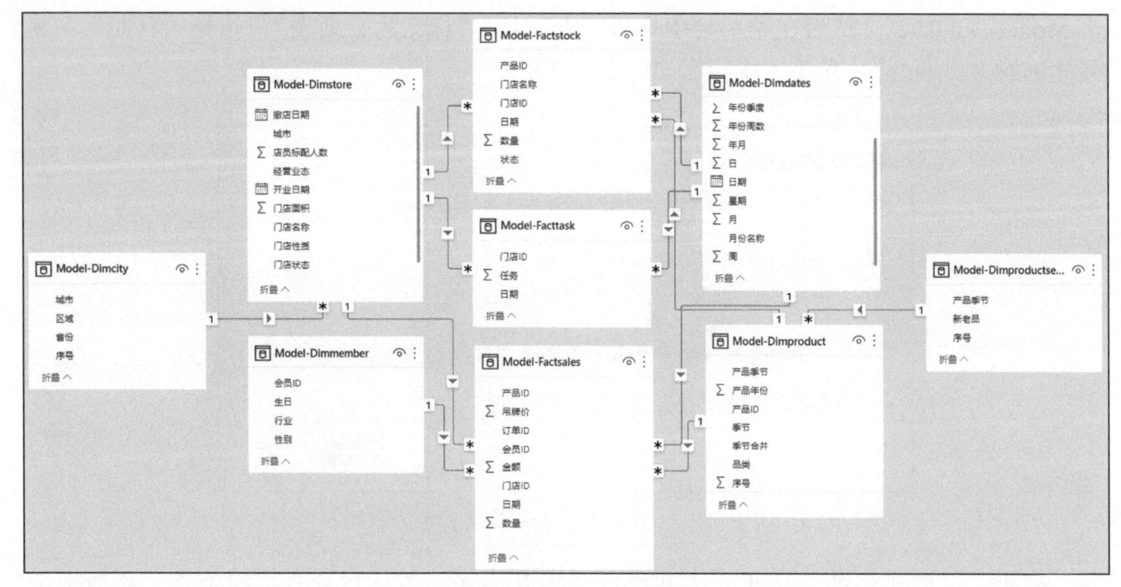

图 3-23　构建表间关系

本章小结

本章介绍了零售数据模型，包括模型数据源介绍、数据获取及数据转换、数据源路径的参数化设置、查询报表分组及命名、“日期表”创建、数据模型构建。从第 4 章开始，讲解模型业务场景的可视化实现过程。每章介绍一个业务场景，包括该场景的可视化图表如何指导业务实操以及在技术上如何制作可视化图表。

第4章　经营概况

经营概况页面是对公司经营现状进行集中性、概括性的展示，旨在帮助管理者快速了解经营管理中核心指标的表现是否符合公司预期，朝着健康稳定的方向发展，并在管理者比较关注的几个分析维度上进行销售对比，以找到业绩增长或下降的关键点，辅助管理者快速找到对应责任人，第一时间采取措施改善经营。

首先，“KPI”图和“卡片图”集中展示了公司核心指标的数据表现，包括本期的经营现状及同期对比。“树状图”直观对比各省份的主要经营指标，对于业绩异常的省份可下钻至地级市进行进一步分析。“柱形图”和“条形图”则分别从时间趋势、组织结构、经营业态、经营模式等主要方面对公司销售业绩进行对比分析，且支持通过层级“下钻”进行深入探索。图4-1展示了经营概况页面的可视化效果。

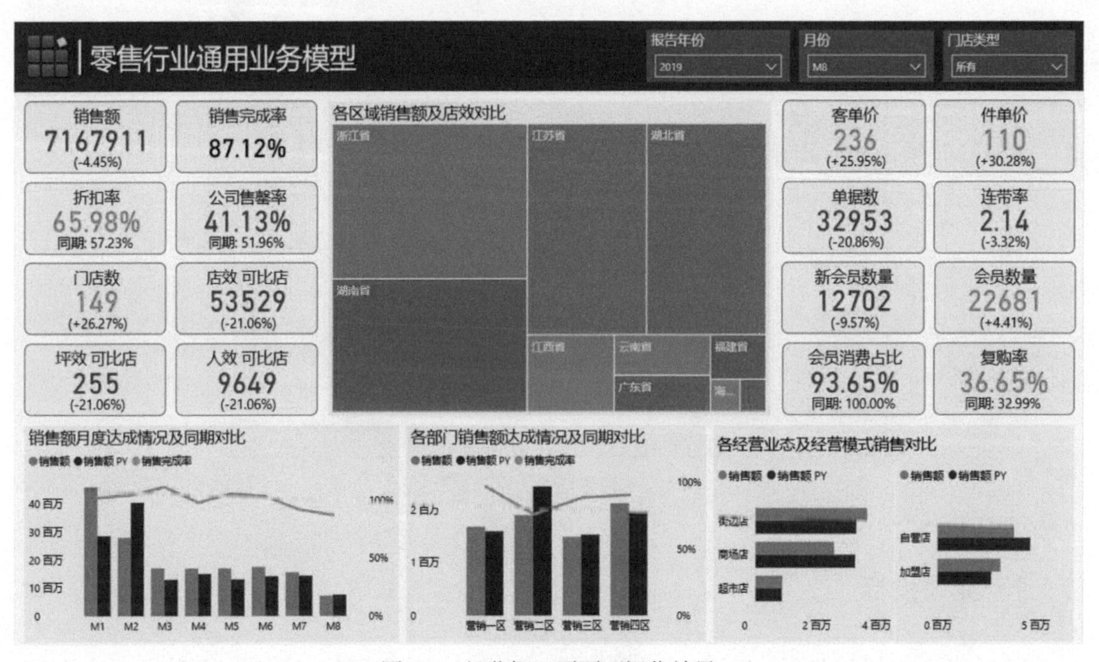

图4-1　经营概况页面可视化效果

4.1　核心指标分析

核心指标分析用于展示单个指标的本期数值及与目标的对比情况，旨在帮助管理者快速了解指标现状以及与目标的差异。根据业务场景，我们将模型中使用的指标分成 3 类：运营指标、商品指标和会员指标。本章只介绍运营指标，主要包括业绩指标、四核指标、三效指标、拓展指标和同期指标。商品指标和会员指标分别放在第 9 ～ 12 章和第 13 ～ 16 章讲解。

指标分析的前提，是在充分理解指标业务含义的基础上，运用 DAX 函数编写度量值，对指标做出精准定义。

度量值并不属于任何一张事实表或维度表，而是在整个数据模型中参与运算，因此建议单独建立空表作为容器，集中存放度量值。在“主页”中单击“输入数据”，创建一个空表，命名为“Controller”，如图 4-2 所示，单击“加载”将空表载入模型，后期新建的度量值统一放在“Controller”表中进行集中管理。

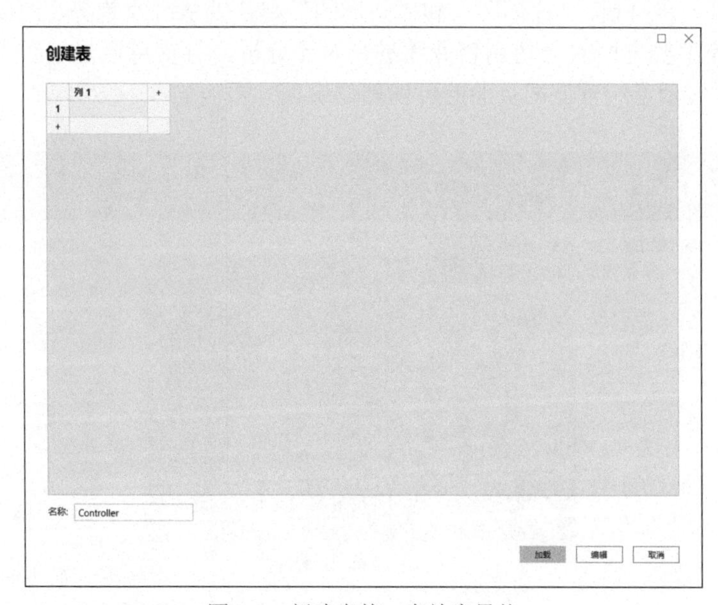

图 4-2　新建表统一存放度量值

4.1.1　业绩指标

业绩指标包括销售额、利润、销售目标、销售完成率、折扣率等，模型只对销售额、销售目标、销售完成率和折扣率进行分析。

1. 销售额

"Controller" 表中的度量值

```
Core 销售额 =
SUM ( 'Model-Factsales'[金额] )
```

2. 销售目标

"Controller" 表中的度量值

```
Core 销售目标 =
SUM ( 'Model-Facttask'[任务] )

Core 销售目标 View =
CALCULATE (
    [Core 销售目标],
    FILTER ( 'Model-Dimdates', 'Model-Dimdates'[日期] <= [最后报表日期] )
)
```

"Model-Facttask"表中的任务列既包含已发生时间区间的任务值，也包含未来时间的任务值。度量值首先解析CALCULATE的第2个参数，FILTER函数返回"Model-Dimdates"表中日期列小于或等于[最后报表日期]的子集，得到截至报表刷新日及之前的销售目标值，之后的销售目标值都为空。其中，[最后报表日期]返回的是报表刷新日的日期，此处不做讲解，4.1.5节中会介绍其度量值写法。

3. 销售完成率

销售完成率 = 销售额 ÷ 销售目标

"Controller" 表中的度量值

```
Core 销售完成率 =
DIVIDE ( [Core 销售额], [Core 销售目标 View] )
```

4. 折扣率

折扣率 = 销售额 ÷ 吊牌金额

"Controller" 表中的度量值

```
Core 吊牌金额 =
SUMX ( 'Model-Factsales', [吊牌价] * [数量] )

Core 折扣率 =
DIVIDE ( [Core 销售额], [Core 吊牌金额] )
```

"Model-Factsales"表中并没有"吊牌金额"列，无法直接使用SUM函数对吊牌金额求和。此处我们使用SUMX函数，对"Model-Factsales"表中的每一行计算表达式[吊牌价］×［数量］的值，即每行的吊牌金额，最后对每行的结果进行求和。

4.1.2 四核指标

四核指标包括单据数、客单价、件单价、连带率，用于对销售额进行拆解并深入分析。

1. 单据数

POS 机产生的单据通常包括以下几类。

- **正常销货的单据**，单据中每件商品的销量均为正数。
- **退货单据**，单据中的销量均为负数。
- **换货单据**，单据中的销量有正数也有负数。

在换货单据中，有的退 1 件换 1 件，整单销量＝0；有的退 1 件换 2 件，整单销量＞0；有的退 2 件换 1 件，整单销量＜0。正是由于对退货、换货单据处理方式的不同，导致对单据数的计算方法产生差异。

我们总结了计算单据数常用的 4 种方法。

方法 1：全部有效法。退换货单据不做任何处理，均作为有效单据。

方法 2：正单有效法。若整单销量大于 0，则该单据作为有效单据，包括正常销货的单据和退 1 件换 2 件的换货单据。而退 1 件换 1 件、退 2 件换 1 件的换货单据以及退货单据，则作为无效单据，计算有效单据数时不考虑此类单据。

方法 3：负单扣除法。这里，有效单据考虑整单销量大于 0 且扣减整单销量小于 0 后的订单。方法 3 与方法 2 相似，根据整单销量进行判断，规则如下。

- **整单销量大于 0 作为有效单据。**
- **整单销量小于 0 作为无效单据**，若与上述有效单据对应，则扣减。
- **整单销量等于 0 作为无效单据**，若与上述有效单据对应，不再扣减。

这里的扣减，指的是在已经计入有效单据的订单中，若后续发生退换货且退货居多（体现为该单的整单销量小于 0），则原有效单据视为无效单据。

方法 4：见负作废法。单据中只要包含销量小于或等于 0 的商品，即只要是退换货单据，不管整单销量是正是负，均作为无效单据。

以上 4 种方法均有其适用的业务场景，体现了业务人员关注点的差异。用以上 4 种方法对模型数据进行计算，得到的结果如图 4-3 所示。

从图 4-3 中可以发现，全部有效法是最宽松的，其他 3 种方法都是不断地“收紧”计算逻辑，分析有变现能力的订单。

本案例我们使用第 2 种方法即正单有效法进行分析。

“Controller”表中的度量值

```
单据数 正单有效法 =
```

```
CALCULATE (
    DISTINCTCOUNT ( 'Model-Factsales'[订单ID] ),
    FILTER ( VALUES ( 'Model-Factsales'[订单ID] ), [Core 销量] > 0 )
)
```

年月	单据数 全部有效法	单据数 正单有效法	单据数 负单扣除法	单据数 见负作废法
201901	76816	70545	67759	69963
201902	55262	50683	48107	50303
201903	58199	53563	51006	53278
201904	72596	67639	65140	67224
201905	79263	73499	70551	73119
201906	79375	71658	67809	71256
201907	83575	75238	71126	74878
201908	37208	32953	30583	32813
总计	**542294**	**495778**	**472081**	**492834**

图 4-3 4 种计算单据数方法对比

度量值首先解析 CALCULATE 中的第 2 个参数，通过 FILTER 函数确定筛选条件。在 FILTER 函数内部，VALUES 函数构造只包含“订单 ID”列的非重复表格。FILTER 函数逐行扫描表中每一行的订单 ID，筛选条件是当前订单 ID 中所有商品的销量大于 0，FILTER 函数扫描完成后得到符合条件的订单 ID 子集。最终 CALCULATE 函数在 FILTER 函数确定的筛选条件下，计算第 1 个参数，对“Model-Factsales”中的“订单 ID”列使用 DISTINCTCOUNT 函数进行非重复计数。

2. 客单价

客单价 = 销售额 ÷ 单据数

客单价的计算场景与单据数保持一致，也分为 4 种场景。本案例我们使用第 2 种方法即正单有效法进行分析。

“Controller”表中的度量值

```
销售额 正单有效法 =
CALCULATE (
    [Core 销售额],
    FILTER ( VALUES ( 'Model-Factsales'[订单ID] ), [Core 销量] > 0 )
)

客单价 正单有效法 -
DIVIDE ( [销售额 正单有效法], [单据数 正单有效法] )
```

3. 件单价

件单价 = 销售额 ÷ 销量

件单价的计算场景与单据数保持一致，也分为 4 种场景。本案例我们使用第 2 种方法即正单有效法进行分析。

"Controller"表中的度量值

```
销量 正单有效法 =
CALCULATE (
    [Core 销量],
    FILTER ( VALUES ( 'Model-Factsales'[订单ID] ), [Core 销量] > 0 )
)


件单价 正单有效法 =
DIVIDE ( [销售额 正单有效法], [销量 正单有效法] )
```

4. 连带率

连带率 = 销量 ÷ 单据数

连带率的计算场景与单据数保持一致，也分为 4 种场景。本案例我们使用第 2 种方法即正单有效法进行分析。

"Controller"表中的度量值

```
连带率 正单有效法 =
DIVIDE ( [销量 正单有效法], [单据数 正单有效法] )
```

4.1.3　三效指标

三效指标包括店效、坪效、人效，主要用于评价企业的经营效率。

1. 店效

店效是指单店平均销售额。其计算公式为：店效 = 销售额 ÷ 门店数量。

计算店效的时候，有一个业务难点是在筛选时间区间内，有些门店具有完整的营业天数，而有些门店只有部分营业天数。只有部分营业天数的门店或是在筛选时间区间开业的，或是在筛选时间区间关店的。计算该期间店效时，如果将只有部分营业天数的门店包括在内，计算结果必然会有偏差，拉低整体店效。该业务场景有两种处理方法。

方法 1 是只选取期间有完整营业天数的门店，即处于营业状态的满年店。如果进行同期对比分析，则选取本期和同期均具有完整营业天数的门店，即处于营业状态的可比店。本案例需要进行本期和同期的对比分析，所以选取处于营业状态的可比店计算店效。

此处简单介绍可比店、不可比店的概念。

- 可比店：门店开业日期小于或等于当前年份之前一年 1 月 1 日的门店。
- 不可比店：门店开业日期大于当前年份之前一年 1 月 1 日的门店（包括满年店和非满年店）。
- 满年店：门店开业日期大于当前年份之前一年 1 月 1 日且小于或等于当前年份 1 月 1 日的门店。

- 非满年店：门店开业日期大于当前年份 1 月 1 日的门店。

在“Model-Dimstore”中，新建计算列，为门店添加可比类型标签。

“Model-Dimstore”表中的计算列

```
可比类型 =
VAR CurYear =
    YEAR ( [最后报表日期] )
RETURN
    SWITCH (
        TRUE (),
        [开业日期] <= DATE ( CurYear - 1, 1, 1 ), "可比店",
        [开业日期] <= DATE ( CurYear, 1, 1 ), "满年店",
        “非满年店”
    )
```

变量 CurYear 定义为报表刷新日的年份，即当前年份。SWITCH 函数依据可比店、满年店、非满年店的业务逻辑为门店打标签。

“Controller”表中的度量值

```
店效 可比店 =
CALCULATE (
    DIVIDE ( [Core 销售额], COUNTROWS ( 'Model-Dimstore' ) ),
    'Model-Dimstore'[可比类型] = "可比店",
    'Model-Dimstore'[门店状态] = "营业中"
)
```

度量值首先解析 CALCULATE 函数的第 2 个和第 3 个参数，取两者交集得到 CALCULATE 函数的筛选条件为处于营业中的可比店，在该筛选条件下对 CALCULATE 函数的第 1 个参数进行计算。第 1 个参数的计算表达式使用 DIVIDE 函数计算单店平均销售额，结合第 2 个和第 3 个参数确定的筛选条件，最终得到处于营业中的可比店的单店平均销售额，即可比店店效。

方法 2 是筛选该时间区间的所有门店，计算所有门店在该期间的总销售额以及总的营业天数，然后计算单店单日销售额，最后乘以营业天数得到店效。此场景下引出了店天的概念。

店天是指筛选时间区间内所有营业门店总的营业天数之和。根据店天计算单店单日销售额，其计算公式为：单店单日销售额 = 销售额 ÷ 店天。则：店效 = 单店单日销售额 × 天数。

方法 2 中店天的 DAX 公式计算逻辑相对复杂，故此处只给出业务定义，不做技术讲解。

2. 坪效

坪效是指单位面积平均销售额。其计算公式为：坪效 = 销售额 ÷ 门店面积。

坪效的筛选条件与店效的筛选条件一致，均为筛选处于营业中的可比店，计算这些门店的单位面积平均销售额，即可得到可比店坪效。

“Controller”表中的度量值

```
坪效 可比店 =
CALCULATE (
    DIVIDE ( [Core 销售额], SUM ( 'Model-Dimstore'[门店面积] ) ),
    'Model-Dimstore'[可比类型] = "可比店",
    'Model-Dimstore'[门店状态] = "营业中"
)
```

度量值［坪效 可比店］的计算逻辑和［店效 可比店］的计算逻辑相似。首先通过CALCULATE函数的第 2 个和第 3 个参数确定筛选条件为处于营业中的可比店，在该条件下计算第 1 个参数的表达式。第 1 个参数通过 DIVIDE 函数计算单位面积平均销售额，结合当前筛选条件，最终得到的结果为可比店坪效。

3. 人效

人效是指平均每位店员的销售额。其计算公式为：人效 = 销售额 ÷ 门店人数。

人效的计算逻辑类似于店效、坪效，但也有显著不同。门店人数是在不断变动的，所以选择哪个时点的人数作为计算人效时的人数是需要考虑的关键问题。一个相对合理的方案是将最近 12 个月的平均门店人数作为计算人效时的门店人数。实现该计算逻辑需要准备一张包含每个门店每个月门店人数的事实表。模型中使用一种相对简单的计算逻辑，即用每个门店的店员标配人数作为门店人数。

“Controller”表中的度量值

```
人效 可比店 =
CALCULATE (
    DIVIDE ( [Core 销售额], SUM ( 'Model-Dimstore'[店员标配人数] ) ),
    'Model-Dimstore'[可比类型] = "可比店",
    'Model-Dimstore'[门店状态] = "营业中"
)
```

度量值［人效 可比店］的计算逻辑和［店效 可比店］及［坪效 可比店］的计算逻辑相似，不赘述。

4.1.4 拓展指标

拓展指标包括门店数、开店数、关店数、净增店数等。本章只介绍门店数，其余指标在“第 7 章 开关店分析”中介绍。

门店数，是指历史开设的门店数量，包括营业门店数及关店数。此处我们只考虑处于营业状态的门店数量，有两种业务逻辑：第一种是门店数量不随筛选时间区间的改变而改变，始终显示报表刷新日的门店数量；第二种是门店数量随筛选时间区间的改变而动态变化，显示筛选时间区间处于营业状态的门店数量。

方法 1 的公式较为简单，通过“Model-Dimstore”中的“门店状态”列来计算门店状态为营业中的门店数量，公式如下。

“Controller”表中的度量值

```
门店数 当前 =
CALCULATE (
    DISTINCTCOUNT ( 'Model-Dimstore'[门店ID] ),
    'Model-Dimstore'[门店状态] = "营业中"
)
```

方法 2 的公式相对复杂，但具有更强的通用性。通过将筛选时间区间与“Model-Dimstore”中的开业日期、撤店日期比较，确定门店在筛选时间区间是否处于营业状态。当门店在筛选时间区间之前或筛选时间区间开业（开业日期小于或等于筛选时间区间的最大日期），并且在筛选时间区间未撤店（撤店日期大于筛选时间区间的最大日期或者撤店日期为空），则判断该门店在筛选时间区间处于营业状态。

“Controller”表中的度量值

```
门店数 =
VAR MaxDate =
    MAX ( 'Model-Dimdates'[日期] )
RETURN
    CALCULATE (
        DISTINCTCOUNT ( 'Model-Dimstore'[门店ID] ),
        'Model-Dimstore'[开业日期] <= MaxDate,
        OR (
            'Model-Dimstore'[撤店日期] > MaxDate,
            'Model-Dimstore'[撤店日期] = BLANK () )
    )
```

首先，变量 MaxDate 定义为筛选时间区间的最大日期，然后解析 CALCULATE 函数的第 2 个和第 3 个参数，取两者交集得到最终的筛选条件为开业日期在当期前或当期内，且撤店日期在当期后或者未撤店，满足这两个条件的门店为在当期处于营业状态的门店，最后对这些门店进行非重复计数，得到当前的营业门店数。

以上两种方法均通过“Model-Dimstore”进行判断，因此必须保证“Model-Dimstore”的信息准确。本场景下我们采用方法 2。

4.1.5 同期指标

以上各项指标，除了销售完成率，均需计算同期指标。我们以［销售额］为例，讲解同期指标的计算方法。其他指标的同期计算方法与之一致。

常规的同期计算，直接使用时间智能函数 SAMEPERIODLASTYEAR 返回同期的时间区间，进而计算得到指标的同期值。

"Controller" 表中的度量值

```
销售额 PY =
CALCULATE (
    [Core 销售额],
    SAMEPERIODLASTYEAR ( 'Model-Dimdates'[日期] )
)
```

但这种计算方法存在一个问题，当本期的时间区间不完整时，会导致本期和同期的计算口径不一致，得出的计算结果可能并不是我们所需要的。如图 4-4 所示，模型的报表刷新日是 2019 年 8 月 20 日，所以 8 月并不是一个完整的时间区间，这样在 2019 年 8 月只有 20 天的销售额 7167911 元，但同期 8 月却是整月的销售额 10847289 元。进行月度同比分析时，本期 8 月的 20 天对比同期 8 月的 31 天，这样的场景大多数情况下并不符合我们的业务需求，我们更需要的是本期 8 月的前 20 天对比同期 8 月的前 20 天，且报表刷新日之后的同期数据不显示。

年月	Core 销售额	销售额 PY
201801	28579648	
201802	40470913	
201803	12931710	
201804	14972658	
201805	13016175	
201806	14115698	
201807	14303618	
201808	10847289	
201809	14181672	
201810	24734300	
201811	24424687	
201812	33044954	
201901	46050228	28579648
201902	28003667	40470913
201903	17009468	12931710
201904	16903134	14972658
201905	16981834	13016175
201906	17444250	14115698
201907	15459869	14303618
201908	7167911	10847289
201909		14181672
201910		24734300
201911		24424687
201912		33044954
总计	**410643683**	**245623322**

图 4-4　本期同期销售额的计算口径不一致

首先我们通过度量值计算得到报表刷新日，并将其定义为最后报表日期。

"Controller" 表中的度量值

```
最后报表日期 =
MAXX (
    ALL ( 'Model-Factsales'[日期] ),
    'Model-Factsales'[日期]
)
```

ALL 函数返回 "Model-Factsales" 中 "日期" 列的所有非重复值，MAXX 函数返回其中的最大值，即最后报表日期。

接下来，我们在日期表中新建一个计算列 "可比日期"，用于判断给定日期是否在最后报表日期当前年及前一年的可比时间区间。

举个例子，模型中最后报表日期是 2019 年 8 月 20 日，则 2019 年 8 月 20 日及 2018 年 8 月 20 日之前的日期都返回 TRUE，之后的日期都返回 FALSE。

"Model-Dimdates" 表中的计算列

```
可比日期 =
VAR LastSalesDateinDimdates =
    TREATAS ( { [最后报表日期] }, 'Model-Dimdates'[日期] )
```

```
VAR LastSalesDateLastYear =
    SAMEPERIODLASTYEAR ( LastSalesDateinDimdates )
RETURN
    'Model-Dimdates'[日期] <= LastSalesDateLastYear
        || AND (
            'Model-Dimdates'[日期] <= [最后报表日期],
            'Model-Dimdates'[年] = YEAR ( [最后报表日期] )
        )
```

变量 LastSalesDateinDimdates 定义为最后报表日期，并通过 TREATAS 函数对其赋予 'Model-Dimdates'［日期］的数据沿袭。变量 LastSalesDateLastYear 定义为最后报表日期的去年同期日期。最后，如果 'Model-Dimdates'［日期］的当前行满足以下 2 个条件之一，返回 TRUE。

- **当前日期小于或等于最后报表日期的同期日期。**
- **当前年份为最后报表日期所在年份且当前日期小于或等于最后报表日期。**

下面，我们对同期销售额进行优化。

“Controller”表中的度量值

```
销售额 PY View =
CALCULATE (
    [Core 销售额],
    SAMEPERIODLASTYEAR ( 'Model-Dimdates'[日期] ),
    'Model-Dimdates'[可比日期] = TRUE ()
)
```

度量值首先运算 CALCULATE 函数的第 2 个和第 3 个参数，SAMEPERIODLASTYEAR 函数返回去年同期时间区间，'Model-Dimdates'[可比日期]= TRUE () 返回相对于最后报表日期的可比时间区间，两者取交集得到去年同期的可比时间区间，最终计算得到的这个时间区间的销售额为我们需要的去年同期销售额。

将度量值［销售额 PY View］拖入表中，如图 4-5 所示，［销售额 PY View］只计算了 2019 年 8 月 20 日及当年之前日期的同期销售额，符合业务的需求。

其他指标的同期度量值算法类似，只需把 CALCULATE 函数的第 1 个参数换成对应的度量值指标即可。

年月	Core 销售额	销售额 PY	销售额 PY View
201801	28579648		
201802	40470913		
201803	12931710		
201804	14972658		
201805	13016175		
201806	14115698		
201807	14303618		
201808	10847289		
201809	14181672		
201810	24734300		
201811	24424687		
201812	33044954		
201901	46050228	28579648	28579648
201902	28003667	40470913	40470913
201903	17009468	12931710	12931710
201904	16903134	14972658	14972658
201905	16981834	13016175	13016175
201906	17444250	14115698	14115698
201907	15459869	14303618	14303618
201908	7167911	10847289	7501791
201909		14181672	
201910		24734300	
201911		24424687	
201912		33044954	
总计	**410643683**	**245623322**	**145892211**

图 4-5 两种同期销售额算法比较

4.1.6 核心指标“KPI”图制作

核心指标卡片图使用“KPI”图进行展示。以销售额为例，此时外部时间切片器包括年份和月份 2 个切片器，年份切片器筛选当前年份为 2019，月份切片器未做筛选。“KPI”图显示本年至今的销售额为 165020361 元，同比增长率为 13.11%，如图 4-6 所示。

在“可视化”窗格中单击“KPI”视觉对象按钮，在“字段”窗格中将度量值［Core 销售额］、［销售额 PY View］分别拖入“值”和“趋势”，“走向轴”中拖入一个维度字段，用于对销售额进行切分，此处拖入“Model-Dimdates”表中的年字段，如图 4-7 所示。

初始生成的“KPI”图如图 4-8 所示，整体效果并不美观，需要做格式调整，单击“设置视觉对象格式”。

图 4-6 “KPI”图

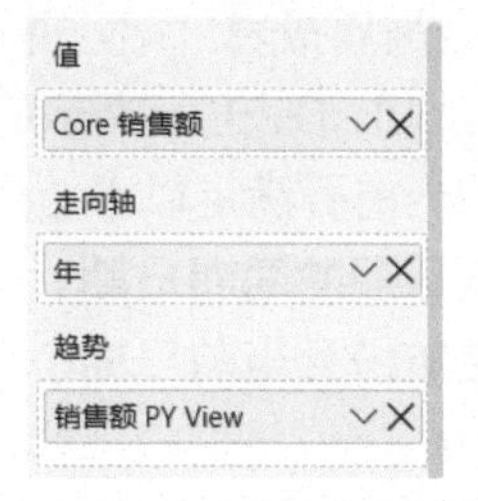

图 4-7 “KPI”图维度及指标设置

图 4-8 “KPI”图初始效果

（1）更改标题：在“可视化”窗格中，单击“设置视觉对象格式”“常规”“标题”，在“文本”中将标题改为“销售额”。

（2）设置目标显示内容：“KPI”图默认显示的是目标值以及和目标的对比值，我们的需求是只显示同比增长率，在“视觉对象”的“目标标签”中，首先正确设置对比值类型，单击“到目标的距离”，“样式”设置为“百分比”，“距离方向”设置为“递增是正数”，然后单击“目标标签”将其功能关闭，如图 4-9 所示。

（3）设置指标显示颜色：单击“走向轴”，“方向”设置为“较高适合”。“颜色正确”表示指标值高于目标值时的颜色，“中性色”表示指标值等于目标值时的颜色，“颜色错误”表示指标值低于目标值时的颜色。此处我们使用默认配色，高于则显示为绿色、持平则显示为黄色、低于则显示为红色，如图 4-10 所示。

图 4-9 设置“KPI”目标显示内容

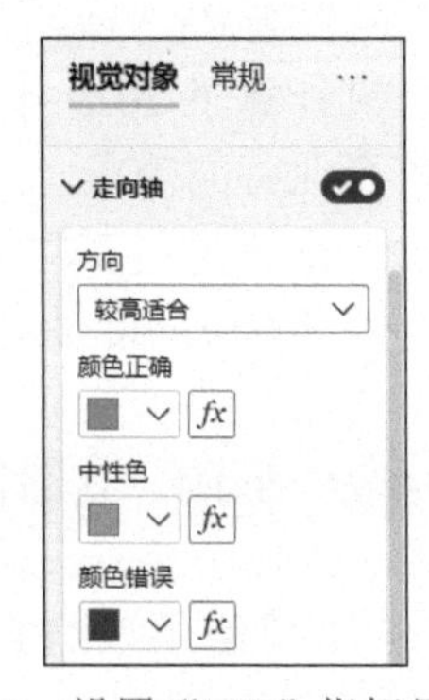

图 4-10 设置“KPI”指标显示颜色

（4）设置其他调整项：根据需求调整文本大小、数值单位、数值位数、对齐方式等设置。

“KPI”图还可以显示指标的趋势。将“走向轴”设置为月，“KPI”图背景显示的是2019年1月到8月的销售趋势，此时指标显示的是8月的销售额“7167911”以及8月的同比增长率“–4.45%”，指标颜色和背景颜色是根据8月的同比增长率确定的，如图4-11所示。

图4-11　“KPI”图显示指标趋势

4.2　各区域销售额及店效分析

各区域销售额及店效对比图宏观展示了全国各省份的总体销售额及可比店店效，可通过鼠标指针悬停快速获得其他关键指标的业绩表现，帮助决策者高效、全面地对比各区域的各项指标。对于业绩异常的省份，可以下钻至地级市级别进行深入对比分析。

本场景使用“树状图”。“树”的大小表示各省份的销售额大小；颜色的深浅表示可比店店效的高低，从蓝色到绿色再到粉色，店效逐步降低；同时通过工具提示展示其他重要指标。图4-12所示为各区域销售额及店效对比效果，可以看到销售额排名靠前的主要省份中，浙江省、江苏省、湖北省可比店店效表现也相对较好，说明绝大多数重点区域的门店质量相对较高；湖南省销售额排名第二，但可比店店效相对偏低，可进一步下钻分析具体是哪些城市相对落后。江西省、云南省、海南省店效最低，对于这些省份的门店，如果亏损较大、扭亏困难，需要采取大的动作，如撤店、缩减面积、压降租金等，以降低成本，及时止损。

在“可视化”窗格中单击“树状图”视觉对象按钮，将“Model-Dimcity”表中的省份和城市字段拖入“类别”、度量值［Core销售额］拖入“值”，同时将其他需要展示的指标拖入“工具提示”，如图4-13所示。

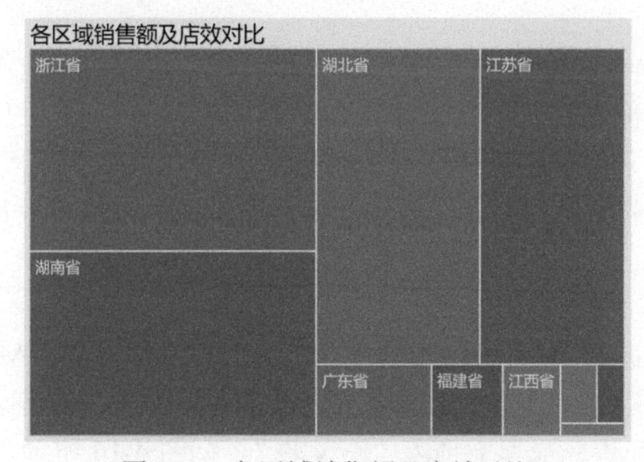

图4-12　各区域销售额及店效对比

图4-13　“树状图”维度及指标设置

接下来，设置省份的数据颜色。单击“设置视觉对象格式”“视觉对象”“颜色”“高级控件”，打开“默认颜色 - 颜色”对话框。“格式样式”设置为“渐变”,“应将此基于哪个字段？”设置为度量值［店效 可比店］，设置“最小值”“居中”“最大值”的颜色，如图 4-14 所示。

图 4-14 “树状图”数据颜色设置

最后，更改“树状图”标题，可视化图表制作完成。

4.3　销售额月度达成情况分析

销售额月度达成情况及同期对比图宏观展示了销售额本期和同期的月度趋势以及销售完成率的走势，帮助管理者从趋势角度快速发现销售异常，对于异常月份可以下钻至日期粒度做进一步分析，找到问题的关键点。

从图 4-15 可以看到，2019 年 1 ～ 7 月，除了 2 月因为当年和前一年过年时间有差异，导致销售额低于同期，其余各月份销售额均高于同期水平，但是销售额同比增长额在逐渐变小，到了 8 月，同比增长额出现了下降，说明整体经营绩效趋势变差。从销售完成率也能得到印证，各月销售完成率的折线走势整体往下。需要进一步“联动”区域销售对比图，层层深入，找到主要下降区域。

图 4-15 源于“折线和簇状柱形图”，制作步骤如下。

（1）在“可视化”窗格中单击“折线和簇状柱形图”视觉对象按钮，将“Model-Dimdates”表中的月份名称和日期字段拖入“X 轴”、度量值［Core 销售额］和［销售额 PY View］拖入“列 y 轴”、度量值［Core 销售完成率］拖入“行 y 轴”，如图 4-16 所示。

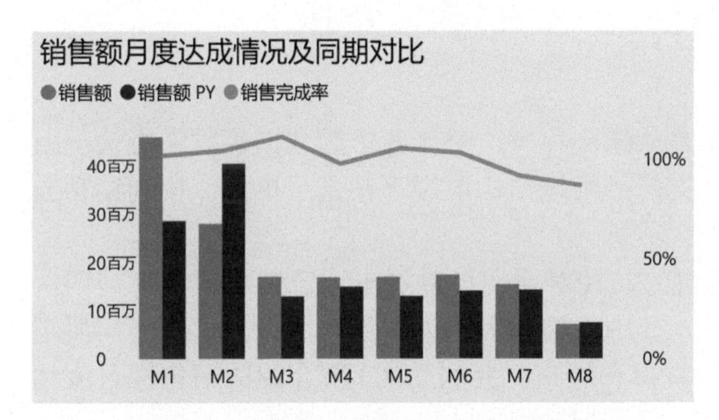

图 4-15　销售额月度达成情况及同期对比

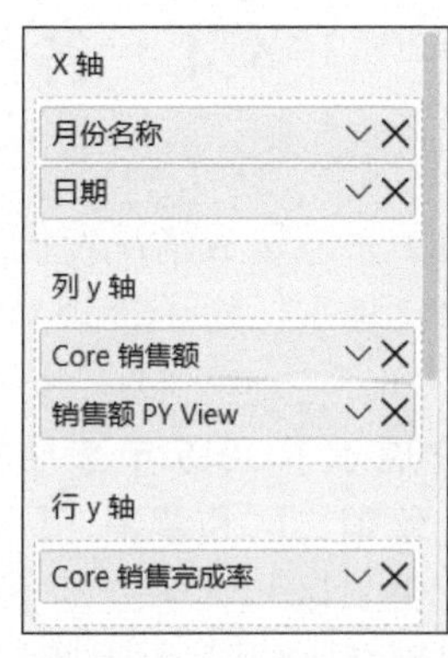

图 4-16　“折线和簇状柱形图”维度及指标设置

可视化图表初始效果如图 4-17 所示。

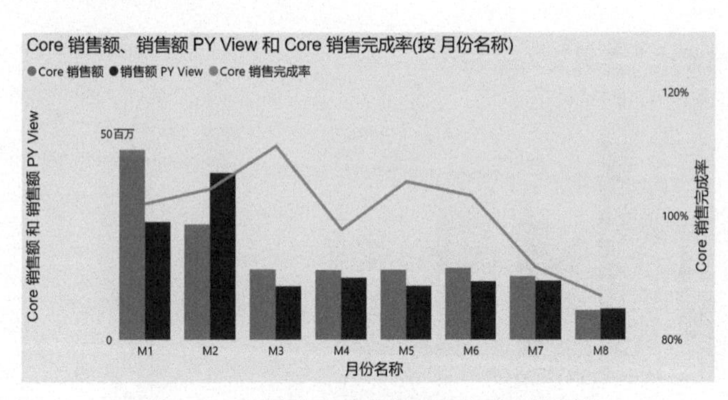

图 4-17　“折线和簇状柱形图”初始效果

（2）字段重命名：对列值及行值的度量值重新命名，使其更简洁、清晰，易于理解。

（3）修改标题为“销售额月度达成情况及同期对比”。

（4）关闭 X 轴和 Y 轴的标题。因为图 4-17 中 X 轴和 Y 轴的含义明确，X 轴表示月份，Y 轴表示销售额，所以不需要额外显示 X 轴和 Y 轴的标题。而对于元素较为复杂的图表，X 轴和 Y 轴的含义不是很直观时，轴标题还是非常有必要的。

（5）辅助 Y 轴“对齐零”设置。图 4-17 中 Y 轴表示销售额，辅助 Y 轴表示销售完成率。其中 Y 轴的刻度线是从 0 开始的，而辅助 Y 轴是从 80% 开始的，这样表现出各月的销售完成率差异非常大，因此需要将辅助 Y 轴的刻度线也设置成从 0 开始。单击“设置视觉对象格式”“视觉对象”“辅助 Y 轴”“范围”，单击“对齐零”，如图 4-18 所示。调整后各月的销售完成率是非常接近的。

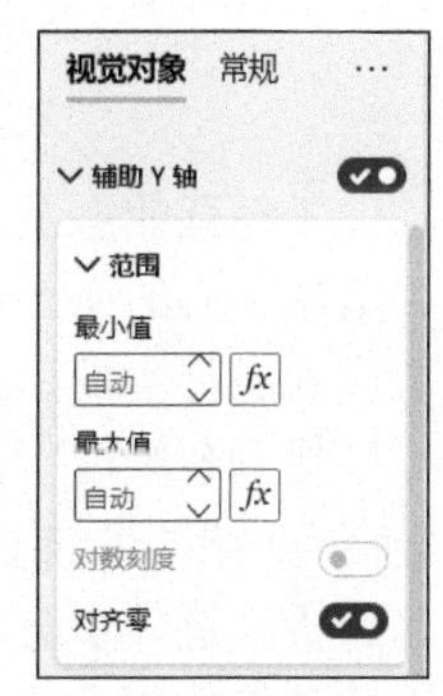

图 4-18　辅助 Y 轴“对齐零”设置

至此，销售额月度达成情况及同期对比图制作完成。

4.4 各部门销售额达成情况分析

各部门销售额达成情况及同期对比图是从结构角度，对比各个区域销售额完成情况及和同期的对比情况，对于销售异常区域，支持按组织结构层层下钻直至单店，找到销售异常的个体。

图 4-19 展示了 2019 年 8 月各部门销售的同期对比。可以看出，营销一区和营销四区同比增长，营销二区和营销三区同比下降，其中跌幅最大的为营销二区。需进一步层层下钻，分析营销二区和营销三区下降严重的省份和城市，并联动 4.3 节介绍的销售额月度达成情况及同期对比分析，从时间角度分析其下降趋势。

图表的制作方法与 4.3 节相同，唯一的区别是将 X 轴设置为组织结构相关字段，如图 4-20 所示。

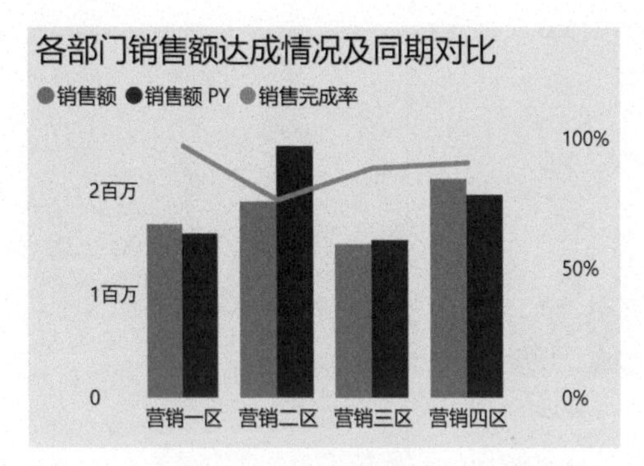

图 4-19 各部门销售额达成情况及同期对比

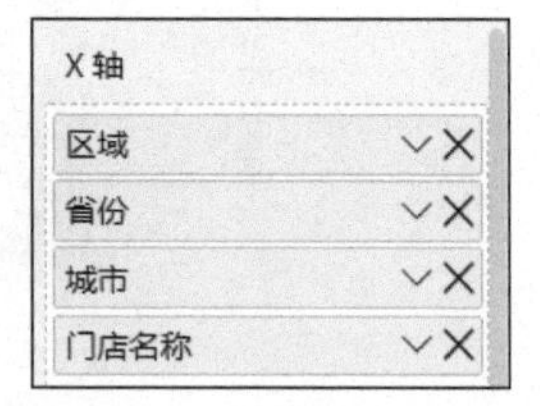

图 4-20 “X 轴”设置为组织结构相关字段

4.5 各经营业态及经营模式销售分析

各经营业态及经营模式销售对比图分别从决策者关心的两个门店维度——经营业态和经营模式进行本期、同期的对比分析，通过该图可以找到各维度下同比增长的差异。可以联动 4.4 节介绍的各部门销售额达成情况及同期对比分析，进一步分析各部门内经营业态及经营模式的销售额同比变化情况。各经营业态及经营模式销售对比如图 4-21 所示。

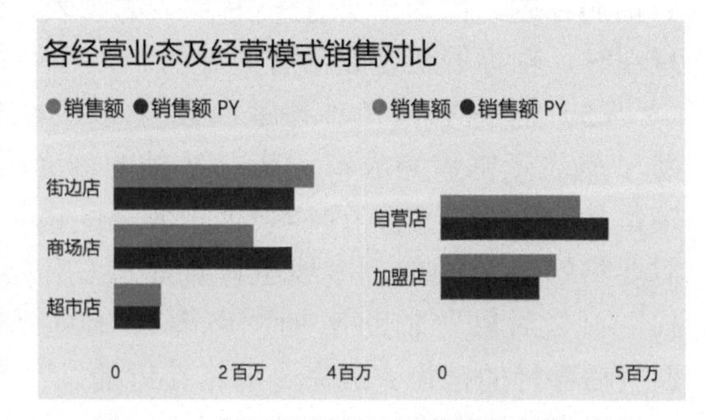

图 4-21 各经营业态及经营模式销售对比

图 4-21 中均使用“簇状条形图”，以经营业态对比为例，图表制作如下。

在“可视化”窗格中单击“簇状条形图”视觉对象按钮，将经营业态字段拖入“Y 轴”、度量值［Core 销售额］和［销售额 PY View］拖入“X 轴”。图表美化参照上文。

受页面展示空间的限制，此处将各经营业态销售对比图及各经营模式销售对比图进行组合显示。关掉以上两个可视化图表的标题，新建一个统一标题，命名为“各经营业态及经营模式销售对比”。

新建标题的方法如下：在菜单栏单击“插入”，此处建议选择“按钮”或“形状”生成文本框，如图 4-22 所示。

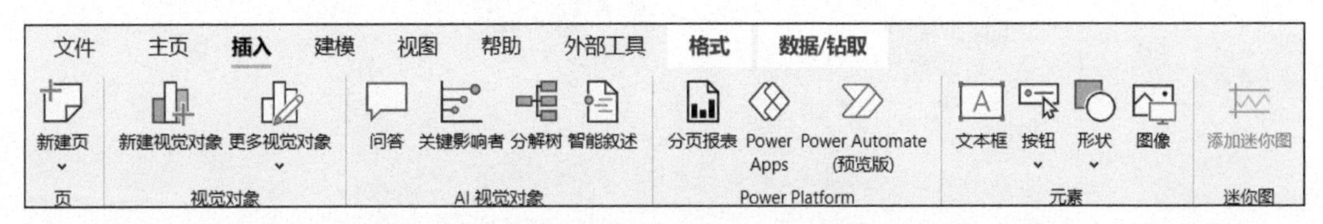

图 4-22 使用“按钮”或“形状”生成文本框

以“按钮”为例，单击“按钮”，选择“空白”，如图 4-23 所示。

对按钮进行格式设置：单击“按钮”“样式”“边框”，关闭边框效果，在“文本”文本框中输入标题名称，调整文本大小及对齐方式，如图 4-24 所示。

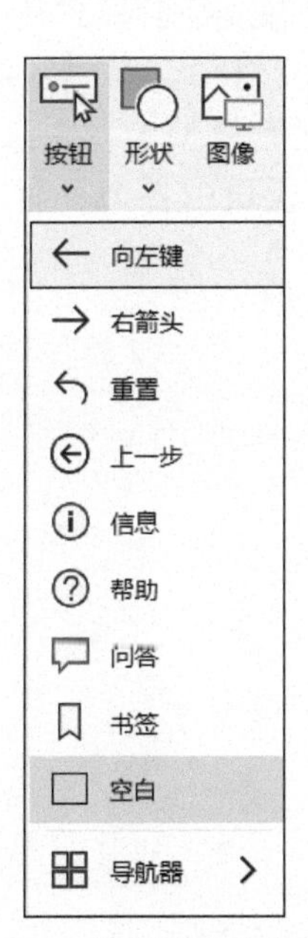

图 4-23 选择“空白”按钮

图 4-24 设置按钮格式

最后，将标题及簇状条形图视觉对象进行组合，选择需要组合的对象并右击，选择“合并”，如图 4-25 所示。这样，3 个视觉元素组合成一个整体。

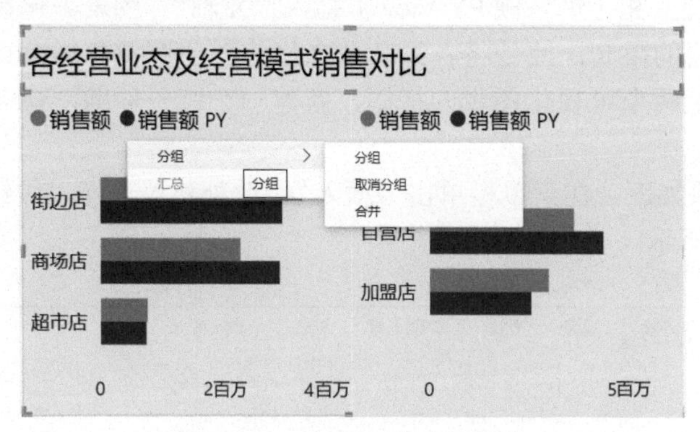

图 4-25 可视化对象分组组合

本章小结

本章详细介绍了通过分析经营概况页面助力企业实际运营，重点讲解了核心指标的业务含义及度量值的写法，并从月度趋势、组织结构、经营业态及经营模式几个重要维度对销售业绩进行分析。可视化方面讲解了视觉对象“KPI”图“树状图”“折线和簇状柱形图”“簇状条形图”的制作方法。后面的章节，我们将从运营（第 5 ～ 8 章）、商品（第 9 ～ 12 章）、会员（第 13 ～ 16 章）三大板块详细讲解每个板块中各个页面及图表如何指导企业业务实战以及在技术上如何实现。

第 5 章　区域分析

区域分析场景分为两个页面：区域结构分析和门店销售排名。区域结构分析主要从组织结构角度对比各个核心指标在各区域的销售表现，帮助决策者快速找到业绩指标相对落后的区域，并可层层下钻进行深入分析。同时通过帕累托图快速锁定重点城市，优化资源配置，提升管理效率。区域结构分析页面可视化展示如图 5-1 所示。

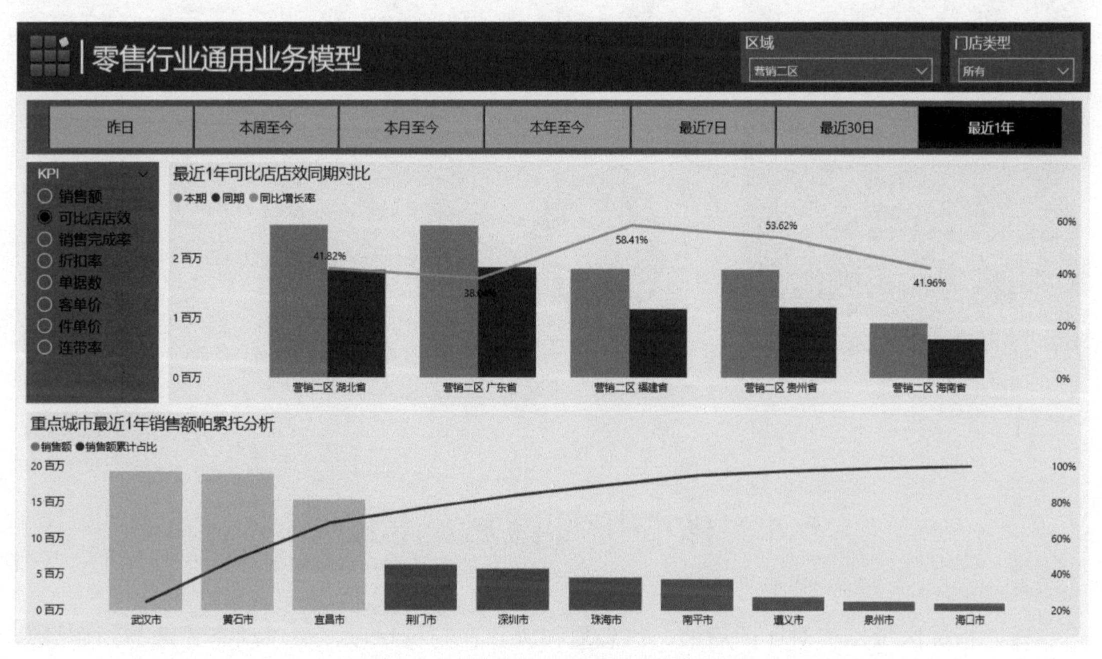

图 5-1　区域结构分析页面可视化展示

门店销售排名分析聚焦单店销售对比。页面中提供基础的门店销售业绩排名，通过筛选时间区间，可以查看各关键时间区间的门店销售排名；通过筛选区域、省份，可以查看细分区域内的门店销售排名；通过筛选品类，可以查看某一个品类的门店销售排名。这可满足决策者对于各场景下的排名需求。针对单个门店，不仅可以显示其排名和销售业绩，单击具体门店名称还可联动右侧的产品销售明细。对于排名靠前的门店，可以知道卖的是什么季节、哪些品类的产品，是新品还是老品，哪些产品卖得比较好。这些信息对于其他门店，尤其是地理位置接近的门店，有很大的参考价值。如图 5-2 所示，当前时间区间为“昨日”，区域为“营销二区”的“湖北省”，可以看到昨日湖北省的门店销售排名以及销量构成情况。对于卖得好的品类，比如连衣裙和半身裙，及排名靠前的单品，可以给区域内其他门店提供参考，增大其销售成功概率。

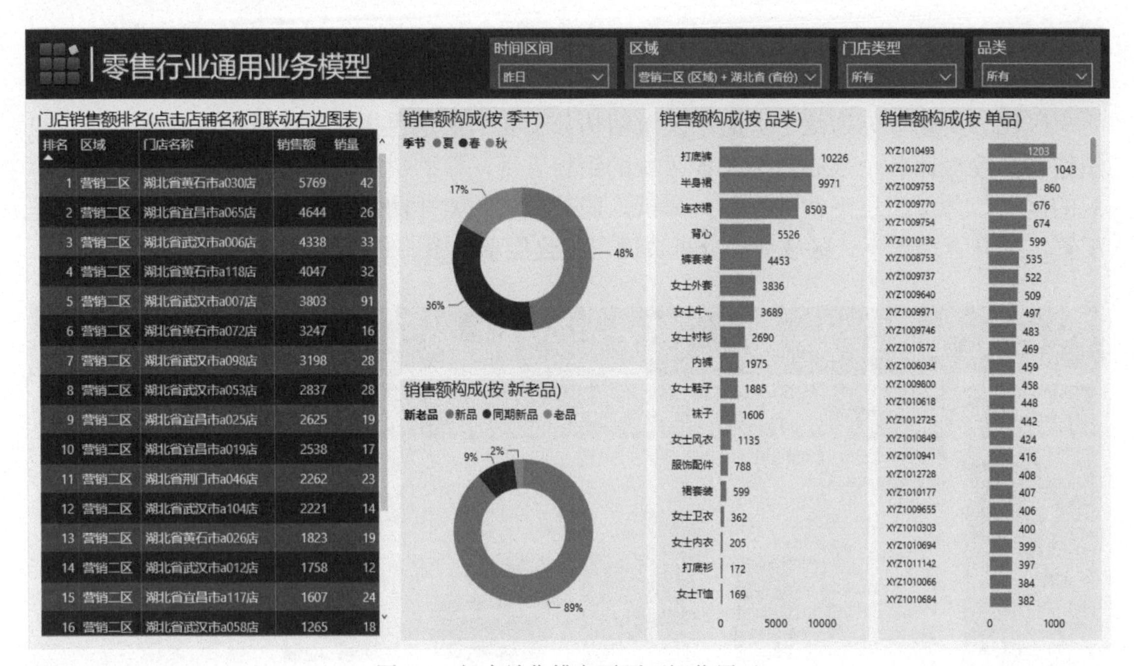

图 5-2　门店销售排名页面可视化展示

5.1　核心指标区域结构分析

核心指标区域结构对比图简洁、信息量很大。在指标维度，可以动态筛选与门店经营相关的 8 个核心指标；在时间维度，可以动态筛选 7 个重要的关键时间区间。通过动态指标和动态时间区间的组合，决策者可以快速获取任意关键时间区间，核心指标在各个区域的销售表现。对于指标异常的区域可下钻进行深入分析。核心指标区域结构对比如图 5-3 所示。

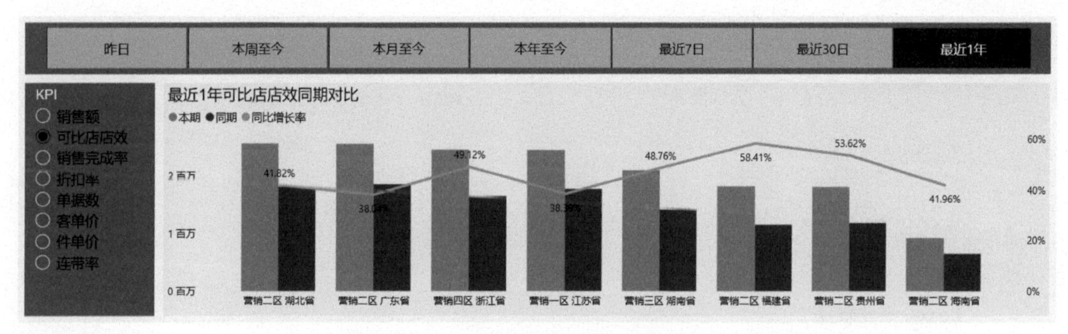

图 5-3 核心指标区域结构对比图

5.1.1 各时间区间基础度量值书写

本章的核心指标区域对比分析以及帕累托分析都是基于几个关键时间区间进行分析的。其中，“昨日”“本周至今”“本月至今”“本年至今”是与绩效考核、日常经营管理高度相关的时间区间；“最近 7 日”“最近 30 日”“最近 1 年”则是用于辅助决策的时间区间。

以销售额为例，上述时间区间的度量值书写如下。

“Controller”表中的度量值

```
昨日 销售额 =
CALCULATE (
    [Core 销售额],
    FILTER ( ALL ( 'Model-Dimdates' ), 'Model-Dimdates'[日期] = [最后报表日期] )
)

本周至今 销售额 =
CALCULATE (
    [Core 销售额],
    FILTER (
        ALL ( 'Model-Dimdates' ),
        'Model-Dimdates'[年份周数]
            = YEAR ( [最后报表日期] ) * 100 + WEEKNUM ( [最后报表日期], 2 )
    )
)

本月至今 销售额 =
CALCULATE (
    [Core 销售额],
    FILTER (
```

```
            ALL ( 'Model-Dimdates' ),
            'Model-Dimdates'[年月]
                = YEAR ( [最后报表日期] ) * 100 + MONTH ( [最后报表日期] )
        )
)

本年至今 销售额 =
CALCULATE (
    [Core 销售额],
    FILTER (
        ALL ( 'Model-Dimdates' ),
        'Model-Dimdates'[年] = YEAR ( [最后报表日期] ) )
)
```

以上4个度量值写法思路一致，均使用FILTER+ALL的模式。ALL函数忽略外部筛选上下文对日期表的筛选，返回日期表的所有行，FILTER函数在包含所有日期的表中逐行扫描，筛选出度量值［最后报表日期］所在的日、周、月、年等时间区间，最终在这些筛选时间区间计算销售额。

“Controller”表中的度量值

```
最近7日 销售额 =
CALCULATE (
    [Core 销售额],
    DATESINPERIOD ( 'Model-Dimdates'[日期], [最后报表日期], -7, DAY )
)

最近30日 销售额 =
CALCULATE (
    [Core 销售额],
    DATESINPERIOD ( 'Model-Dimdates'[日期], [最后报表日期], -30, DAY )
)

最近1年 销售额 =
CALCULATE (
    [Core 销售额],
    DATESINPERIOD ( 'Model-Dimdates'[日期], [最后报表日期], -1, YEAR )
)
```

以上3个度量值用于计算最近*N*日或最近1年的销售额，使用时间智能函数DATESINPERIOD，构造以［最后报表日期］为基准日，往前移动*N*日或1年的时间区间，并计算该时间区间的销售额。

以上是各时间区间本期度量值的写法，同期度量值书写如下。

"Controller" 表中的度量值

```
昨日 销售额 PY =
VAR MaxDate = [最后报表日期]
VAR MaxDatewithDimdates = TREATAS ( { MaxDate }, 'Model-Dimdates'[日期] )
VAR MaxDateLastYear = SAMEPERIODLASTYEAR ( MaxDatewithDimdates )
RETURN
    CALCULATE (
        [Core 销售额],
        FILTER (
            ALL ( 'Model-Dimdates' ),
            'Model-Dimdates'[日期] = MaxDateLastYear )
    )
```

变量 MaxDate 定义为［最后报表日期］，变量 MaxDatewithDimdates 通过 TREATAS 函数为其赋予 'Model-Dimdates'［日期］列的数据沿袭，变量 MaxDateLastYear 定义为使用时间智能函数 SAMEPERIODLASTYEAR 返回 MaxDatewithDimdates 的去年同期日期，最终 CALCULATE 函数计算变量 MaxDateLastYear 所确定的日期的销售额，即［最后报表日期］去年同期销售额。

"Controller" 表中的度量值

```
本周至今 销售额 PY =
VAR CurYear = YEAR ( [最后报表日期] )
VAR CurWeeknum = WEEKNUM ( [最后报表日期], 2 )
VAR CurWeekday = WEEKDAY ( [最后报表日期], 2 )
RETURN
    CALCULATE (
        [Core 销售额],
        FILTER (
            ALL ( 'Model-Dimdates' ),
            'Model-Dimdates'[年] = CurYear - 1
                && 'Model-Dimdates'[周] = CurWeeknum
                && 'Model-Dimdates'[星期] <= CurWeekday
        )
    )
```

变量 CurYear 定义为［最后报表日期］所在年份，变量 CurWeeknum 定义为［最后报表日期］所在周数，变量 CurWeekday 定义为［最后报表日期］是周几，FILTER+ALL 函数组合筛选得到和［最后报表日期］周数相同、周内天数一致、年份向前推一年的时间区间，最终 CALCULATE 函数在该时间区间计算销售额，即［本周至今 销售额 PY］。

“Controller”表中的度量值

```
本月至今 销售额 PY =
CALCULATE (
    [Core 销售额],
    FILTER (
        ALL ( 'Model-Dimdates' ),
        'Model-Dimdates'[年月]
            = ( YEAR ( [最后报表日期] ) - 1 ) * 100 + MONTH ( [最后报表日期] )
    ),
    'Model-Dimdates'[可比日期] = TRUE ()
)
```

该度量值首先通过FILTER+ALL函数组合得到［最后报表日期］所在月份的去年同期月份，但这一筛选结果包含同期月份的完整天数，而我们需要的是［最后报表日期］所在月份中，小于或等于［最后报表日期］的时间区间的同期区间，所以增加筛选条件'Model-Dimdates'[可比日期]= TRUE()，限定日期表的筛选时间区间为小于或等于［最后报表日期］本期及同期的时间区间，两个筛选时间区间取交集，得到本月至今的时间区间的同期区间，最后CALCULATE函数在该时间区间计算销售额，即［本月至今 销售额PY］。

“Controller”表中的度量值

```
本年至今 销售额 PY =
CALCULATE (
    [Core 销售额],
    FILTER (
        ALL ( 'Model-Dimdates' ),
        'Model-Dimdates'[年] = YEAR ( [最后报表日期] ) - 1
    ),
    'Model-Dimdates'[可比日期] = TRUE ()
)
```

［本年至今 销售额PY］计算逻辑同上。

5.1.2 单指标动态时间区间度量值书写

5.1.1节介绍的是销售额本期和同期各时间区间度量值的书写，接下来将本期和同期各时间区间的销售额分别进行整合，构造本期和同期的动态销售额，使其可以随外部筛选条件的改变而显示不同时间区间的销售额。

时间区间	序号
昨日	1
本周至今	2
本月至今	3
本年至今	4
最近7日	5
最近30日	6
最近1年	7

图5-4 辅助：日期期间表

要实现这一效果，需要构造一个包含各时间区间的辅助表，如图5-4

所示。表中的“排序”列用来控制切片器中时间区间显示的顺序。单击“建模”“新建表”，在编辑栏输入以下 DAX 公式。

计算表

```
辅助：日期期间表 =
SELECTCOLUMNS (
    {
        ( "昨日", 1 ),
        ( "本周至今", 2 ),
        ( "本月至今", 3 ),
        ( "本年至今", 4 ),
        ( "最近7日", 5 ),
        ( "最近30日", 6 ),
        ( "最近1年", 7 )
    },
    "时间区间", [Value1],
    "排序", [Value2]
)
```

此处通过 SELECTCOLUMNS+{…} 的组合模式创建表。{…} 内创建 7 行 2 列的“辅助：日期期间表”，表的两列名称分别为 Value1 和 Value2。然后通过 SELECTCOLUMNS 函数对每一列重新命名。

接下来构造本期、同期动态销售额。

“Controller”表中的度量值

```
动态 销售额 =
SWITCH (
    TRUE (),
    SELECTEDVALUE ( '辅助：日期期间表'[时间区间] ) = "昨日", [昨日 销售额],
    SELECTEDVALUE ( '辅助：日期期间表'[时间区间] ) = "本周至今", [本周至今 销售额],
    SELECTEDVALUE ( '辅助：日期期间表'[时间区间] ) = "本月至今", [本月至今 销售额],
    SELECTEDVALUE ( '辅助：日期期间表'[时间区间] ) = "本年至今", [本年至今 销售额],
    SELECTEDVALUE ( '辅助：日期期间表'[时间区间] ) = "最近7日", [最近7日 销售额],
    SELECTEDVALUE ( '辅助：日期期间表'[时间区间] ) = "最近30日", [最近30日 销售额],
    SELECTEDVALUE ( '辅助：日期期间表'[时间区间] ) = "最近1年", [最近1年 销售额],
    [昨日 销售额]
)

动态 销售额 PY =
SWITCH (
    TRUE (),
```

```
        SELECTEDVALUE ( '辅助：日期期间表'[时间区间] ) = "昨日", [昨日 销售额 PY],
        SELECTEDVALUE ( '辅助：日期期间表'[时间区间] ) = "本周至今", [本周至今 销售额 PY],
        SELECTEDVALUE ( '辅助：日期期间表'[时间区间] ) = "本月至今", [本月至今 销售额 PY],
        SELECTEDVALUE ( '辅助：日期期间表'[时间区间] ) = "本年至今", [本年至今 销售额 PY],
        SELECTEDVALUE ( '辅助：日期期间表'[时间区间] ) = "最近7日", [最近7日 销售额 PY],
        SELECTEDVALUE ( '辅助：日期期间表'[时间区间] ) = "最近30日", [最近30日 销售额 PY],
        SELECTEDVALUE ( '辅助：日期期间表'[时间区间] ) = "最近1年", [最近1年 销售额 PY],
        [昨日 销售额 PY]
    )
```

以上2个度量值均通过SWITCH函数，根据外部上下文环境对“辅助：日期期间表”的“时间区间”列进行不同的筛选，返回不同期间的销售额，从而实现度量值的动态筛选功能。

其他指标的本期和同期动态度量值写法类似。

5.1.3 多指标动态时间区间度量值书写

接下来将各项指标的动态度量值进一步整合，同样也需要构造一个包含多项指标的KPI辅助表，如图5-5所示。

KPI	排序
销售额	1
可比店店效	2
销售完成率	3
折扣率	4
单据数	5
客单价	6
件单价	7
连带率	8

图5-5 “辅助：核心KPI”

同样，表中的排序列用来控制切片器中KPI的显示顺序。单击“建模”“新建表”，在编辑栏中输入以下DAX公式。

计算表

```
辅助：核心KPI =
DATATABLE (
    "KPI", STRING,
    "排序", INTEGER,
    {
        { "销售额", 1 },
        { "可比店店效", 2 },
        { "销售完成率", 3 },
        { "折扣率", 4 },
        { "单据数", 5 },
        { "客单价", 6 },
        { "件单价", 7 },
        { "连带率", 8 }
    }
)
```

以上DAX公式是新建表的另外一种写法，即使用DATATABLE函数，对新建表的每一列进行命名、指定数据类型，并指定每一行的具体内容，最后得到一张 8 行 2 列的表。

接下来构造度量值［动态 KPI］［动态 KPI PY］［动态 KPI YOY%］。

"Controller" 表中的度量值

```
动态 KPI =
SWITCH (
    TRUE (),
    SELECTEDVALUE ( '辅助：核心KPI'[KPI] ) = "销售额", [动态 销售额],
    SELECTEDVALUE ( '辅助：核心KPI'[KPI] ) = "可比店店效", [动态 店效],
    SELECTEDVALUE ( '辅助：核心KPI'[KPI] ) = "销售完成率", [动态 销售完成率],
    SELECTEDVALUE ( '辅助：核心KPI'[KPI] ) = "折扣率", [动态 折扣率],
    SELECTEDVALUE ( '辅助：核心KPI'[KPI] ) = "单据数", [动态 单据数],
    SELECTEDVALUE ( '辅助：核心KPI'[KPI] ) = "客单价", [动态 客单价],
    SELECTEDVALUE ( '辅助：核心KPI'[KPI] ) = "件单价", [动态 件单价],
    SELECTEDVALUE ( '辅助：核心KPI'[KPI] ) = "连带率", [动态 连带率]
)

动态 KPI PY =
SWITCH (
    TRUE (),
    SELECTEDVALUE ( '辅助：核心KPI'[KPI] ) = "销售额", [动态 销售额 PY],
    SELECTEDVALUE ( '辅助：核心KPI'[KPI] ) = "可比店店效", [动态 店效 PY],
    SELECTEDVALUE ( '辅助：核心KPI'[KPI] ) = "折扣率", [动态 折扣率 PY],
    SELECTEDVALUE ( '辅助：核心KPI'[KPI] ) = "单据数", [动态 单据数 PY],
    SELECTEDVALUE ( '辅助：核心KPI'[KPI] ) = "客单价", [动态 客单价 PY],
    SELECTEDVALUE ( '辅助：核心KPI'[KPI] ) = "件单价", [动态 件单价 PY],
    SELECTEDVALUE ( '辅助：核心KPI'[KPI] ) = "连带率", [动态 连带率 PY]
)

动态 KPI YOY% =
DIVIDE( [动态 KPI] - [动态 KPI PY], [动态 KPI PY] )
```

5.1.4 动态时间区间切片器制作

动态图表需配合切片器使用，下面以时间区间切片器为例进行讲解。

此处制作水平方向的切片器。在"可视化"窗格中，单击"切片器"视觉对象按钮，将"辅助：日期期间表"中的时间区间字段拖入"字段"窗格。在"设置视觉对象格式"中单击"切片器设置""选项""方向"，选择"水平"，"选择""单项选择"打开，"切片器标头"关闭，如图 5-6 所示。

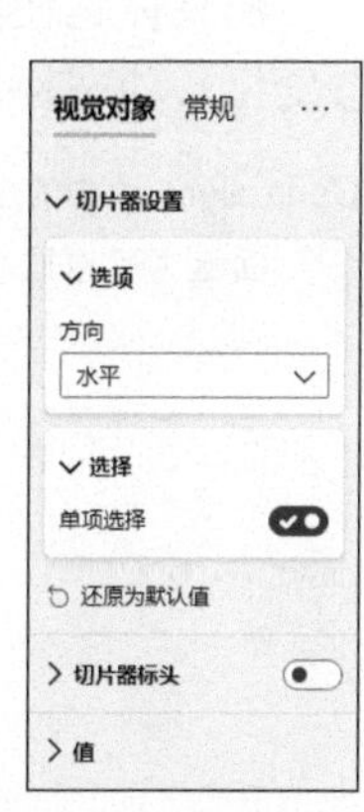

图 5-6 水平方向切片器设置

为确保切片器中的时间区间显示顺序正确，需对“时间区间”列按照“序号”列进行排列。切换到“数据”视图，找到“辅助：日期期间表”，选择“时间区间”列，单击功能区中的“按列排序”，选择“序号”，如图5-7所示。可以看到“时间区间”列按照“序号”列正确显示。

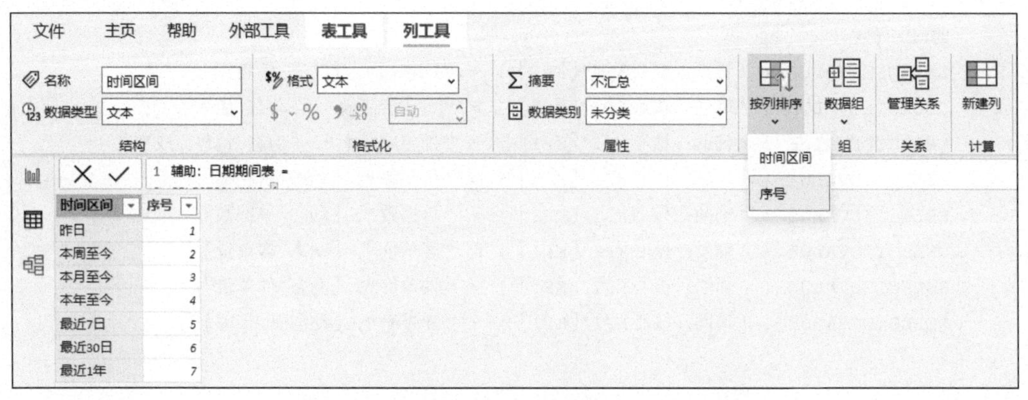

图5-7　对“时间区间”列按“序号”列排列

5.1.5　核心指标“折线和簇状柱形图”制作

核心指标同期对比图使用“折线和簇状柱形图”，将“Model-Dimcity”表中的区域、省份、城市字段拖入“X轴”、度量值［动态KPI］和［动态KPI PY］拖入“列y轴”、［动态KPI YOY%］拖入“行y轴”，如图5-8所示。

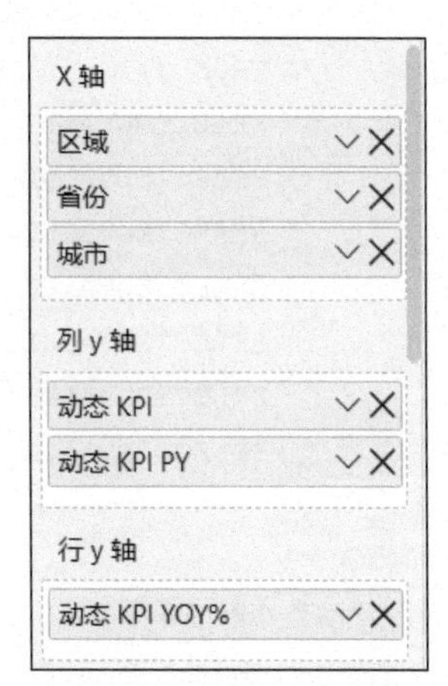

图5-8　核心指标同期对比图维度及指标设置

图表标题使用动态标题，标题内容随筛选的指标和时间区间动态变化。动态标题度量值书写如下。

“Controller”表中的度量值

```
标题 KPI对比 =
SELECTEDVALUE ( '辅助：日期期间表'[时间区间] )
    & SELECTEDVALUE ( '辅助：核心KPI'[KPI] ) & "同期对比"
```

5.2　重点城市销售额帕累托分析

重点城市销售额帕累托分析旨在辅助决策者快速找到对公司销售业绩贡献最大的城市，进行资源的重点投入和管理。如图5-9所示，绿色部分对应的是累计销售额占比达到66%

的城市，蓝色部分对应的是累计销售额占比在 66% ～ 89% 的城市，红色部分对应的是累计销售额占比在 89% 以上的城市。需要重点管理的为绿色部分的 9 个城市。

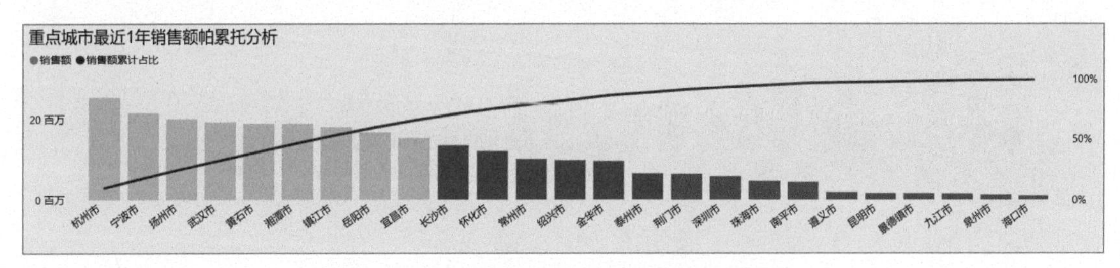

图 5-9 重点城市最近 1 年销售额帕累托分析

5.2.1 基础帕累托图制作

重点城市销售额帕累托图使用“折线和簇状柱形图”，其中柱形表示各城市实际销售额，折线表示城市销售额累计占比。

销售额累计占比度量值书写如下。

“Controller”表中的度量值

```
销售额累计占比 按城市 动态日期 =
VAR CurSales = [动态 销售额]
VAR CumulatedSales =
    CALCULATE (
        [动态 销售额],
        FILTER ( ALLSELECTED ( 'Model-Dimcity'[城市] ), [动态 销售额] >= CurSales )
    )
VAR AllSales = CALCULATE ( [动态 销售额], ALLSELECTED ( 'Model-Dimcity' ) )
RETURN
    DIVIDE ( CumulatedSales, AllSales )
```

其中，变量 CurSales 定义为当前城市的销售额，变量 CumulatedSales 首先通过 FILTER 函数找到在外部筛选环境中，销售额大于或等于当前城市销售额的所有城市子集，然后对这些城市的销售额进行求和，得到累计销售额，变量 AllSales 定义为在外部筛选环境下所有城市的总销售额，最后返回累计销售额占总销售额的比例。

图 5-10 重点城市销售额帕累托图维度及指标设置

将“Model-Dimcity 表”中的城市列拖入“X 轴”、度量值 [动态 销售额] 拖入“列 y 轴”、[销售额累计占比 按城市 动态日期] 拖入“行 y 轴”，如图 5-10 所示。帕累托图的雏形制作完成如

图 5-11 所示。

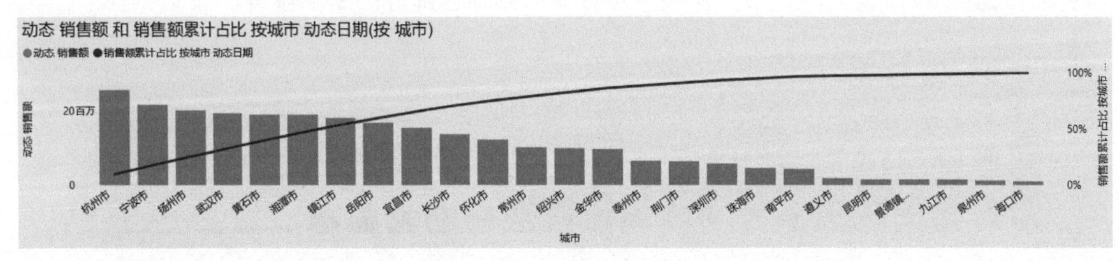

图 5-11　帕累托图的雏形

5.2.2　帕累托图动态配色

通过对帕累托图进行动态配色，可以非常直观、清晰地展示 A、B、C 类城市，快速了解重点城市的集中度以及哪些城市需要我们重点经营。动态配色方案通过度量值计算得到。

"Controller" 表中的度量值

```
销售额累计占比 按城市 配色 =
VAR CumulatesRatio = [销售额累计占比 按城市 动态日期]
RETURN
    SWITCH (
        TRUE (),
        CumulatesRatio <= 0.7, "#7ACA00",
        CumulatesRatio <= 0.9, "#337489",
        "#ff0000"
    )
```

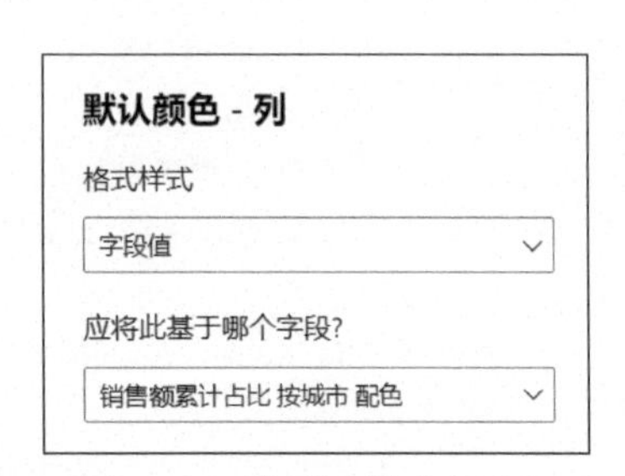

图 5-12　帕累托图动态配色

在"默认颜色 - 列"中，将"格式样式"设置为"字段值"，在"应将此基于哪个字段？"中选择［销售额累计占比 按城市 配色］度量值，如图 5-12 所示。这样，不仅不同分类的城市呈现不同配色，而且随着外部筛选条件的改变，各个城市的配色也在动态改变。

5.3　门店销售排名

门店销售排名使用的是"表"视觉对象。考虑到多用户多场景的需求，我们并未限制展示前多少名的门店，而是展示了所有营业门店的排名。默认的排名对象是销售额，也可以单击"销量"列，按照销量排名。门店销售排名如图 5-13 所示。

排名	区域	门店名称	销售额	销量
1	营销四区	浙江省金华市a038店	5889	48
2	营销二区	湖北省黄石市a030店	5769	42
3	营销一区	江苏省镇江市a096店	5764	38
4	营销四区	浙江省宁波市a003店	5469	11
5	营销一区	江苏省扬州市a022店	5424	37
6	营销三区	湖南省湘潭市a129店	4791	25
7	营销四区	浙江省杭州市a031店	4734	37
8	营销二区	湖北省宜昌市a065店	4644	26
9	营销一区	江苏省镇江市a047店	4501	31
10	营销四区	浙江省杭州市a101店	4348	26

图 5-13　门店销售排名

度量值［排名 门店 销售额 DESC］书写如下。

“Controller”表中的度量值

```
排名 门店 销售额DESC =
IF (
    HASONEVALUE ( 'Model-Dimstore'[门店名称] ),
    RANKX ( ALLSELECTED ( 'Model-Dimstore' ), [动态 销售额] )
)
```

HASONEVALUE 函数通过判断当前行是否只有一个门店名称的值，使得总计行不参与门店排名。ALLSELECTED 函数返回外部筛选条件下所有门店的子集，RANKX 函数计算门店子集中的动态销售额排名。

按照业务需求，将“Model-Dimcity 表”和“Model-Dimstore”表中的区域及门店名称字段，以及度量值［动态 销售额］、［动态 销量］、［排名 门店 销售额 DESC］拖入“表”的“值”中，再更改字段显示名称，效果如图 5-14 所示。

图 5-14　门店销售排名表格维度及指标设置

如果要展示排名前 N 名（如前20名）的门店，可以通过打开"筛选器"窗格，单击"排名"，将"显示值为以下内容的项"设置为小于或等于20，单击"应用筛选器"即可，如图5-15所示。

图5-15　通过"筛选器"显示前20名门店

5.4　销售额构成"环形图"制作

销售额构成（按季节）以及销售额构成（按新老品）两个图表均使用"环形图"，展示少量元素间的百分比关系。如果元素过多（一般超过7个）建议使用柱形图或条形图。销售额构成"环形图"如图5-16所示。

通过表间联动，可以对比门店与门店的销售额构成差异以及单店与总体的销售额构成差异，有差距的地方可作为单店提升参考点。

将季节字段拖入"图例"、度量值［动态 销量额］拖入"值"。一个简单的"环形图"制作完成，后期再进行格式美化即可。

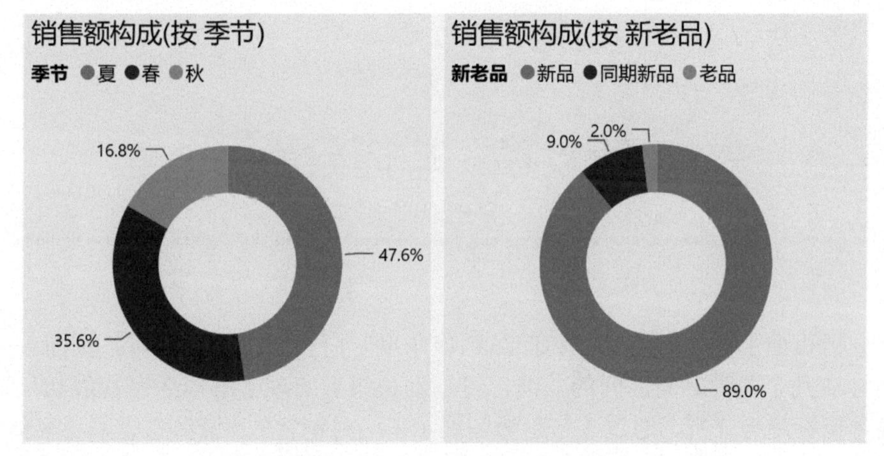

图 5-16 销售额构成“环形图”

本章小结

本章从结构角度对比了主要核心指标在关键时间区间各区域的业绩表现，可帮助决策者快速锁定异常区域。可通过门店销售排名找到业绩优秀门店及落后门店，以及优秀门店产品销售结构特征，为落后门店提供产品销售建议。第 6 章将会从门店的角度，进一步分析具体门店的核心指标业绩表现及产品销售特征。

第6章　单店分析

单店分析页面主要从门店运营和商品销售角度对门店业绩进行分析。页面首先展示门店核心指标在几个关键时间区间的业绩，可辅助决策者宏观了解门店经营现状。接下来重点进行当月指标趋势分析，通过3张趋势图展示了当月销售额/销售完成率、客单价/连带率趋势，以及近30日销售完成率移动均值趋势，可帮助决策者在第一时间发现趋势异常。对于销售异常，可从品类销售角度进一步寻找原因，哪些品类销售额同比增长或下降比较显著，这种异常是否是因为该品类新品款色数和同期相比差异较大而导致。图6-1展示单店分析页面的可视化效果。

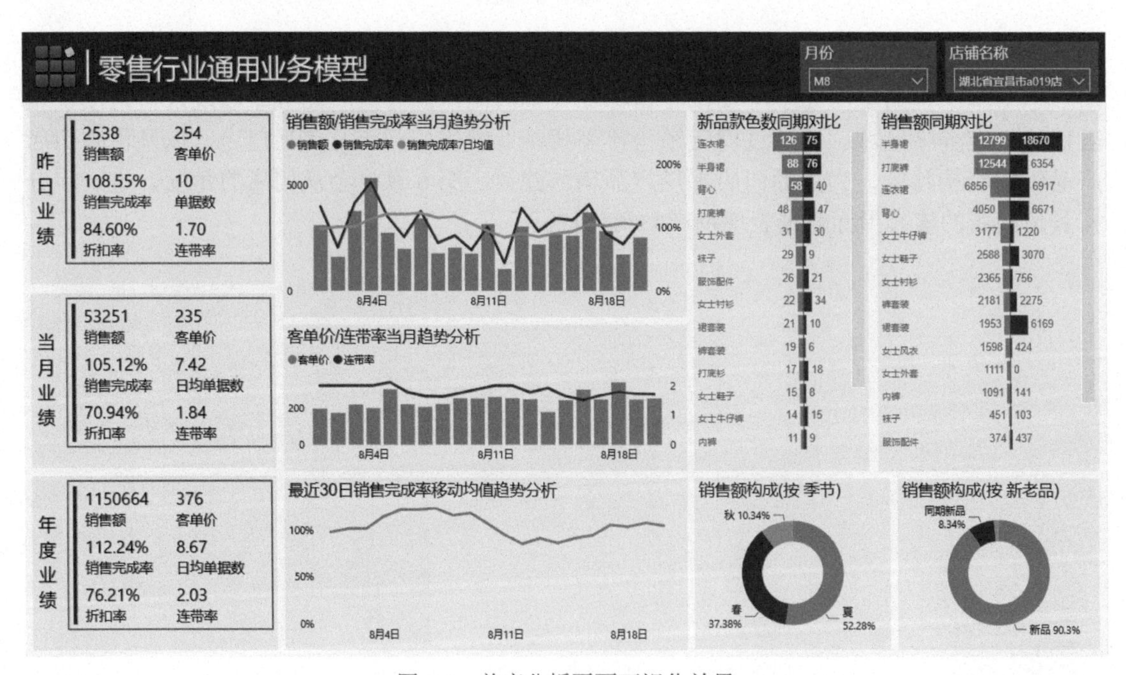

图6-1　单店分析页面可视化效果

6.1 核心指标关键时间区间对比分析

核心指标关键时间区间对比分析使用“多行卡”，记录 3 个关键时间区间——昨日、当月、年度的门店核心指标的业绩表现，可辅助决策者快速了解门店整体经营状况，如图 6-2 所示。

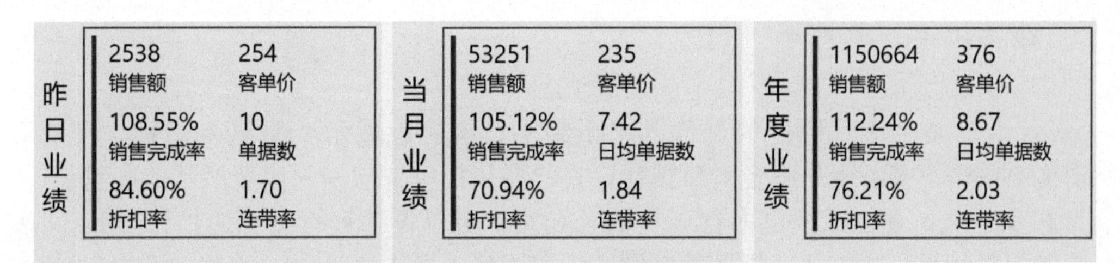

图 6-2 关键时间区间多指标多行卡

6.1.1 日均单据数度量值书写

3 张“多行卡”的时间跨度是不同的，为了便于决策者对 3 个时间区间的指标做横向比较，当月业绩和年度业绩中均使用日均单据数，保证了 3 个时间区间指标粒度的一致性。度量值［本月至今 单据数 日均］书写如下。

“Controller”表中的度量值

```
本月至今 单据数 日均 =
CALCULATE (
    DIVIDE ( [单据数 正单有效法], COUNTROWS ( 'Model-Dimdates' ) ),
    FILTER (
        ALL ( 'Model-Dimdates' ),
        'Model-Dimdates'[年月]
            = YEAR ( [最后报表日期] ) * 100 + MONTH ( [最后报表日期] )
    )
)
```

度量值首先通过 FILTER 函数返回最后报表日期所在年月的日期表子集，然后使用 CALCULATE 函数在该子集中计算单据数和天数，最后通过 DIVIDE 安全除法函数计算得到单日的单据数。

“Controller”表中的度量值

```
本年至今 单据数 日均 =
```

```
CALCULATE (
    DIVIDE ( [单据数 正单有效法], COUNTROWS ( 'Model-Dimdates' ) ),
    FILTER ( ALL ( 'Model-Dimdates' ), 'Model-Dimdates'[年] = YEAR ( [最后报表日期] )
    )
)
```

[本年至今 单据数 日均] 计算逻辑同上。

6.1.2 核心指标“多行卡”制作

“多行卡”是“卡片图”的延伸，用于集中、紧凑地展示一组重要指标。在“可视化”窗格中单击“多行卡”视觉对象按钮，在“字段”中依次拖入需要展示的度量值，“多行卡”初步完成。通过改变“多行卡”的长和宽，可以调整每行显示的指标个数。“多行卡”左侧的竖状褐色数据条，提升整个图表的美观度。单击“设置视觉对象格式”“视觉对象”“卡”“强调栏”，设置数据条的颜色和宽度，如图 6-3 所示。

本例中 3 张“多行卡”纵向排列，受页面布局的限制，无法正常显示标题。此处灵活处理，在“多行卡”左侧通过添加按钮作为文本框来显示标题。在菜单栏单击“插入”“按钮”“样式”“边框”，关闭边框效果，在“文本”文本框中输入“昨日业绩”，调整文本字体类型、字号、颜色及对齐方式，如图 6-4 所示。最后调整按钮高度和多行卡高度一致。

同时选中“多行卡”和按钮，右击选择“分组”，将按钮和“多行卡”进行分组组合，如图 6-5 所示。

图 6-3 “多行卡”数据条设置

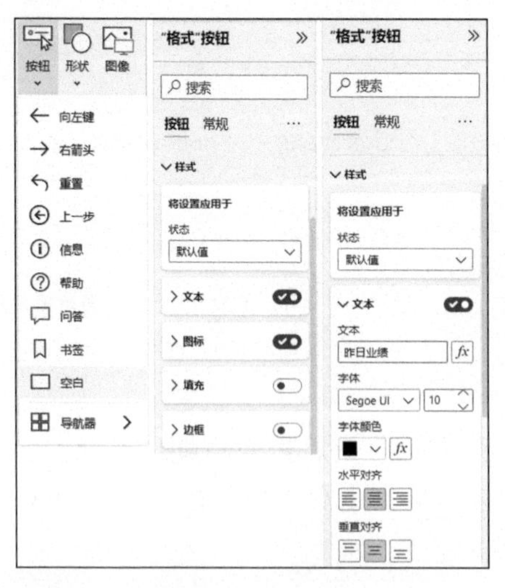

图 6-4 使用按钮制作“多行卡”标题

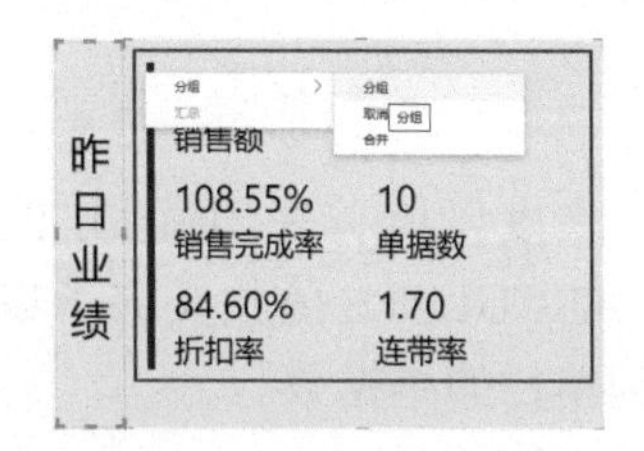

图 6-5 按钮与“多行卡”分组组合

6.2 核心指标当月趋势分析

核心指标当月趋势分析主要从趋势角度分析门店销售额、销售完成率、客单价、连带率这几个指标在报表刷新月份的变化情况。该趋势分析不仅客观展示了 8 月截至报表刷新日每日的销售业绩现状，更重要的是非常清晰地呈现了业绩走势，让决策者能在第一时间捕捉到销售拐点及具体日期中的指标异动，而不是在业绩下降了一段时间才发现问题。核心指标当月趋势分析如图 6-6 所示。

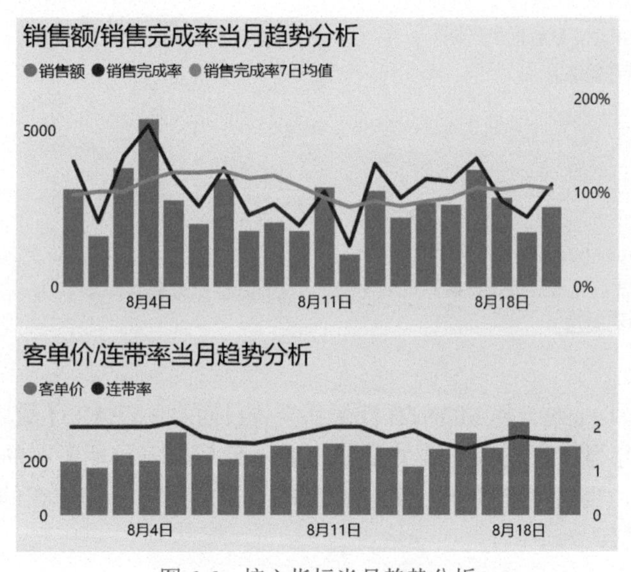

图 6-6 核心指标当月趋势分析

6.2.1 核心指标当月度量值书写

核心指标当月趋势图始终显示报表刷新日所在月份的销售业绩，时间区间不随外部时间筛选的变化而变化。核心指标当月度量值书写如下。

"Controller" 表中的度量值

```
销售额 当月 =
IF (
    MAX ( 'Model-Dimdates'[年月] )
        = MONTH ( [最后报表日期] ) + YEAR ( [最后报表日期] ) * 100,
    [Core 销售额]
)
```

```
销售完成率 当月 =
IF (
    MAX ( 'Model-Dimdates'[年月] )
        = MONTH ( [最后报表日期] ) + YEAR ( [最后报表日期] ) * 100,
    [Core 销售完成率]
)

客单价 当月 =
IF (
    MAX ( 'Model-Dimdates'[年月] )
        = MONTH ( [最后报表日期] ) + YEAR ( [最后报表日期] ) * 100,
    [客单价 正单有效法]
)

连带率 当月 =
IF (
    MAX ( 'Model-Dimdates'[年月] )
        = MONTH ( [最后报表日期] ) + YEAR ( [最后报表日期] ) * 100,
    [连带率 正单有效法]
)
```

以上4个度量值均通过计算MONTH([最后报表日期])+YEAR([最后报表日期])×100，构造了和日期表中年月字段格式一致的数值，表示最后报表日期所在的年月。通过使用IF函数进行条件判断，当日期表的年月字段的值等于最后报表日期所在的年月的值时，计算相应度量值，否则默认为空值。

6.2.2　核心指标当月趋势图制作

以销售额/销售完成率当月趋势分析为例，单击“折线和簇状柱形图”，将“Model-Dimdates”表的日期字段拖入X轴、度量值[销售额 当月]拖入列y轴、[销售完成率 当月]拖入行y轴。由于度量值的计算逻辑是只显示最后报表日期所在年月的数值，因此当外部月份切片器没有选择最后报表日期所在年月时，日期交集为空，度量值计算为空。此时我们需要改变月份切片器和销售额/销售完成率当月趋势分析图的交互方式（所谓“交互”是指视觉对象间相互影响的方式），使得月份切片器不控制销售额/销售完成率当月趋势分析图。

单击月份切片器，菜单栏出现“格式”。单击“格式”“编辑交互”，如图6-7所示。此时每个视觉对象右上角均出现2个图标，分别表示“筛选器”和“无”，如图6-8所示，默认状态下是“筛选器”。

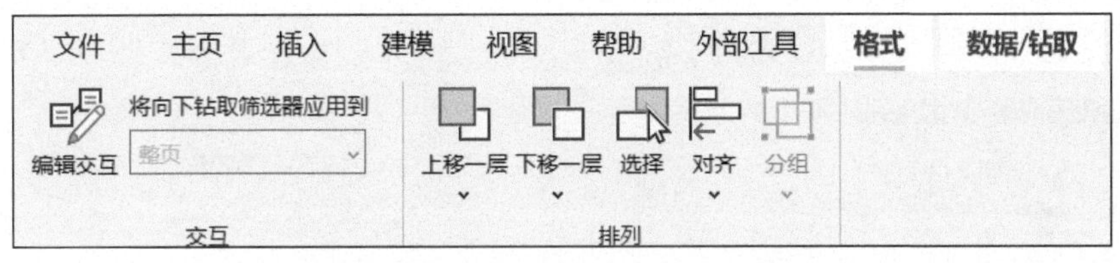

图 6-7　单击“编辑交互”打开交互设置

图 6-8　编辑交互类型

单击“无”图标，此时，月份切片器对“折线和簇状柱形图”不起作用，显示报表刷新日所在月份的销售额及销售完成率，如图 6-9 所示。

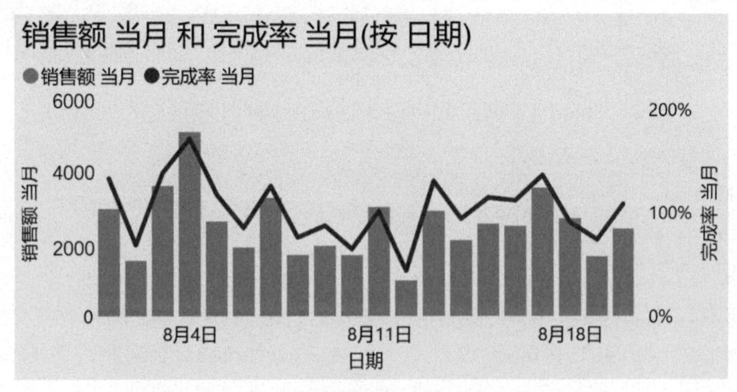

图 6-9　月份切片器对可视化对象不起作用

客单价 / 连带率当月趋势分析方法同上。

6.2.3　销售完成率移动均值度量值书写

对销售业绩进行分析的时候，不仅要分析客观的历史销售数据，而且要发现数据变化的规律，从而对未来的销售趋势进行预测。通常每日的销售数据受客观因素影响，随机性较强，不易发现数据背后的走势。此时，我们对销售业绩进行移动平均处理，每日的业绩并不是当日实际业绩，而是包括当日在内的最近 *N* 天的销售业绩均值。本案例我们计算最近 7 日的销售完成率移动均值。经过处理后，销售完成率的 7 日移动均值曲线较实际日完成率曲线平滑了许多，能够非常清晰地显示销售完成率的趋势，从而辅助决策者在销售完成率持续下降的前几天，发现趋势异动，从而快速采取应对措施。图 6-10 展示了销售额 / 销售完成率当月趋势分析。

度量值［销售完成率 7 日平均］书写如下。首先计算［销售额 7 日平均］。

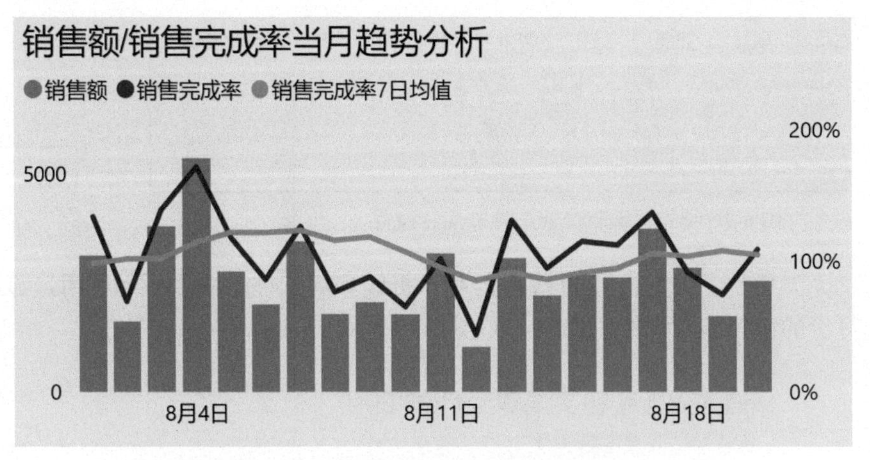

图 6-10　销售额 / 销售完成率当月趋势分析

"Controller" 表中的度量值

```
销售额 7日平均 =
VAR Last7Days =
    DATESINPERIOD (
        'Model-Dimdates'[日期], MAX ( 'Model-Dimdates'[日期] ), -7, DAY
    )
RETURN
    DIVIDE ( CALCULATE ( [Core 销售额], Last7Days ), 7 )
```

变量 Last7Days 通过时间智能函数 DATESINPERIOD 得到当前日期向前移动 7 日的时间区间，CALCULATE 函数在这个时间区间计算销售额，即最近 7 日销售额，DIVIDE 函数计算最近 7 日的销售额均值。

有一点需要注意，此处计算均值时直接使用常规的平均值计算方法，即用某段时间内的总金额除以总天数，得到日均销售额，将这种方法定义为方法 1。在 Power BI 中还有一个专门计算均值的函数 AVERAGE 或 AVERAGEX，度量值［销售额 7 日平均］也可以使用这种计算方法，将其定义为方法 2，如下所示。

"Controller" 表中的度量值

```
销售额 7日平均 使用AVERAGEX =
VAR Last7Days =
    DATESINPERIOD (
        'Model-Dimdates'[日期], MAX ( 'Model-Dimdates'[日期] ), -7, DAY
    )
RETURN
    AVERAGEX ( Last7Days, [Core 销售额] )
```

在计算均值的时间区间，如果每一天的销售额均不含空值，两种方法并无差别。但是如果某天某个门店未开单，事实表中该店该日并无记录，则使用方法 1 计算销售均值时，无销售记录的日期也计算在内，而使用方法 2，无销售记录的日期不会计算在内。具体到本案例，方法 1 是用 6 天的销售额除以 7，而方法 2 是用 6 天的销售额除以 6。因此方法 2 计算的均值结果有时会略大于方法 1 的均值结果。

两种方法没有对错之分，根据业务需要选择合适的方法即可。

接下来介绍度量值［销售完成率 7 日平均］，计算方法如下。

“Controller”表中的度量值

```
销售完成率 7日平均 =
VAR Last7Days =
    DATESINPERIOD (
        'Model-Dimdates'[日期], MAX ( 'Model-Dimdates'[日期] ), -7, DAY
    )
VAR AvgTask = DIVIDE ( CALCULATE ( [Core 销售目标 View], Last7Days ), 7 )
RETURN
    DIVIDE ( [销售额 7日平均], AvgTask ) )
```

变量 Last7Days 通过时间智能函数 DATESINPERIOD 得到当前日期向前移动 7 日的时间区间，变量 AvgTask 为最近 7 日的销售任务移动均值，计算逻辑与度量值［销售额 7 日平均］一致。最后，DIVIDE 函数通过最近 7 日销售额的移动均值除以最近 7 日销售任务的移动均值，得到最近 7 日销售完成率的移动均值。

“Controller”表中的度量值

```
销售完成率 当月 7日平均 =
IF (
    MAX ( 'Model-Dimdates'[日期] ) > EOMONTH ( [最后报表日期], -1 )
        && MAX ( 'Model-Dimdates'[日期] ) <= [最后报表日期],
    [销售完成率 7日平均]
)
```

最后，我们希望最近 7 日销售完成率移动均值显示的时间区间是报表刷新日所在月份且在报表刷新日及之前的日期，因此要对度量值［销售完成率 7 日平均］显示的时间区间进行限制。EOMONTH(［最后报表日期］, –1) 返回最后报表日期前一个月的最后一天，则 IF 函数的判断条件为大于上月末且小于或等于报表刷新日的时间区间，如果在这个区间，则计算销售完成率的 7 日移动均值。

6.3　最近 30 日销售完成率移动均值趋势分析

移动均值对于指导决策者的实际行动有着重要意义。6.2 节中的时间区间是限制在报表刷新日所在月份，这样在月初的几天里数据量太小，决策者无法获得一个相对长期的销售业绩走势。因此我们对销售完成率移动均值做了优化，将时间区间从当月扩展到最近 30 日。这样，不管是处在月初还是月末，决策者都可以看到一条展示最近 30 日的销售完成率移动均值趋势图，如图 6-11 所示。

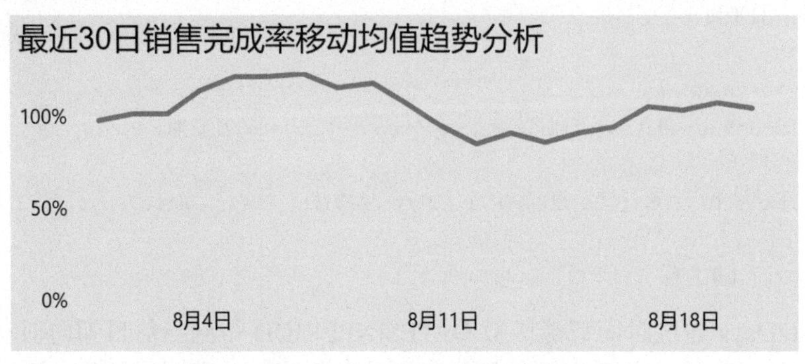

图 6-11　最近 30 日销售完成率移动均值趋势

度量值［销售完成率 7 日平均 近 30 日］书写如下。

"Controller" 表中的度量值

```
销售完成率 7日平均 近30日 =
IF (
    SELECTEDVALUE ( 'Model-Dimdates'[日期] ) <= [最后报表日期]
        && SELECTEDVALUE ( 'Model-Dimdates'[日期] ) > [最后报表日期] - 30,
    [销售完成率 7日平均]
)
```

该度量值不受外部时间筛选条件的控制，始终计算从报表刷新日向前推 30 日的销售完成率移动均值。同图 6-9 一样，也需要改变时间切片器与图表的交互类型，从默认的"交互筛选"改为"无筛选"。

6.4　新品款色数及销售额同期对比分析

对单店业绩的分析，除了从运营角度分析折扣率、单据数、连带率、客单价的变化趋势，还可以从商品角度分析各个品类对销售额的贡献度，找到对销售额影响较大的几个品类，分析其变化到底源于客观因素导致的共性问题，还是源于某家门店的个性问题。如果是个性问题，是由于品类的款色数较同期发放少了，还是由于发放的商品本身相对滞销。本节主要通过对比门店各品类本期和同期销售额以及本期和同期到店的新品款色数，寻找需要重点优化的品类以及优化方向。新品款色数及销售额同期对比如图 6-12 所示。

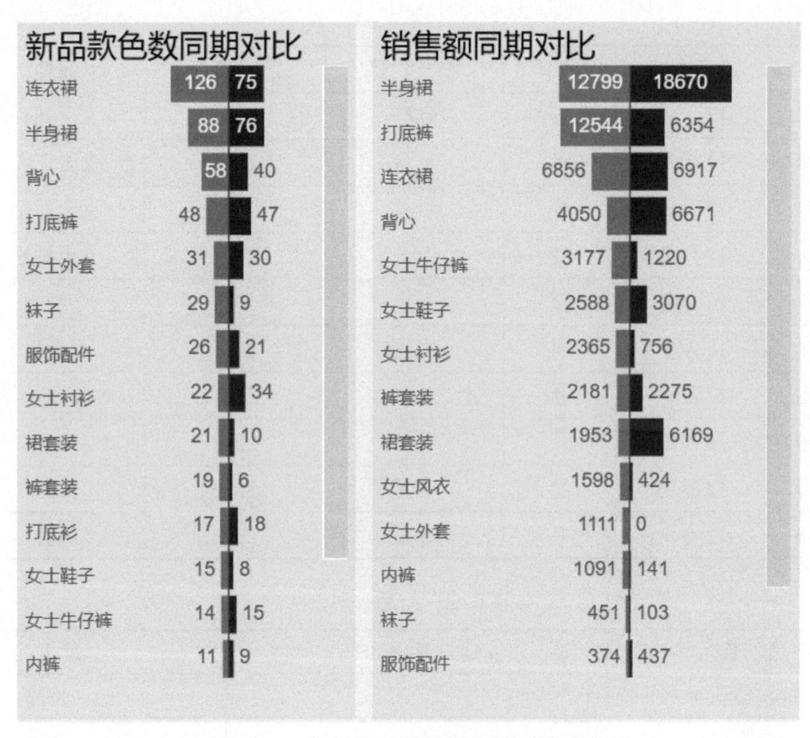

图 6-12　新品款色数及销售额同期对比

6.4.1　新老品业务概念

新品老品概念在服装零售行业有着非常重要的意义。专卖店每年每个季节都会有新品推出，也会有老品清仓处理。这就要求企业每年每季都要订购新品，并且对于每款新品编制不同的产品 ID 加以区分。新品的销售在门店中具有举足轻重的地位，所以在进行产品分析的时候，分析的侧重点也是当季新品。正是由于这样的业务需求，服饰企业的产品分析较其他行业略显复杂。对于同一款商品，在去年归在新品里，在今年就归在老品里。而进行同比分析时，本期和同期所对比的是完全不同的两组商品。这就要求我们必须准确找到每个统计期间哪些是新品，哪些是老品。

一种简洁高效的业务处理方式是，首先在“产品信息表”中对每个产品标识其采购入库时的产品年份、季节，如表6-1所示。然后单独维护一张“产品季节表”，对每个产品季节，根据当前所处的年月，手动标识各个产品季节是新品、同期新品还是老品，如表6-2所示。这样，在有新的产品季节出现时，根据业务需求，重新标识各产品季节的新老品信息即可。“产品季节表”手动更新频率基本是一年2次。

表6-1　产品信息表

产品ID	产品季节	季节	季节合并	产品年份	品类	序号
XYZ1000000	17春夏	春	春夏	2017	女士外套	1
XYZ1000028	17秋冬	冬	秋冬	2017	女士大衣	5
XYZ1000174	17春夏	春	春夏	2017	女士外套	1
XYZ1000176	17春夏	春	春夏	2017	女士衬衫	7
XYZ1000177	16春夏	夏	春夏	2016	半身裙	12
XYZ1000178	16春夏	夏	春夏	2016	半身裙	12
XYZ1000179	17秋冬	秋	秋冬	2017	打底衫	10
XYZ1000180	16秋冬	秋	秋冬	2016	打底裤	14
XYZ1000184	12春夏	春	春夏	2012	内裤	19
XYZ1000185	12春夏	春	春夏	2012	内裤	19

表6-2　产品季节表

产品季节	序号	新老品
19秋冬	1	新品
19春夏	2	新品
18秋冬	3	同期新品
18春夏	4	同期新品
17秋冬	5	老品
17春夏	6	老品
16秋冬	7	老品
16春夏	8	老品
15秋冬	9	老品
15春夏	10	老品

此处我们将新老品的信息划分为3种：新品、同期新品、老品。这样划分的目的主要是便于新品同比分析。当年采购的产品定义为新品，去年采购的产品相对于今年是老品，

但在去年依然是新品，所以对这些产品定义为同期新品，再之前的商品就统一定义为老品。

6.4.2 新品及同期新品款色数度量值书写

在进行新品及同期新品度量值书写时，既要准确定义时间区间，也要准确找到该区间内对应的新品。

首先计算单店各品类 [款色数 新品]，度量值书写如下。

“Controller”表中的度量值

```
款色数 新品 =
VAR Maxdate =
    MAX( 'Model-Dimdates'[日期] )
RETURN
    CALCULATE (
        DISTINCTCOUNT ( 'Model-Factstock'[商品ID] ),
        'Model-Dimproductseason'[新老品] = "新品",
        'Model-Dimdates'[日期] <= Maxdate
    )
```

此处业务场景关注的是门店各品类新品的发放款色数，所以计算的是累计入库款色，而不仅仅是当期的入库款色。变量 Maxdate 定义为当前期间最大日期，CALCULATE 函数的第 2 个和第 3 个参数共同确定的筛选环境为小于或等于当前期间最大日期的所有新品子集，在这个筛选环境下对进销存表“Model-Factstock”的“商品 ID”列进行非重复计数，得到截至当前日期所有新品的款色数。

接下来计算单店各品类同期新品在同期期间的款色数，度量值 [款色数 同期新品 PY] 书写如下。

“Controller”表中的度量值

```
款色数 同期新品 PY =
VAR Maxdate =
    LASTDATE ( 'Model-Dimdates'[日期] )
VAR MaxdateLastyear =
    SAMEPERIODLASTYEAR ( Maxdate )
RETURN
    CALCULATE (
        DISTINCTCOUNTNOBLANK ( 'Model-Factstock'[商品ID] ),
        'Model-Dimproductseason'[新老品] = "同期新品",
        'Model-Dimdates'[日期] <= MaxdateLastyear
    )
```

同期新品款色数计算的是截至去年同期，同期新品的累计入库款色数。首先通过变量 Maxdate 计算当前期间最大日期。此处使用函数 MAX 或 LASTDATE 均可以返回当前期间最大日期。但是两者的区别在于 MAX 函数返回的是数值，而 LASTDATE 函数返回的是表。变量 MaxdateLastyear 使用时间智能函数 SAMEPERIODLASTYEAR 得到 Maxdate 的同期日期。因为 SAMEPERIODLASTYEAR 使用的参数必须是表，所以上一步计算 Maxdate 时，使用的是函数 LASTDATE 而不是 MAX。最后通过 CALCULATE 函数筛选时间区间为小于或等于去年同期且产品为同期新品的子集，并对这些子集中的商品 ID 进行非重复计数，得到去年同期的新品款色数。

6.4.3 新品及同期新品款色旋风图制作

截至本节，我们使用的可视化控件都是 Power BI 自带的原生控件，本节的旋风图使用第三方控件。在“主页”菜单栏单击“更多视觉对象”“从 AppSource”，如图 6-13 所示，打开第三方视觉对象页面。

图 6-13 第三方视觉对象页面打开路径

在搜索框中输入“Tornado”，单击“添加”，将“Tornado chart”（即旋风图）加载至 Power BI，如图 6-14 所示。

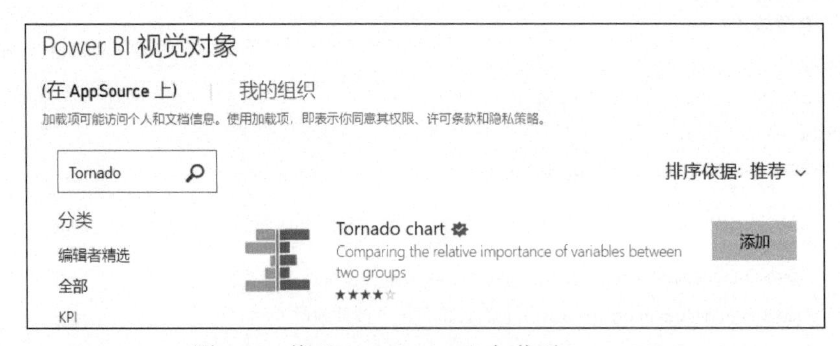

图 6-14 将“Tornado chart”加载至 Power BI

“Tornado chart”是一种特殊的条形图，作用类似于簇状条形图。在可视化窗格中单击“Tornado”，将“Model-Dimproduct”表中的品类字段拖入“组”、度量值［款色数 新品］和［款色数 同期新品 PY］拖入“值”字段，如图 6-15 所示。最后在“设置视觉对象格式”窗格中修改标题、数据颜色、文本大小等即可。

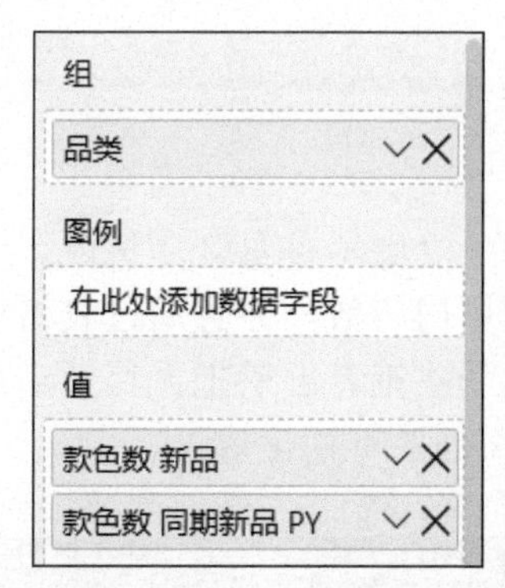

图 6-15 “Tornado chart”维度及指标设置

本章小结

本章重点介绍了单店分析的要点，包括核心指标关键时间区间的对比分析、核心指标当月的趋势分析、最近 30 日销售完成率移动均值的趋势分析以及从商品角度进一步挖掘门店业绩背后深层次的原因，指导业务人员快速发现异常并做出调整。至此，我们从区域到单店，完成了门店经营分析介绍。第 7 章从拓展角度，分析门店开关店进度，可辅助业务人员及时调整开店策略，达成整体拓展规划。

第 7 章　开关店分析

开关店分析页面主要从拓展角度展示各月开店进度，以及从空间角度展示各个区域的开店现状，包括新增门店数和净增门店数，并且通过表格进一步展示各省份从年初至当前月，门店数量的变化情况，可辅助决策者准确把握截至当前的开店进度，以及时调整开店策略。图 7-1 展示了开关店分析页面的可视化效果。

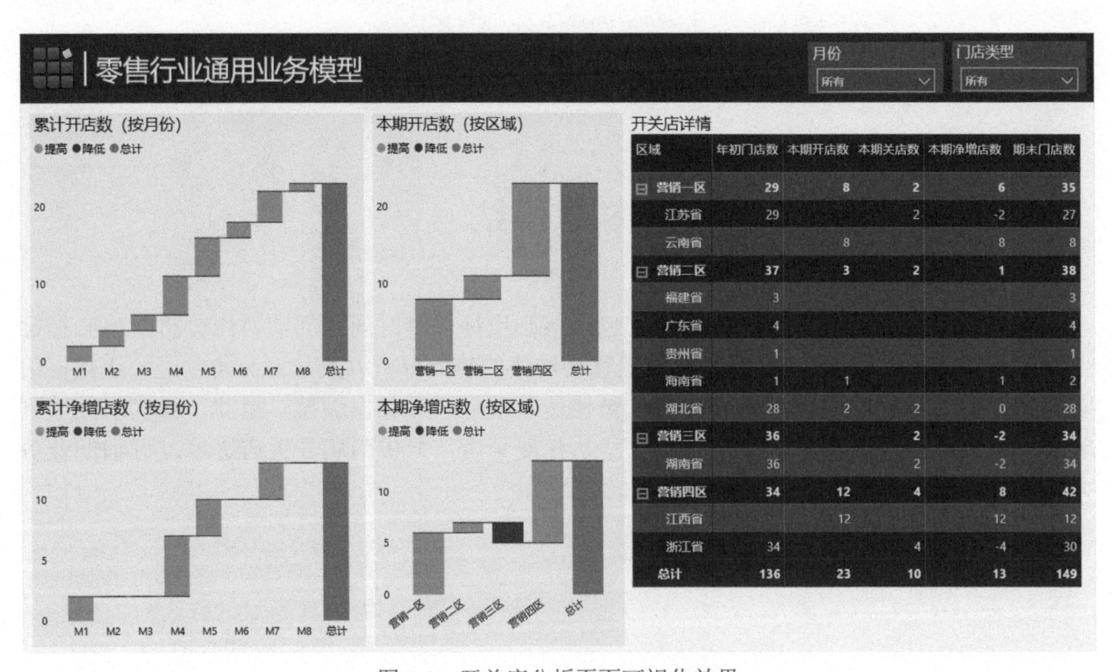

区域	年初门店数	本期开店数	本期关店数	本期净增店数	期末门店数
⊟ 营销一区	29	8	2	6	35
江苏省	29		2	-2	27
云南省		8		8	8
⊟ 营销二区	37	3	2	1	38
福建省	3				3
广东省	4				4
贵州省	1				1
海南省	1	1		1	2
湖北省	28	2	2	0	28
⊟ 营销三区	36		2	-2	34
湖南省	36		2	-2	34
⊟ 营销四区	34	12	4	8	42
江西省		12		12	12
浙江省	34		4	-4	30
总计	136	23	10	13	149

图 7-1　开关店分析页面可视化效果

7.1　开店趋势及结构分析

开店趋势及结构分析均以“瀑布图”的形式展示截至报表刷新日，新增门店数和净增门店数的变化过程。其中绿色表示增加，红色表示减少，蓝色表示从初始值到终止值的累计变化总量。通过图 7-1 中的“瀑布图”，可以清晰地看到新开店数量在各月的增长态势以及各区域对新开店的贡献情况。除了关注新增门店数，更重要的是关注净增门店数。净增门店数表示的是绝对增量，体现的是市场占有率。可以看到 2、3、6、8 月，虽然都有新开门店，但是门店净增数都是 0。而营销三区从年初至今，没有新开店，但却撤了 2 家店，净增数量为 -2，说明营销三区的拓展压力相当大，或是公司在这个区域内“战略收缩”。

7.1.1 开关店场景度量值书写

开关店场景涉及的度量值包括 [门店数 新增]、[门店数 撤店] 及 [门店数 净增]。

“Controller”表中的度量值

```
门店数 新增 =
CALCULATE (
    DISTINCTCOUNT ( 'Model-Dimstore'[门店ID] ),
    'Model-Dimstore'[开业日期] IN VALUES ( 'Model-Dimdates'[日期] )
)
```

通过开业日期字段，找到开业日期在筛选时间区间的门店，对这些门店进行非重复计数，即筛选时间区间内的新增门店数。

“Controller”表中的度量值

```
门店数 撤店 =
CALCULATE (
    DISTINCTCOUNT ( 'Model-Dimstore'[门店ID] ),
    'Model-Dimstore'[撤店日期] IN VALUES ( 'Model-Dimdates'[日期] )
)
```

度量值 [门店数 撤店] 书写逻辑同上。

“Controller”表中的度量值

```
门店数 净增 =
[门店数 新增] - [门店数 撤店]
```

7.1.2 开关店场景“瀑布图”制作

开关店场景使用“瀑布图”展示新增门店数、净增门店数的情况及趋势。以累计新增门店数（按月份）为例进行介绍。在“可视化”窗格单击“瀑布图”视觉对象按钮，将“Model-Dimdates”表中的月份名称字段拖入“类别”、度量值 [门店数 新增] 拖入“Y 轴”，如图 7-2 所示。初始“瀑布图”制作完成。

接下来进行图表美化，单击“设置视觉对象格式”“视觉对象”“列”，设置“提高”“降低”“其他”“总计”的颜色，保证提高和降低有明显的颜色对比。颜色设置如图 7-3 所示。

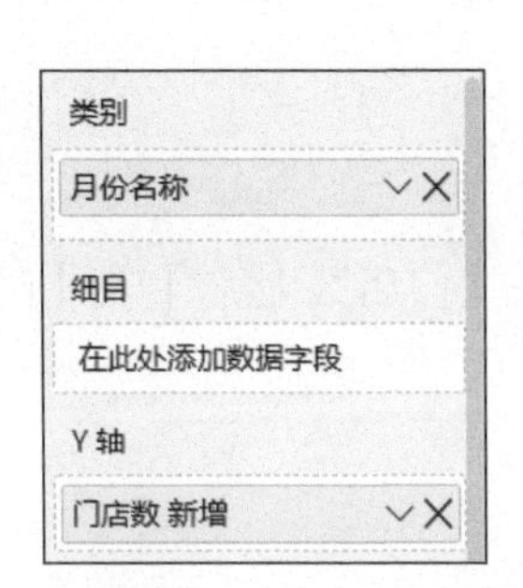

图 7-2 “瀑布图”指标及维度设置

图 7-3 “瀑布图”颜色设置

7.2　开关店详情对比

开关店详情以表格形式进一步展示每个省份门店数从年初到当前的变化情况，年初门店数、本期开店数、本期关店数、本期净增店数、期末门店数一目了然，如图 7-4 所示。

区域	年初门店数	本期开店数	本期关店数	本期净增店数	期末门店数
⊟ **营销一区**	**29**	**8**	**2**	**6**	**35**
江苏省	29		2	-2	27
云南省		8		8	8
⊟ **营销二区**	**37**	**3**	**2**	**1**	**38**
福建省	3				3
广东省	4				4
贵州省	1				1
海南省	1	1		1	2
湖北省	28	2	2	0	28
⊟ **营销三区**	**36**		**2**	**-2**	**34**
湖南省	36		2	-2	34
⊟ **营销四区**	**34**	**12**	**4**	**8**	**42**
江西省		12		12	12
浙江省	34		4	-4	30
总计	**136**	**23**	**10**	**13**	**149**

图 7-4　开关店详情对比

7.2.1 门店数相关度量值书写

本节重点介绍年初门店数和期末门店数度量值。

首先介绍门店数动态指标，该指标是通过当前期间和门店开业日期、撤店日期对比，动态计算当前期间处于营业状态的门店数。

"Controller"表中的度量值

```
门店数 =
VAR MaxDate =
    MAX ( 'Model-Dimdates'[日期] )
RETURN
    CALCULATE (
        DISTINCTCOUNT ( 'Model-Dimstore'[门店ID] ),
        'Model-Dimstore'[开业日期] <= MaxDate,
        OR (
            'Model-Dimstore'[撤店日期] > MaxDate,
            'Model-Dimstore'[撤店日期] = BLANK ()
        )
    )
```

[门店数] 的计算逻辑在 4.1.4 节已介绍，此处不赘述。

"Controller"表中的度量值

```
门店数 年初始 =
CALCULATE ( [门店数], PREVIOUSDAY ( STARTOFYEAR ( 'Model-Dimdates'[日期] ) ) )
```

首先计算 CALCULATE 函数的第 2 个参数，通过 STARTOFYEAR 函数得到年初日期，再通过 PREVIOUSDAY 函数前移一日找到上年末日期，在该筛选条件下计算门店数，即上年末门店数，同时也是本年初始门店数。

"Controller"表中的度量值

```
门店数 期末 =
[门店数 年初始] + CALCULATE ( [门店数 净增], DATESYTD ( 'Model-Dimdates'[日期] ) )
```

期末门店数是由年初店数加上年度累计净增门店数得到的。其中年度累计净增门店数通过时间智能函数 DATESYTD 计算。

这里有一点需要注意，在计算 [门店数 年初始] 时，使用的筛选条件是上年末日期，即 PREVIOUSDAY(STARTOFYEAR ('Model-Dimdates' [日期])) 的值，而不是直接使用本年初始日期，即 STARTOFYEAR ('Model-Dimdates' [日期]) 的值。主要是因为如果有门店开业日期是 1 月 1 日，则使用本年初始日期会把该店也算入初始门店中，而在计算新增门店时，这个店又重复计算，这样就会导致年初门店数、净增门店数和期末门店数无法对平，即年初门店数加上净增门店数始终会比期末门店数多。我们对比写出［门店数 年初始 Wrong］的度量值。

“Controller”表中的度量值

```
门店数 年初始 Wrong =
CALCULATE ( [门店数], STARTOFYEAR ( 'Model-Dimdates'[日期] ) )
```

将两个度量值放在一起比较，如图 7-5 所示。由于门店 a135 的开业日期是 2019 年 1 月 1 日，［门店数 年初始］统计的是 2018 年 12 月 31 日及之前开业的门店，因此 a135 未包括在内，但是［门店数 年初始 Wrong］统计的是 2019 年 1 月 1 日及之前开业的门店，a135 包括在内。而在计算［门店数 本期净增］时，该店又重复计数，所以使用［门店数 年初始 Wrong］计算期末门店数为：137 + 13 = 150，比实际多出 1 家门店。

区域 ▲	年初门店数	门店数 年初始 Wrong	本期开店数	本期关店数	本期净增店数	期末门店数
营销一区	29	29	8	2	6	35
营销二区	37	38	3	2	1	38
营销三区	36	36		2	-2	34
营销四区	34	34	12	4	8	42
总计	**136**	**137**	**23**	**10**	**13**	**149**

图 7-5　使用度量值［门店数 年初始 Wrong］统计年初门店数会比实际店数多 1

7.2.2　开关店详情“矩阵”制作

开关店详情可视化图表使用“矩阵”。“矩阵”的最大特点是可以对有层级关系的维度字段向下钻取及向上钻取，层层深入找寻问题根源。单击“矩阵”视觉对象按钮，将“Model-Dimcity”表中的区域和省份字段拖入“行”、度量值［门店数 年初始］、［门店数 新增］、［门店数 撤店］、［门店数 净增］、［门店数 期末］拖入“值”，如图 7-6 所示，并相应修改度量值显示名称。对图表进行简单美化及添加标题后，可视化对象制作完成。

图 7-6　“矩阵”维度及指标设置

本章小结

本章详细介绍了与开关店相关的各项度量值的写法，直观展示了截至报表刷新日的开店趋势及各区域的开店结构，并详细对比了各区域门店数从年初至今的变化情况。第8章介绍运营板块最后一个场景——销售预测。通过历史同比法和杜邦分析法进行销售预测，指导业务人员明确目标差距及运营发力方向，最终达成销售目标。

第 8 章　销售预测

销售预测页面用于指导业务人员对未来经营策略进行量化调整，以期达到销售目标。该场景分为 3 个模块：模块一给出近期的经营现状，并进一步拆解销售构成的各项二级指标；模块二根据历史同比法对未来一段时间的销售业绩做出客观预测，如果预测的结果与决策者的目标存在较大差异，则进入模块三；模块三运用杜邦分析法动态调整构成销售额的各项二级指标目标值，重新确定销售目标，并通过匹配的业务动作去达成每项二级指标目标值，从而达成销售目标。图 8-1 展示了销售预测页面的可视化效果。

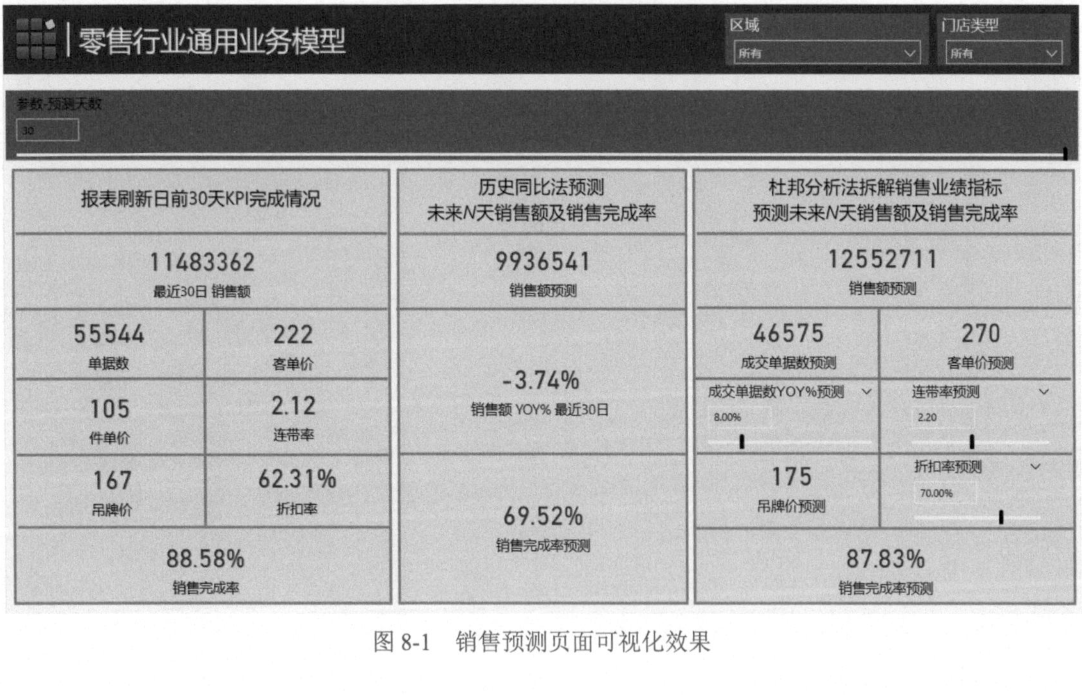

图 8-1　销售预测页面可视化效果

8.1 最近 30 日业绩指标拆解

该部分主要使用杜邦分析法，对报表刷新日前 30 日的销售业绩进行拆解、呈现。一方面是回顾总结目前的经营现状，另一方面是作为模块三——未来短期内经营策略调整时，各二级指标目标设定的重要参考依据。最近 30 日业绩指标拆解如图 8-2 所示。

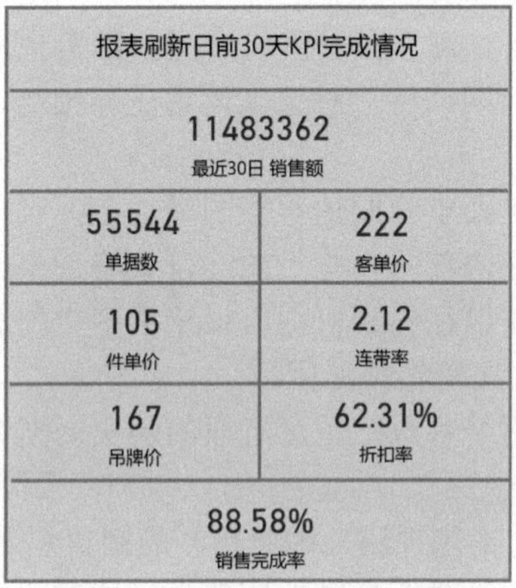

报表刷新日前30天KPI完成情况	
11483362 最近30日 销售额	
55544 单据数	222 客单价
105 件单价	2.12 连带率
167 吊牌价	62.31% 折扣率
88.58% 销售完成率	

图 8-2 最近 30 日业绩指标拆解

最近 30 日相关指标度量值书写如下。

"Controller"表中的度量值

```
最近30日 销售额 =
VAR N = [最后报表日期]
RETURN
  CALCULATE (
     [Core 销售额], DATESINPERIOD ( 'Model-Dimdates'[日期], N, -30, DAY )
)
```

首先确定［最后报表日期］，然后通过时间智能函数 DATESINPERIOD 得到［最后报表日期］往前推 30 日的时间区间，最后计算在此期间的销售额。其余指标近 30 日度量值书写结构相同，只需把 CALCULATE 的第 1 个参数换成对应的指标度量值即可。

8.2 历史同比法销售预测

历史同比法用于预测未来短期内的销售额及销售完成率。该方法假设未来短期内的销售额同比增长率相对近期的销售额同比增长率保持不变，依据近期的销售增长率对未来销售额做出客观预测。

8.2.1　模型业务逻辑

销售预测是零售数据分析中的一个高级应用场景，是企业未来战略目标修正以及具体业务动作调整的重要依据，但在真实的企业环境中进行高质量的销售预测却并非易事。目前销售预测的模型和算法很多，涉及的技术、考虑的因素也非常多。本案例使用的预测方法是基于历史同期销售以及近期销售，对未来销售进行预测。业务逻辑相对简单清晰，却非常符合业务的客观规律。

我们假设今年的销售额在去年同期销售额的基础上，有一定幅度的增长或下降。除了一些外部的不可抗因素或企业内部的一些大的经营策略调整，一般这种变化幅度在短时间内是相对稳定的。这种规律在以往的分析中，被绝大多数门店验证是正确的。正是基于这种规律，我们建立了历史同比法销售预测模型。

在模型中我们需要计算两个参数：预测阶段的历史同期销售额、预测阶段的销售额同比增长率。

由于我们要进行短期内的销售预测，因此预测的销售额同比增长率使用近 30 天的销售额同比增长率，这里的逻辑假设是短期内的销售额同比增长率是相对稳定的。考虑到不同业务场景以及不同的业务人员想看到的预测时间长度可能不一致，我们对预测时长使用了动态参数，供业务人员自由选择。

8.2.2　动态参数设定

动态参数可供业务人员根据自身需求动态调整指标，以观察不同参数下指标的变化情况，寻找最优值。

动态参数的设计步骤如下。

首先在菜单栏下单击“建模”→“新建参数”，如图 8-3 所示。

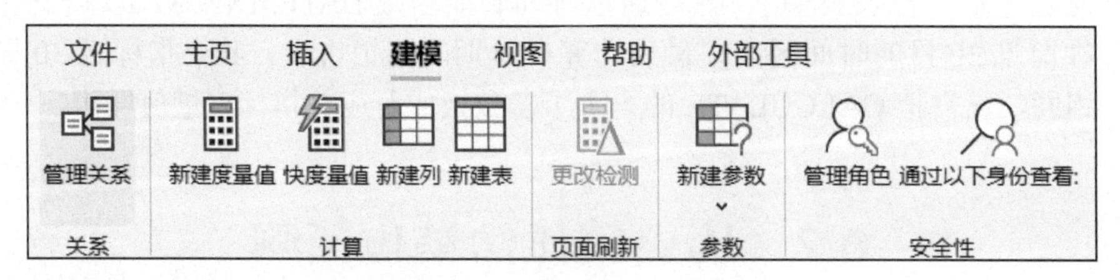

图 8-3　单击“新建参数”

在打开的对话框中输入参数“名称”，设定“最小值”“最大值”“增量”。参数“名称”定义为“参数 - 预测天数”，“最小值”设置为 0，“最大值”设置为 30，“增量”设置为 1，勾选“将切片器添加到此页”，单击“确定”，如图 8-4 所示。

此时，画布上自动生成动态参数的切片器，并在“数据”视图中生成一个“参数 - 预测天数”的表格，表格包含参数的每一个值，如图 8-5 所示。

在对动态参数切片器进行美化的时候，有一个细节，将“可视化”窗格的“设置视觉对象格式”“常规”“高级选项”中的“响应”按钮关闭，如图 8-6 所示。滑杆形状由默认的圆形变成黑色长方块，更加节省页面空间且外观更加美观，如图 8-7 所示。

模拟参数

名称

参数-预测天数

数据类型

整数

最小值	最大值
0	30

增量	默认值
1	

☑ 将切片器添加到此页

确定　取消

图 8-4　参数命名及赋值

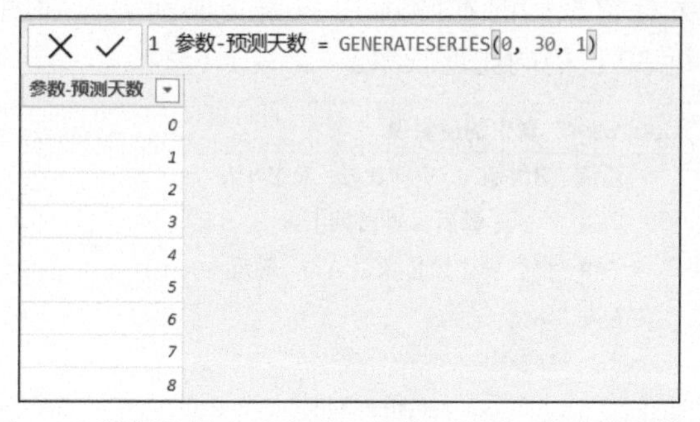

图 8-5　数据视图自动生成“参数 - 预测天数”的表格

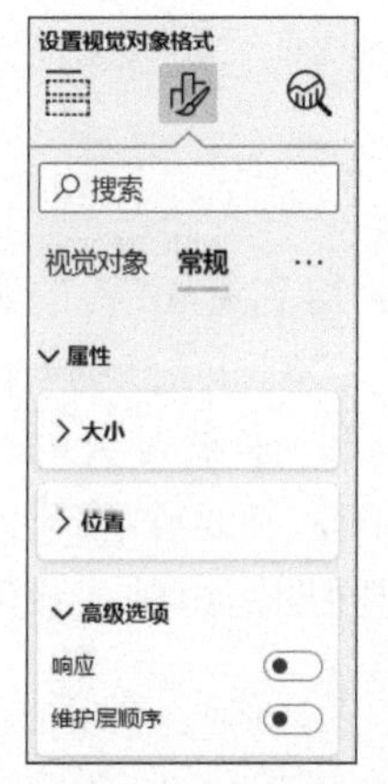

图 8-6　设置动态参数切片器响应类型

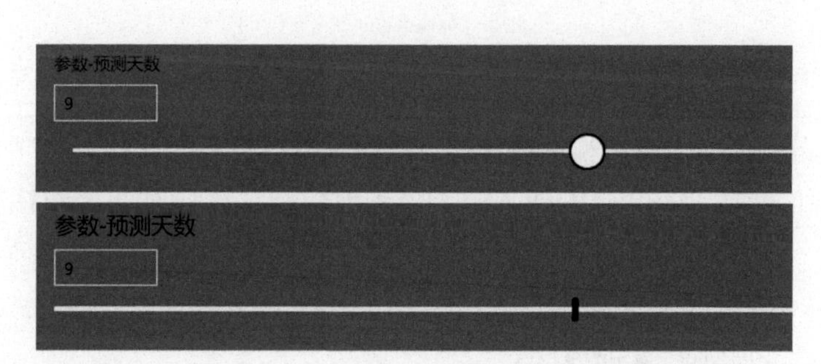

图 8-7　关闭“响应”按钮，滑杆由圆形变成黑色长方块

8.2.3 模型构建

历史同比法销售预测的相关度量值书写如下。

"Controller" 表中的度量值

```
销售额 YOY% 最近30日 =
VAR X = [最后报表日期]
VAR Last30Days = DATESINPERIOD ( 'Model-Dimdates'[日期], X, -30, DAY )
VAR YTDCY = CALCULATE ( [Core 销售额], Last30Days )
VAR YTDPY = CALCULATE ( [Core 销售额], SAMEPERIODLASTYEAR ( Last30Days ) )
RETURN
    DIVIDE ( YTDCY - YTDPY, YTDPY )
```

预测增长率采用近30日的同比增长率。变量Last30Days通过时间智能函数DATESINPERIOD得到报表刷新日前30天的时间区间。变量YTDCY和变量YTDPY分别为计算得到的本期近30日销售额和历史同期近30日销售额。最后使用DIVIDE函数返回近30日的同比增长率。

"Controller" 表中的度量值

```
预测 销售额 历史同比法 未来N天 =
VAR X = [最后报表日期]
VAR YOY = [销售额 YOY% 最近30日]
RETURN
    CALCULATE (
        [Core 销售额],
        SAMEPERIODLASTYEAR (
            DATESINPERIOD ( 'Model-Dimdates'[日期], X + 1,
            '参数-预测天数'[参数-预测天数 值], DAY )
        )
    ) * ( 1 + YOY )
```

使用历史同比法计算未来*N*天销售预测值，首先通过变量YOY得到近30日的销售额同比增长率，然后通过DATESINPERIOD ('Model-Dimdates' [日期] , X + 1, ' 参数 - 预测天数 ' [参数 - 预测天数 值] , DAY) 返回以报表刷新日的下一日为首日，未来*N*天的时间区间，SAMEPERIODLASTYEAR函数则将这段时间区间往前平移一年，在这个筛选条件下计算CALCULATE函数的第1个参数表达式，得到未来*N*天的历史同期销售额。最后乘以1+YOY作为增长系数，得到未来*N*天的销售额预测值。

"Controller" 表中的度量值

```
预测 销售完成率 历史同比法 未来N天 =
VAR X = [最后报表日期]
```

```
VAR Task =
    CALCULATE (
        SUM ( 'Model-Facttask'[任务] ),
        DATESINPERIOD ( 'Model-Dimdates'[日期], X + 1,
        '参数-预测天数'[参数-预测天数 值], DAY )
    )
RETURN
    DIVIDE ( [预测 销售额 历史同比法 未来N天], Task )
```

使用历史同比法计算未来 N 天销售完成率的预测值，首先计算未来 N 天的任务，再用未来 N 天的销售额预测值除以任务值，得到未来 N 天的销售完成率预测值。

销售完成率预测值是基于未来 N 天的销售增长率预期值等于最近 30 日销售增长率的实际值这一假设，计算得到的客观预测结果。如果销售完成率预测结果没有达到预期，业务上就需要进行策略调整，重新确定构成销售额的二级指标值，以便尽可能达到预定的销售目标。这样就引出了模块三的场景。

8.3 杜邦分析法二级指标目标设定及策略调整

杜邦分析法以各项二级指标近期实际的数值为参考依据，动态设定各项二级指标未来的目标值，并辅以相应的业务动作达成各项二级目标，最终达成销售目标。

8.3.1 模型业务逻辑

通过模块二可以看到，按照近 30 日的销售发展趋势，未来 N 天的销售完成率只能达到 69.52%。这个销售完成率如果低于决策者心中的预期值，就需要在策略上做出调整，调整的对象是构成销售额的各项二级指标。依据杜邦分析法将销售额进行拆解，如图 8-8 所示。

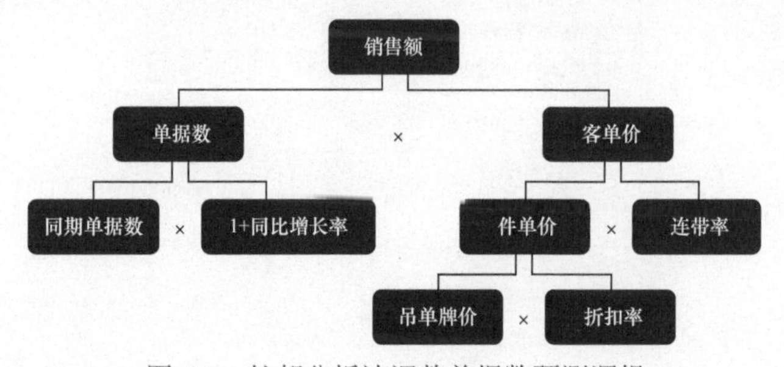

图 8-8 杜邦分析法调整单据数预测逻辑

理想的杜邦分析法是按照图 8-9 所示进行拆解的，但在本案例中并未采集路过人数和进店人数的相关数据，所以无法通过路过人数和进店人数计算单据数，因此我们对单据数的预测值做了变通处理，即通过同期单据数预测本期单据数。单据数 = 同期单据数 ×（1 + 同比增长率），如图 8-8 所示。

当然，如果企业有路过人数和进店人数的相关数据，推荐使用图 8-9 所示的杜邦分析法。

销售额
单据数
×
客单价
进店人数
×
成交率
件单价
×
连带率
路过人数
×
进店率
吊单牌价
×
折扣率

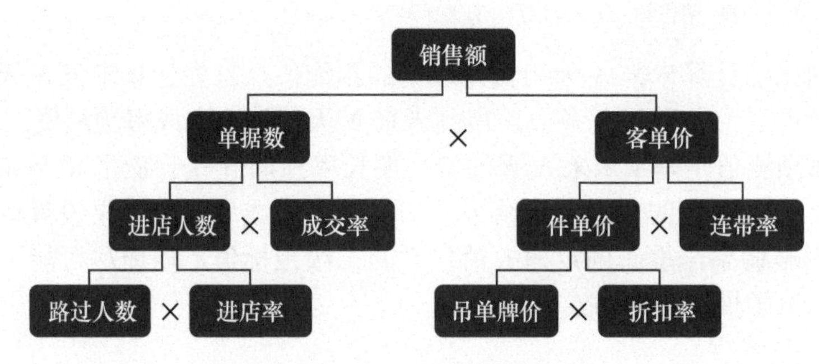

图 8-9 杜邦分析法拆解销售额

8.3.2 动态预测模型构建

根据调整后的杜邦分析法销售额拆解逻辑，我们设计了动态销售预测场景，如图 8-10 所示。

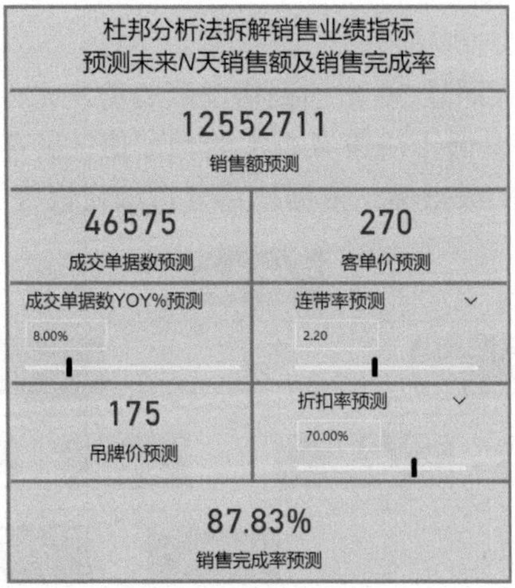

杜邦分析法拆解销售业绩指标
预测未来N天销售额及销售完成率
12552711
销售额预测
46575
成交单据数预测
270
客单价预测
成交单据数YOY%预测
8.00%
连带率预测
2.20
175
吊牌价预测
折扣率预测
70.00%
87.83%
销售完成率预测

图 8-10 运用杜邦分析法对未来 N 天销售额及销售完成率进行预测

在该场景中，成交单据数预测 = 历史单据数 × (1 + 成交单据数 YOY% 预测)，其中历史单据数是已经发生的确定值，业务人员需根据上期的单据数，以及未来的经营策略，手动调整成交单据数的同比增长率，从而预测本期单据数。

客单价预测 = 吊牌价预测 × 折扣率预测 × 连带率预测，其中吊牌价预测值使用同期吊牌价的实际值，这一业务逻辑的依据是不同年份的同一时期，销售的品类大部分是相似的，虽然换季时可能会受到气温影响导致销售的品类略有不同，但对整体吊牌价影响较小；另一个因素就是定价策略问题，如果商品整体定价策略未变，综合的吊牌价基本保持一致。基于这两个因素，我们使用去年同期的吊牌价作为本期的吊牌价进行预测。折扣率预测和连带率预测需根据现状以及未来的经营策略进行手动调整。

调整完成后，得到一个在当前各项指标预测值下计算出的销售完成率预测值。如果销售完成率预测值符合决策者的期望，且将各项二级指标和上期的实际值进行比对后，认为大概率能够达到，那么接下来业务人员就要有针对性地进行业务策略调整，以完成各二级指标的目标值。相关指标度量值实现如下。

"Controller" 表中的度量值

```
预测 吊牌价 杜邦分析法 未来N日 =
VAR X = [最后报表日期]
RETURN
    CALCULATE (
        [Core 平均吊牌价],
        SAMEPERIODLASTYEAR (
            DATESINPERIOD ( 'Model-Dimdates'[日期], X + 1,
            '参数 - 预测天数'[参数 - 预测天数 值], DAY )
        )
    )
```

根据模型的业务逻辑，未来 N 日吊牌价的预测值使用未来 N 日的去年同期平均吊牌价实际值。

"Controller" 表中的度量值

```
预测 单据数 杜邦分析法 未来N日 =
VAR X = [最后报表日期]
RETURN
    CALCULATE (
        [单据数 正单有效法],
        SAMEPERIODLASTYEAR (
            DATESINPERIOD (
                'Model-Dimdates'[日期], X + 1, '参数 - 预测天数'[参数 - 预测天数 值], DAY
            )
```

```
        )
    ) * ( 1 + [参数-单据同比增长率 值] )
```

未来 N 日单据数的预测值使用未来 N 日的同期单据数，并赋予一定的同比增长率。单据数同比增长率通过动态参数设定。

“Controller”表中的度量值

```
预测 客单价 杜邦分析法 未来N日 =
[预测 吊牌价 杜邦分析法 未来N日] * [参数-折扣率预测 值] * [参数-连带率预测 值]
```

未来 N 日客单价的预测值使用未来 N 日吊牌价的预测值乘以折扣率预测值和连带率预测值得到的值。折扣率和连带率的预测值通过动态参数设定。

“Controller”表中的度量值

```
预测 销售额 杜邦分析法 未来N日 =
[预测 单据数 杜邦分析法 未来N日] * [预测 客单价 杜邦分析法 未来N日]
```

未来 N 日销售额的预测值等于未来 N 日单据数的预测值乘以未来 N 日客单价的预测值。

“Controller”表中的度量值

```
预测 销售完成率 杜邦分析法 未来N日 =
VAR X = [最后报表日期]
VAR Task =
    CALCULATE (
        SUM ( 'Model-Facttask'[任务] ),
        DATESINPERIOD ( 'Model-Dimdates'[日期], X + 1,
        '参数-预测天数'[参数-预测天数 值], DAY )
    )
RETURN
    DIVIDE ( [预测 销售额 杜邦分析法 未来N日], Task )
```

未来 N 日销售完成率的预测值等于未来 N 日销售额的预测值除以未来 N 日的任务值。

本章小结

本章主要介绍了对于未来销售业绩的客观预测和通过主观动作调整的一系列业务逻辑。首先通过历史同比法客观预测近期销售业绩，如果预测结果不理想，则通过杜邦分析法将销售目标拆解为一系列二级指标，并采取匹配的业务动作达成二级指标，最终达成销售目标。从第 9 章开始对商品板块进行讲解，详细介绍商品的采购入库、新品售罄率、畅销款及品类关联性分析。

第9章　商品概述

商品概述页面是对公司产品经营现状的集中性、概括性展示，主要从产品的季节属性、品类属性、新老品属性等几个方面，展示产品的销售结构及销售趋势。

首先通过“卡片图”集中展示和产品经营较为相关的核心指标在近期的数据表现，包括产品的销售额、销量、折扣率、公司售罄率及区域售罄率，可使决策者对目前产品整体经营现状有一个总体判断。接下来从季节占比、品类占比、新老品占比 3 个方面对产品销售额进行拆解，通过对比分析寻找细分领域的问题点。最后通过品类的周趋势对比，持续跟踪品类销售趋势，以期在趋势拐点产生的第一时间发现问题，进行针对性的策略调整。图 9-1 展示了商品概述页面可视化效果。

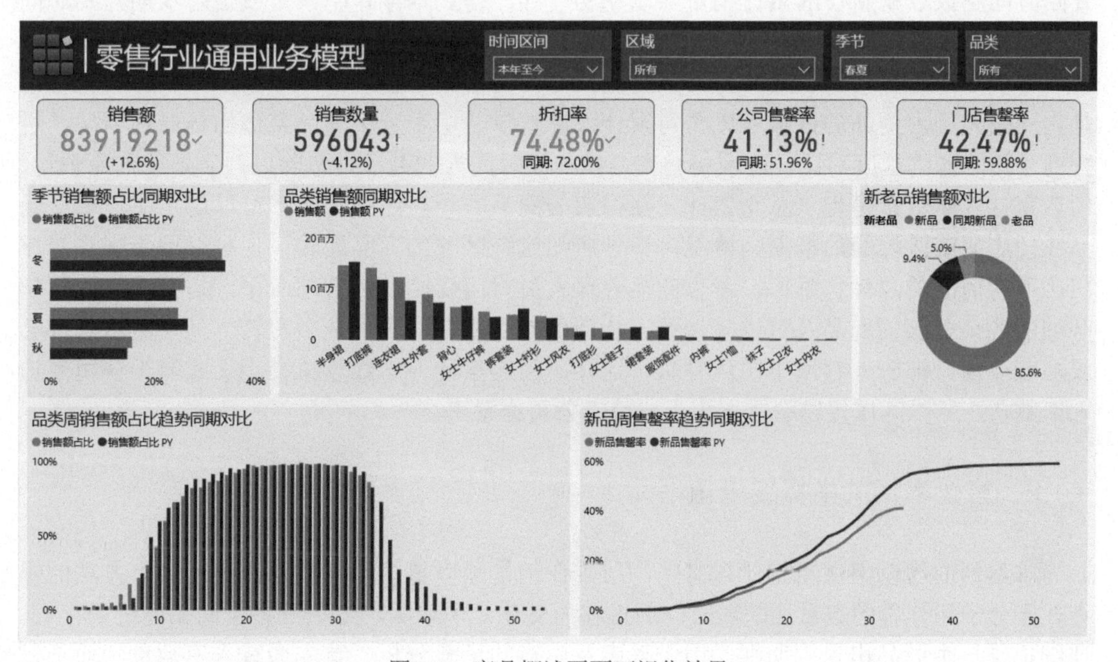

图 9-1　商品概述页面可视化效果

9.1 售罄率分析

售罄率是鞋服行业商品分析最为重要的指标。本节重点介绍售罄率的概念及和售罄率相关的一系列指标的业务逻辑及度量值书写方法。

9.1.1 售罄率概念

售罄率等于一段时间内商品的销量除以商品的累计入库数量。一段时间，通常是指商品从上市至今的时期，这段时间的累计销量除以累计入库数量得到累计售罄率，用于考查各产品上市以来的畅销程度。售罄率也可以用作对近期商品销售情况的分析，通常是用上周的销量除以累计入库数量，得到周售罄率，从而找到近期的畅销品，有针对性地采取措施，包括陈列位置的调整、店间调拨、整合、补单等，优化畅销品的库存结构，进一步提升其销量。以上对于售罄率的计算通常用于当季新品。

对于往季商品，即在一年前或是更久前已经有过销售的商品，过往的销售数据及入库数据对当前计算售罄率并无意义。这种情况下，可以人为定义一个本期开始时间，用本期开始时间至报表刷新日的累计销量除以期初库存，得到本期售罄率，或是用本期开始时间至报表刷新日的累计销量除以期末库存数量与累计销量的和，也可以得到本期售罄率。

对于多门店管理的企业，售罄率既包括公司售罄率，也包括区域售罄率。公司售罄率是指一段时间内商品的销量除以公司累计入库数量，用于分析商品整体的畅滞销情况，进行商品间的畅销程度对比。区域售罄率是指一段时间内的商品销量除以门店累计入库数量，门店累计入库数量是指从总仓累计发往门店的商品数量。区域售罄率可以用于比较单款商品在门店间或区域间的畅滞销情况，指导店间或跨区域的商品流转；也可以用于宏观对比门店所有商品的总体售罄率，考查商品管理人员对门店商品的管理水平，是否对自己管辖区域的各个门店的商品及时进行调整，从而保持商品在店间的高效流转。通常，总仓都会或多或少留一部分库存用于门店补货。这样，门店累计入库数量总会小于或等于公司累计入库数量，所以区域售罄率总会大于或等于公司售罄率。

9.1.2 售罄率相关指标度量值书写

本案例的售罄率使用累计售罄率，用累计销量除以累计入库数量得到。这个方法的难点在于分子和分母的数量均随着时间的推移而变化。所以我们专门准备了商品的进销存表，详细记录每个商品出入库明细，用于入库及库存的场景分析。首先通过入库数量的业务逻辑计算出当期入库数量，再结合对日期的筛选动态计算累计入库数量。相关度量值书写如下。

"Controller" 表中的度量值

```
本期入库 总仓 =
CALCULATE (
    SUM ( 'Model-Factstock'[数量] ),
    'Model-Factstock'[状态] = "进货",
    REMOVEFILTERS ( 'Model-Dimcity' ),
    REMOVEFILTERS ( 'Model-Dimstore' ),
    'Model-Factstock'[门店ID] = "AAA"
)
```

［本期入库 总仓］表示筛选时间区间进销存表的总仓累计入库数量。在进销存表中，"状态"列的进货表示产品入库，"门店 ID"列的 AAA 表示总仓。CALCULATE 函数中通过显式筛选参数 'Model-Factstock'［状态］= " 进货 " 及 'Model-Factstock'［门店 ID］= "AAA" 找到进销存表中表示总仓入库的子集；REMOVEFILTERS ('Model-Dimcity') 和 REMOVEFILTERS ('Model-Dimstore') 则分别移除对区域信息表和门店信息表的相关字段的筛选，确保度量值不受外部切片器中区域及门店类的筛选字段的影响，始终返回总仓数据。

"Controller" 表中的度量值

```
累计入库 总仓 新品 =
IF (
    MIN ( 'Model-Dimdates'[日期] ) <= [最后报表日期],
    CALCULATE (
        [本期入库 总仓],
        FILTER (
            ALL ( 'Model-Dimdates' ),
            'Model-Dimdates'[日期] <= MAX ( 'Model-Dimdates'[日期] )
        ),
        'Model-Dimproductseason'[新老品] = "新品"
    )
)
```

［累计入库 总仓 新品］表示从产品入库到筛选时间区间结束，这段时间内的总仓累计入库数量。其中，FILTER+ALL 的组合返回筛选时间区间为小于或等于当前期间最大值的所有时间区间，即商品从进销存表中有入库信息开始，截至当前期间的所有入库数量。同时通过 'Model-Dimproductseason'［新老品］= " 新品 " 筛选仅为新品的商品。至此，该度量值从业务角度已经书写完成。但在页面展示层面，该度量值会显示未来日期的累计入库数据，这可能是业务上不愿看到的。所以最后通过 IF 函数，限定度量值显示的时间区间为最后报表日期之前的日期。

"Controller" 表中的度量值

```
累计销量 新品 =
IF (
    MIN ( 'Model-Dimdates'[日期] ) <= [最后报表日期],
    CALCULATE (
        [本期销量],
        FILTER (
            ALL ( 'Model-Dimdates' ),
            'Model-Dimdates'[日期] <= MAX ( 'Model-Dimdates'[日期] )
        ),
        'Model-Dimproductseason'[新老品] = "新品"
    )
)
```

[累计销量 新品] 的计算逻辑同上。

"Controller" 表中的度量值

```
售罄率 公司 新品 =
DIVIDE (
    CALCULATE (
        [累计销量 新品],
        REMOVEFILTERS ( 'Model-Dimcity' ),
        REMOVEFILTERS ( 'Model-Dimstore' )
    ),
    [累计入库 总仓 新品]
)
```

此处的 [售罄率 公司 新品] 表示累计售罄率。DIVIDE 安全除法函数的分子计算的是新品的公司累计销量，使用 REMOVEFILTERS ('Model-Dimcity') 和 REMOVEFILTERS ('Model-Dimstore') 分别移除对区域信息表和门店信息表相关字段的筛选，保证始终返回的是新品的公司累计销量，分母是新品的总仓累计入库数量，分子和分母相除得到新品的公司累计售罄率。

以上是公司累计售罄率的本期值的计算逻辑，同期值的计算逻辑与之相似。

"Controller" 表中的度量值

```
累计入库 总仓 同期新品 =
IF (
    MIN ( 'Model-Dimdates'[日期] ) <= [最后报表日期],
    CALCULATE (
        [本期入库 总仓],
        FILTER (
```

```
            ALL ( 'Model-Dimdates' ),
            'Model-Dimdates'[日期] <= MAX ( 'Model-Dimdates'[日期] )
        ),
        'Model-Dimproductseason'[新老品] = "同期新品"
    )
)
```

首先计算同期新品在本期的总仓累计入库数量，其计算逻辑与［累计入库 总仓 新品］相似。

"Controller"表中的度量值

```
累计入库 总仓 同期新品 PY =
CALCULATE (
    [累计入库 总仓 同期新品],
    SAMEPERIODLASTYEAR ( 'Model-Dimdates'[日期] )
)
```

接下来使用时间智能函数 SAMEPERIODLASTYEAR 计算同期新品在去年同期的累计入库数量。

"Controller"表中的度量值

```
累计销量 同期新品 =
IF (
    MIN ( 'Model-Dimdates'[日期] ) <= [最后报表日期],
    CALCULATE (
        [本期销量],
        FILTER (
            ALL ( 'Model-Dimdates' ),
            'Model-Dimdates'[日期] <= MAX ( 'Model-Dimdates'[日期] )
        ),
        'Model-Dimproductseason'[新老品] = "同期新品"
    )
)
```

［累计销量 同期新品］的计算逻辑与［累计销量 新品］的计算逻辑相似。

"Controllor"表中的度量值

```
累计销量 同期新品 PY =
CALCULATE (
    [累计销量 同期新品],
    SAMEPERIODLASTYEAR ( 'Model-Dimdates'[日期] )
)
```

"Controller"表中的度量值

```
售罄率 公司 同期新品 PY =
DIVIDE (
    CALCULATE (
        [累计销量 同期新品 PY],
        REMOVEFILTERS ( 'Model-Dimcity' ),
        REMOVEFILTERS ( 'Model-Dimstore' )
    ),
    [累计入库 总仓 同期新品 PY]
)
```

［售罄率 公司 同期新品 PY］的计算逻辑与［售罄率 公司 新品］的计算逻辑相似。但此度量值会显示报表刷新日之后的同期售罄率，此处的应用场景是对比报表刷新日及之前的本期和同期售罄率，所以需要对［售罄率 公司 同期新品 PY］的显示日期做限制。图9-2展示了对［售罄率 公司 同期新品 PY］进行时间限制后，报表刷新日之后的同期售罄率未显示。同期售罄率的优化如下。

年月	售罄率 公司 新品	售罄率 公司 同期新品 PY	售罄率 公司 同期新品 PY VIEW
201811	0.09%		
201812	0.10%		
201901	0.45%	0.24%	0.24%
201902	1.58%	2.43%	2.43%
201903	4.73%	6.87%	6.87%
201904	10.04%	13.67%	13.67%
201905	17.06%	21.18%	21.18%
201906	25.48%	30.91%	30.91%
201907	36.46%	43.47%	43.47%
201908	41.13%	54.81%	51.96%
201909		57.12%	
201910		58.45%	
201911		58.85%	
201912		59.30%	
总计	**41.13%**	**59.30%**	**51.96%**

图9-2 同期售罄率进行时间限制后未显示报表刷新日后的数据

"Controller"表中的度量值

```
售罄率 公司 同期新品 PY VIEW =
CALCULATE (
    [售罄率 公司 同期新品 PY],
    'Model-Dimdates'[可比日期] = TRUE ()
)
```

```
累计销量 同期新品 PY VIEW =
CALCULATE (
    [累计销量 同期新品 PY],
    'Model-Dimdates'[可比日期] = TRUE()
)
```

［累计销量 同期新品 PY VIEW］的计算逻辑与［售罄率 公司 同期新品 PY VIEW］的计算逻辑相似，也需要对其增加一个限定条件。

以上是公司售罄率的相关度量值，区域售罄率度量值书写如下。

"Controller" 表中的度量值

```
本期入库 门店 =
CALCULATE (
    SUM ( 'Model-Factstock'[数量] ),
    'Model-Factstock'[状态] = "进货",
    'Model-Factstock'[门店ID] <> "AAA"
)

累计入库 门店 新品 =
IF (
    MIN ( 'Model-Dimdates'[日期] ) <= [最后报表日期],
    CALCULATE (
        [本期入库 门店],
        FILTER (
            ALL ( 'Model-Dimdates' ),
            'Model-Dimdates'[日期] <= MAX ( 'Model-Dimdates'[日期] )
        ),
        'Model-Dimproductseason'[新老品] = "新品"
    )
)

售罄率 门店 新品 =
DIVIDE ( [累计销量 新品], [累计入库 门店 新品] )

累计入库 门店 同期新品 =
IF (
    MIN ( 'Model-Dimdates'[日期] ) <= [最后报表日期],
    CALCULATE (
        [本期入库 门店],
        FILTER (
            ALL ( 'Model-Dimdates' ),
```

```
            'Model-Dimdates'[日期] <= MAX ( 'Model-Dimdates'[日期] )
        ),
        'Model-Dimproductseason'[新老品] = "同期新品"
    )
)

累计入库 门店 同期新品 PY =
CALCULATE (
    [累计入库 门店 同期新品],
    SAMEPERIODLASTYEAR ( 'Model-Dimdates'[日期] )
)

售罄率 门店 同期新品 PY =
DIVIDE ( [累计销量 同期新品 PY], [累计入库 门店 同期新品 PY] ))

售罄率 门店 同期新品 PY VIEW =
CALCULATE (
    [售罄率 门店 同期新品 PY],
    'Model-Dimdates'[可比日期] = TRUE ()
)
```

9.2 商品总体销售结构分析

商品的总体销售结构主要从季节属性、品类属性和新老品属性进行分析。商品销售额各维度对比如图 9-3 所示。

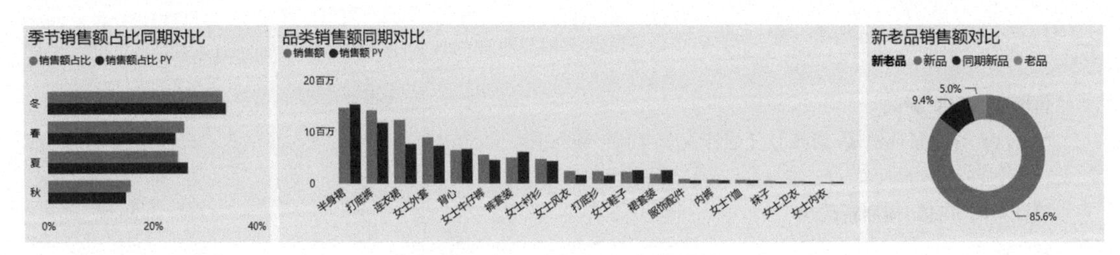

图 9-3 商品销售额各维度对比

季节销售分析主要根据商品的季节属性，分析筛选时间区间各季节商品本期和同期的销售额对比情况，用于宏观了解目前主售的是哪些季节的商品，以及和同期相比，占比是否有差异。此处的销售额使用动态销售额，可以通过动态筛选对比昨日、本周、本月的季节销售额占比情况。对于同比差异大的季节商品，可以联动品类销售额同期对比图，进一步分析是哪些品类的销售差异导致季节占比的异常。在“可视化”窗格中单击“簇状条形图”视觉对象，将“Model-Dimproduct”表中的季节字段拖入“Y 轴”，度量值［动态 销售额］与［动态 销售额 PY］拖入“X 轴”。季节销售额占比同期对比图初步完成。图 9-4 展示了本月至今各季节商品销售额占比以及和同期的对比。

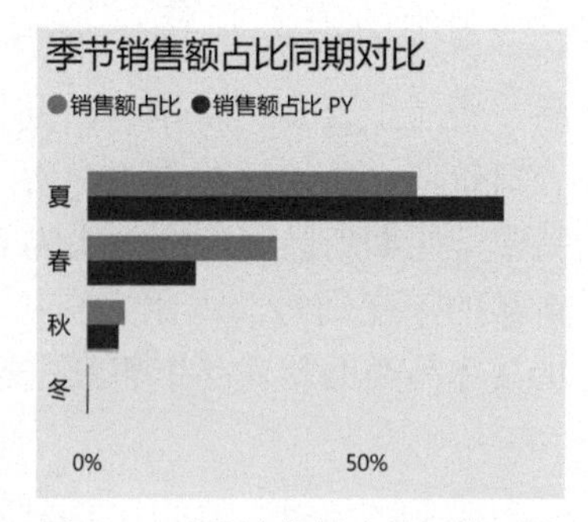

图 9-4 季节销售额占比同期对比

该图表在业务的应用上，主要对比本期和同期的季节销售额占比差异。在可视化处理上，要将本期和同期的度量值显示设置为“占总计的百分比”。这样，不管销售额的绝对数量差异大小，都可以对占比的相对值进行直观地对比。如果直接进行销售额的本期和同期对比，当总体销售额差异较大时，不能快速、直观地获得个体中占比的差异。鼠标右击度量值［动态 销售额］，单击“将值显示为”“占总计的百分比”，［动态 销售额］在“簇状条形图”中将以百分比的形式显示，同样将［动态 销售额 PY］显示方式也改为占总计的百分比。最后再双击度量值的名称，分别改名为销售额占比和销售额占比 PY。“占总计的百分比”的设置方法如图 9-5 所示。

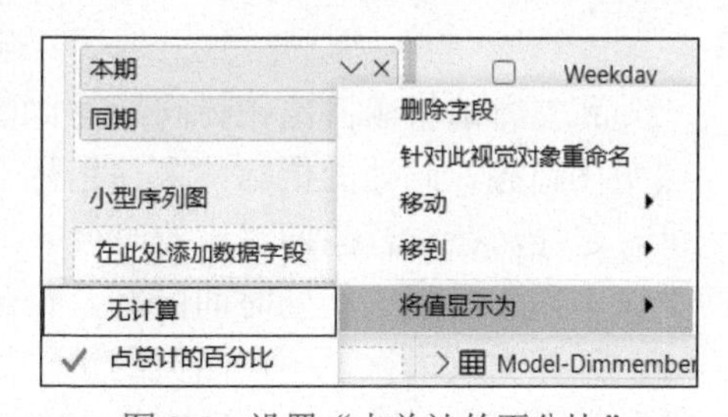

图 9-5 设置“占总计的百分比”

接下来从品类属性对比各个品类本期和同期的销售额，重点关注销售额同比差异较大的品类，从而进一步分析增长、下降的原因。此处销售额使用动态销售额，时间区间选择本月至今。可以看到头部品类中半身裙、背心、裙套装销售额同比下降较大，需进行重点分析，结合售罄率分析到底是货量不足、商品本身的适销度差还是活动方面的原因。品类销售额同期对比如图 9-6 所示。

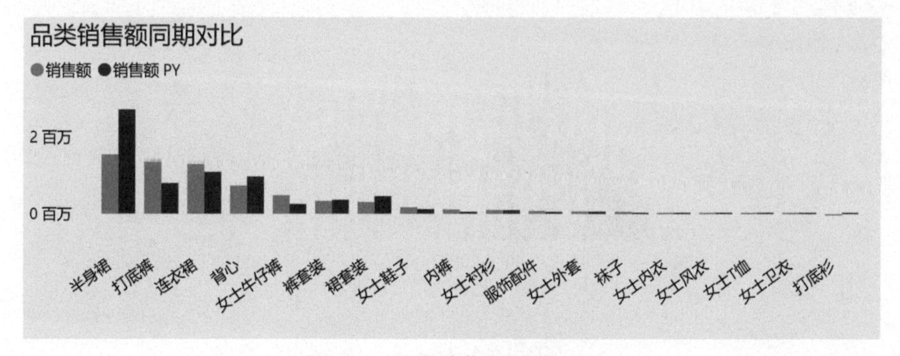

图 9-6 品类销售额同期对比

最后是新老品分析，即销售的商品到底是哪些年份的产品。新品主要是正价销售，同期新品会有部分折扣，老品则以一口价清仓为主。如图 9-7 所示，可以看到本月至今的销售产品中，同期新品销售额占比为 8.2%，基本处于正常水平（同期新品的年度销售额占比为 9.4%）。还可以通过切片器进一步分析具体品类的新老品销售额占比。

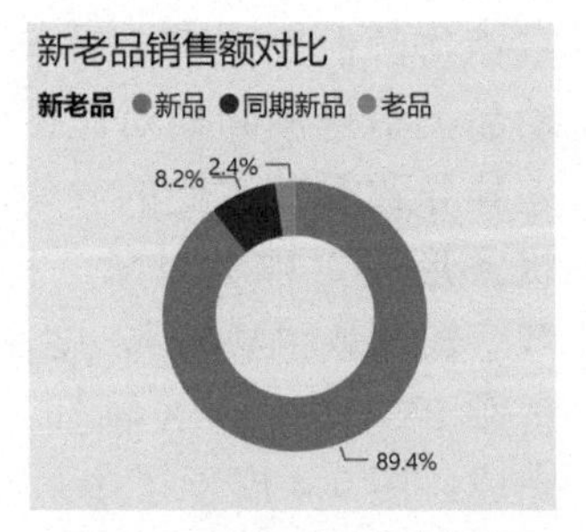

图 9-7 新老品销售额对比

9.3 品类销售趋势分析

品类销售趋势分析按周跟踪品类的销售趋势以及和同期的销售对比情况。

9.3.1 品类周销售额占比趋势分析

品类周销售额占比趋势同期对比图展示的是各品类中包括老品在内的所有单品的销售额变化趋势。此处的指标并未使用绝对销售额，而是该品类销售额占所有品类销售额的比重。这样，在进行同期对比的时候，即便本期和同期的销售体量有所差异，但理论上该品类在本期和同期的相同时间区间，销售额占比应该也是非常接近的。如果本期、同期的占比差异相差较大，说明该品类的销售出现了问题，同期属于该品类的销售份额在本期被其他品类取代。可以通过周趋势进一步分析该问题是短期问题还是一个持续性的问题。

如图 9-8 所示，此处筛选连衣裙品类，可以看到部分周的本期销售额占比都远高于同期销售额占比，从销售贡献度来看，连衣裙品类今年的销售情况要远好于去年。

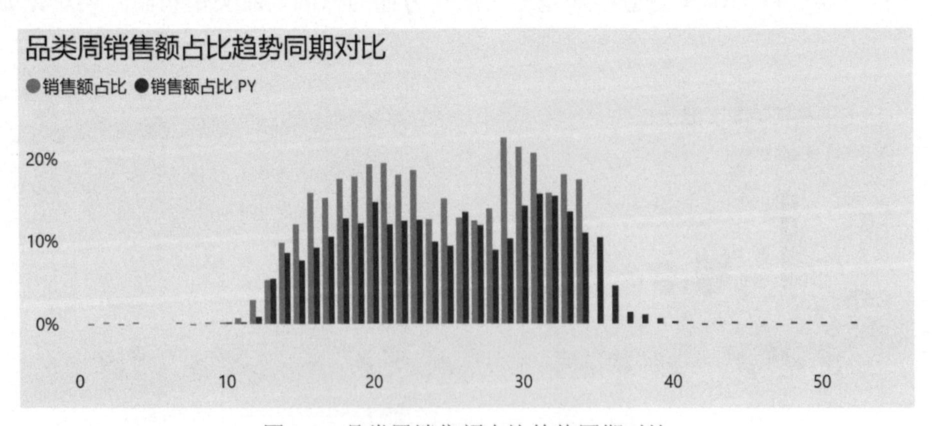

图 9-8 品类周销售额占比趋势同期对比

9.3.2 新品周售罄率趋势分析

新品周售罄率趋势同期对比图按周跟踪新品售罄率在本期和同期的变化趋势。该图主要供商品管理人员从趋势角度关注品类的销售变化情况。尤其对于本期新品售罄率低于同期的品类，需重点持续跟踪，在品类生命周期的不同阶段，采取不同措施改善现状。另外对于趋势的变化幅度，也要重点关注，在问题产生的第一时间，分析原因，有针对性地调整。如图 9-9 所示，连衣裙品类的本期新品售罄率曲线从第 32 周开始到当前第 34 周，增幅明显低于同期，需深入分析原因。另外对于该应用场景，去年同期新品售罄率曲线显示了品类从上市开始到下市结束，完整生命周期内的新品售罄率变化趋势，一方面供业务人员对比现状，另一方面在一定程度上预测了本期新品售罄率在季末能够达到的水平。

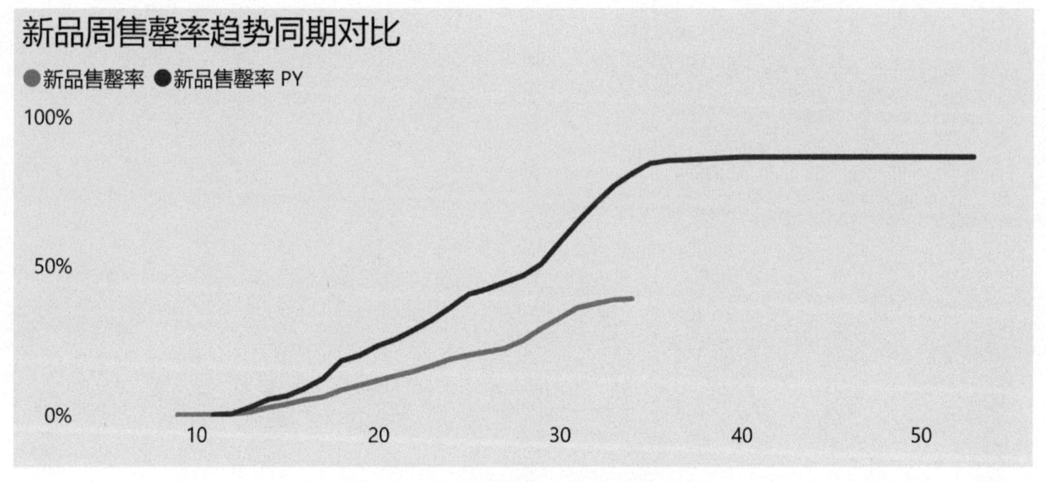

图 9-9 新品周售罄率趋势同期对比

最后，结合周销售额占比趋势同期对比图和周售罄率趋势同期对比图可以看出，虽然连衣裙每周的销售额占比远高于去年同期，但售罄率的表现并不理想，累计售罄率远低于同期，且和同期差距逐渐拉大。这种情况就需要进一步分析，到底是老品销售过多、新品销售不理想导致虽然总销售额不错，但新品销售较差；还是由于新品的入库数量过多，导致虽然销售额同比明显增多，但是靠该品类入库增多堆出来的。不管是哪种情况，都不是一个很健康的销售现状，需总结该品类的订货策略以及分析单品的质量是否符合品牌受众。如果单品款式没有问题，说明该品类采购量相对偏多，来年订货时适当减少该品类定量。如果单品款式出现问题，则进一步研究品牌受众喜好，采购更贴近目标客群需求的商品。

本章小结

本章是对商品销售业绩的概括性介绍，从季节、品类、新老品几个重要维度展示了产品整体销售结构，并从品类的周销售额占比及新品周售罄率角度分析了品类的销售趋势对比。第10章介绍新品的入库及发放，从结构及趋势角度对新品的入库、发放环节进行分析及改进。

第 10 章　新品入库及发放

新品入库及发放页面展示了各个品类新品的入库、发放及各区域的期末库存现状对比，以及新品发放率的变化趋势，以帮助决策者快速找到在新品经营的各个阶段中品类存在的问题，通过趋势对比对问题品类进一步分析，找到关键时间节点并预测未来变化趋势。图 10-1 展示了新品入库及发放页面的可视化效果。

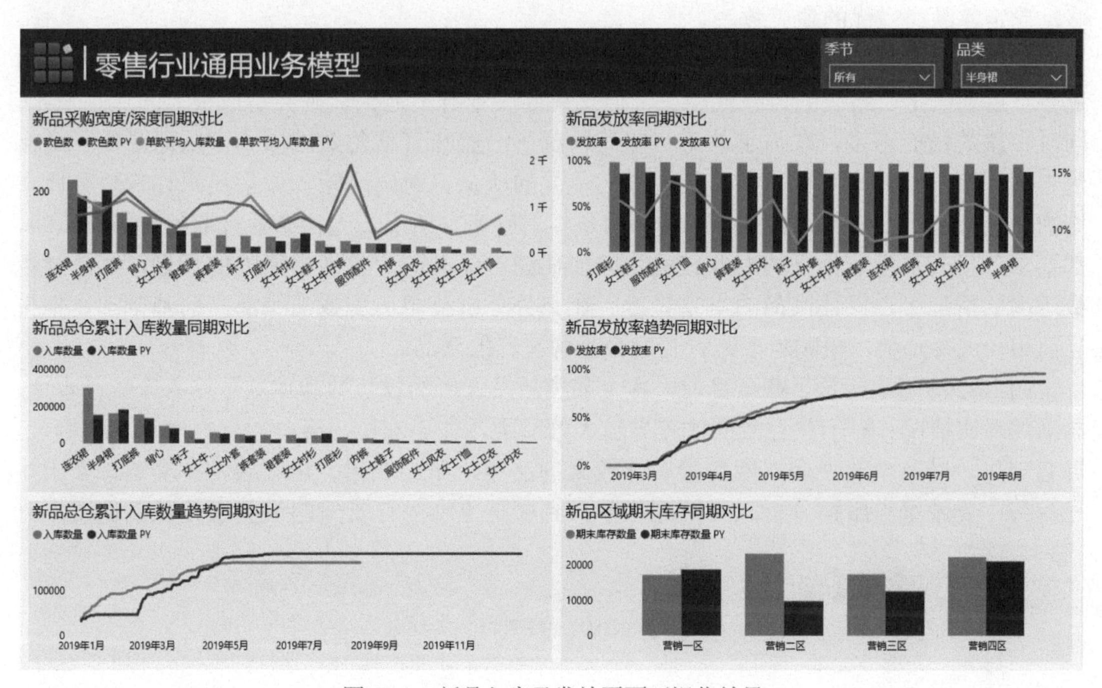

图 10-1　新品入库及发放页面可视化效果

10.1　新品入库分析

新品入库分析主要对比各个品类新品本期和同期入库的款色数、单款平均入库数量及新品总仓累计入库数量的差异。针对本期和同期差异较大的品类进一步从时间维度对比其本期和同期的入库数量变化趋势，在问题产生的第一时间采取措施改变现状。

10.1.1 新品采购宽度 / 深度分析

新品采购的宽度即当前新品入库的款色数，表示新品的丰富程度。宽度要保持在合理水平，过大或过小都会影响品类的整体销售额及售罄率。宽度过大会使得库存分布过于分散，很容易造成单款的尺码销售不均衡，即定量相对充足的尺码库存有积压，定量相对偏少的尺码则早已断码。这样，每款都会有一定的尺码冗余，累积在一起就造成整个品类的无效库存较多，从而降低售罄率。宽度过小，虽然商品相对集中，断码的概率有所下降，在一定程度上提高了售罄率，但是由于款色相对较少，很难满足门店的陈列需求及顾客的个性化需求，可能会降低销售额。所以，一定要经过精确的历史计算并结合当前的产品战略，确定各品类最优的款色数。

新品采购深度即新品单款平均采购数量，此处即为单款平均入库数量。单款入库数量越多，后期缺货、断码的风险就越小，但如果商品本身不适销，则会造成很大的库存积压。同时单款数量的增多，在需求总量一定的情况下，意味着款色数的减少，从而降低了商品的丰富程度。单款入库数量少，则会增大单款的缺货、断码风险，如果尺码订货百分比不均衡，也会造成部分尺码剩余，影响公司整体售罄率。所以，无论企业采取何种订货策略，都要求订货人员有非常强的专业技能，即前期能对商品的定位做出清晰的规划，在总款色数适度的情况下，保证商品的丰富程度。在充分分析公司历史畅滞销商品的基础上，把握当前市场流行趋势，采购当下流行且适合品牌客群的商品。

图 10-2 清晰地展示了截至目前，各个品类新品入库的款色数和单款平均入库数量本期、同期的对比情况。对于款色数同比差异较大的品类，如连衣裙、半身裙、打底裤、裙套装、裤套装等，以及单款平均入库数量差异较大的品类，如连衣裙、裙套装、裤套装、女士牛仔裤等，要做重点跟踪分析，分析这些差异到底是主动的订货策略调整还是被动地采不到

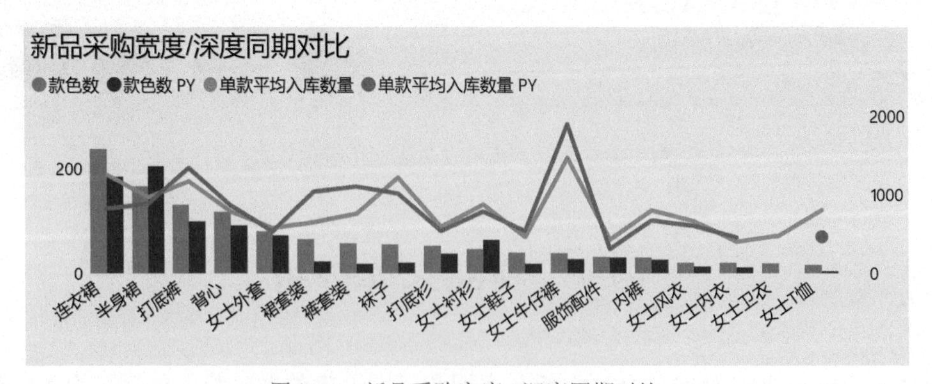

图 10-2 新品采购宽度 / 深度同期对比

货或是订货失误导致的。如果是主动的订货策略调整导致的，那么需要分析新的订货策略是否对该品类的整体销售额及售罄率产生了正面影响，以验证和优化前期策略。

相关度量值书写如下。

度量值［款色数 新品］及［款色数 同期新品 PY］的书写详见 6.4.2 节。

“Controller”表中的度量值

```
单款平均定量 新品 =
DIVIDE ( [累计入库 总仓 新品], [款色数 新品] )

单款平均定量 同期新品 =
DIVIDE ( [累计入库 总仓 同期新品 PY], [款色数 同期新品 PY] )
```

新品及同期新品的单款平均定量均通过相应的累计入库数量除以累计入库款色数计算得到。

10.1.2　新品总仓累计入库分析

新品总仓累计入库分析首先通过“簇状柱形图”对比截至目前各个品类本期和同期的累计入库数量，找到入库数量同比差异大的品类进行重点分析。分析到底是该品类的订货策略较同期有重大变化导致的，还是由于外部供应商的原因导致未能交货。如果是外部供应商的原因就要及时采取措施催交货或是寻找替代供应商补足缺口。

对于重点品类，还可以进一步从时间维度上对比本期和同期的入库数量变化趋势，以更全面的视角审视品类的入库进度。

以半身裙为例，如图 10-3 所示，截至报表刷新日半身裙的累计入库数量略低于同期，主要是由于本期总的下单数量低于同期。但从时间角度看，入库进度从年初开始始终高于同期，到 4 月底所有下单的款色基本入库完成，而同期的入库进度持续到 5 月底 6 月初才完成，当然还需具体分析同期交货晚的款色是否是由于补单导致的。总之，整体来讲半身裙本期的入库进度明显好于同期。

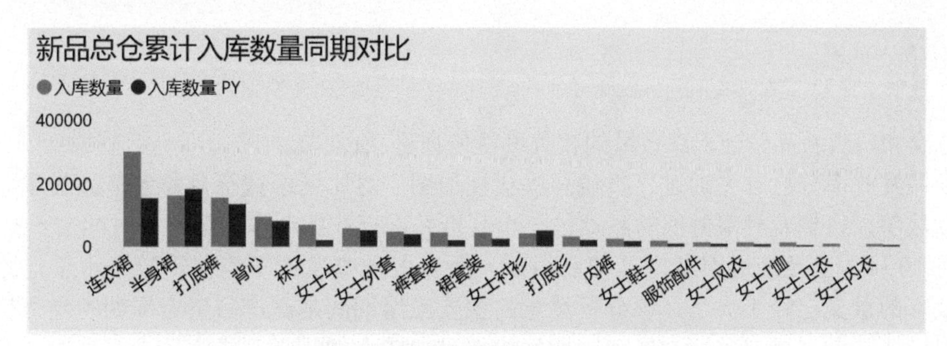

图 10-3　半身裙总仓累计入库数量及入库趋势同期对比

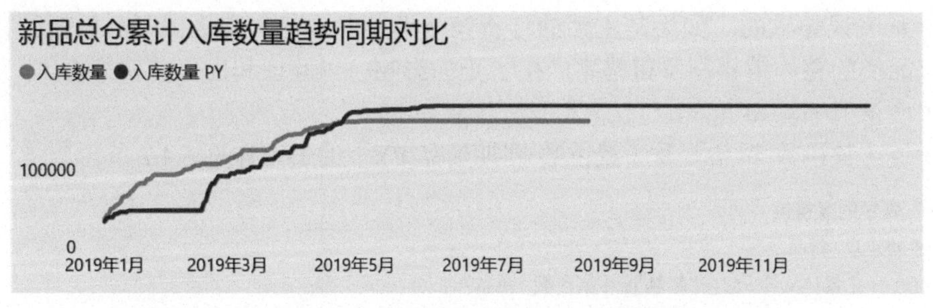

图 10-3 半身裙总仓累计入库数量及入库趋势同期对比（续）

10.2 新品发放率分析

新品正式销售前，需根据历史销售情况，计算各个品类在各区域的历史销售生命周期，确定品类在不同区域的启动时间，规划各品类各区域的波次发放节奏。接下来就是跟踪商品的入库时间以及按照规划的时间节点从总仓发放到门店。新品首次发放时需留部分商品在总仓，作为后期门店补货需要。

作为商品管理人员，在品类的导入期、成长期甚至成熟期，均需密切关注品类及单品的发放率。到仓的商品需按照规划的时间节点第一时间发放到门店，发放率偏低的商品需在其成长期、成熟期及时进行增发。发放率 = 门店累计入库数量 ÷ 总仓累计入库数量，相关度量值书写如下。

“Controller”表中的度量值

```
发放率 新品 =
DIVIDE ( [累计入库 门店 新品], [累计入库 总仓 新品] )

发放率 同期新品 PY =
DIVIDE ( [累计入库 门店 同期新品 PY VIEW], [累计入库 总仓 同期新品 PY VIEW] )

发放率 YOY =
[发放率 新品] - [发放率 同期新品 PY]
```

总仓和门店新品累计入库数量的相关度量值详见 9.1.2 节。

新品发放率分析首先通过“折线和簇状柱形图”对比展示截至目前各个品类本期和同期的发放率，找到发放率偏低的品类进一步分析并进行业务动作。案例的时间节点是 2019 年 8 月 20 日，已经接近春夏产品的衰退期，所以各品类发放率均保持较高水平，此时跟踪发放率的意义已经不大了。该分析场景的主要应用期间是在产品生命周期的导入期、成长期以及成熟期，重点关注本期和同期发放率差异较大的品类，排查是否有少发、漏发的单品，及时发放。同时，针对具体品类，还可以进一步从时间维度上对比本期和同期的发放率变化趋势，在发放率出现异常的第一时间采取措施，保证发放率维持在合理水平。新品发放率趋势同期对比也可以作为后期品类复盘的一个角度，帮助商品管理人员多维度分析商品销售变化的原因。案例还是以半身裙为例，如图 10-4 所示，可以看出导入期（即产品刚刚上市，只产生少量销售的时期）本期的发放率基本是低于历史同期的，通过 3 月底 4 月初采取措施提升发放率后，本期的发放率始终高于同期水平，一致持续到品类衰退期（即产品即将下市，销量接近尾声的时期）。

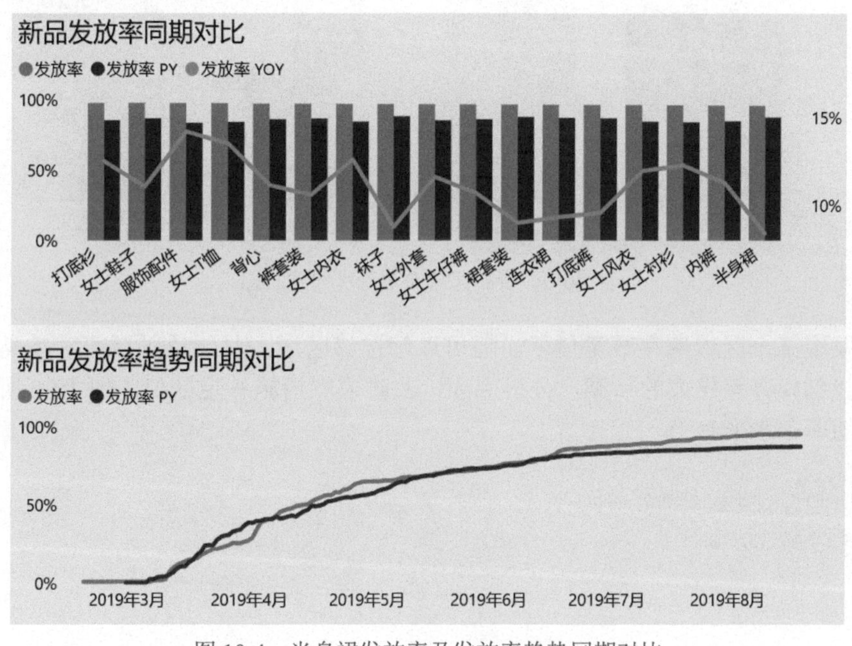

图 10-4　半身裙发放率及发放率趋势同期对比

10.3　新品区域期末库存分析

新品区域期末库存分析主要是供商品管理人员和门店商品调配人员快速发现各区域商品的库存数量和同期对比是否充足，是否能够支撑后期销售的参考依据。尤其是重大节假日前，门店通常都要提前备货，保持商品充足来应对接下来的节日销售的爆发。此时，同期的节假日前备货数量以及所支持的同期节假日销售体量，就是本期备货的重要参考依据。要想完成本期节假日的销售目标，必须要准备多少货值的库存作为支撑。

新品区域期末库存分析以“簇状柱形图”对比了各区域本期和同期的期末库存数量，

如图 10-5 所示。总体来看，各区域本期的库存数量均明显高于同期。营销二区同比增幅最大，一区、三区和四区增幅相对较小。还可以进一步筛选品类，对比重点品类的库存备货情况，以及对区域进行下钻，对比各省份或各城市等的库存情况。

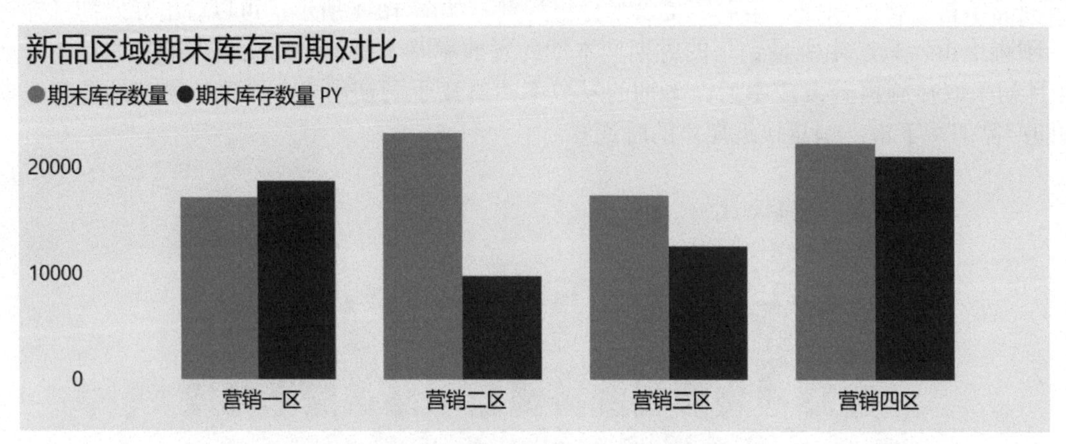

图 10-5 新品区域期末库存同期对比

如果发现某个区域库存数量偏低，还可以筛选该区域，对比该区域内各品类的库存数量，快速找到库存差异大的品类，分析原因，及时采取措施补足缺口。图 10-6 所示为区域内各品类的库存水平对比。

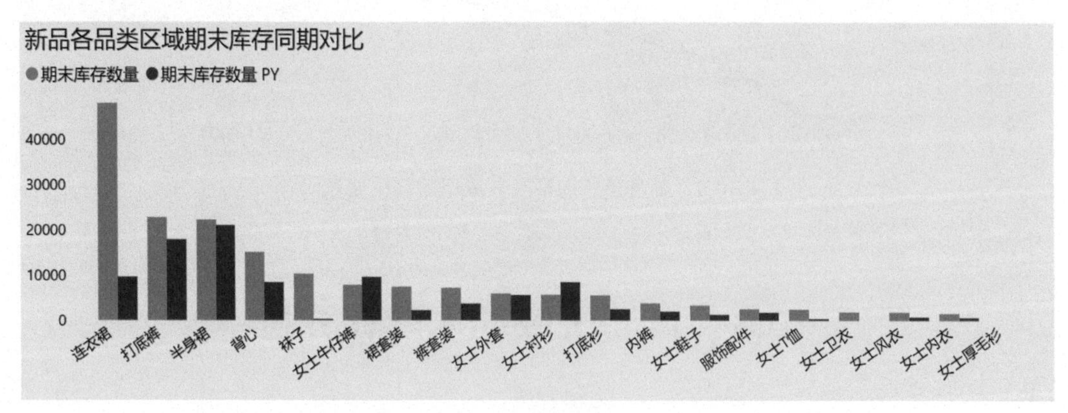

图 10-6 新品各品类区域期末库存同期对比

该场景不仅可以分析报表刷新日的期末库存数量，而且可以分析任意时间节点的期末库存数量及同期库存数量，灵活满足业务人员需求。

本章小结

本章主要从新品的入库、发放两个环节介绍如何辅助业务人员发现新品经营中存在的问题及调改方向，并通过各区域及品类期末库存数量的对比使业务人员随时掌握库存状态，从而调整备货策略。第 11 章进入新品销售环节的介绍，从品类及单品两个层面，分析新品销售中可能存在的问题，指导业务人员进行品类及单品的销售策略调整。

第 11 章　新品销售

新品销售场景包含两个页面，分别为新品售罄分析页面及畅销款分析页面。新品售罄分析页面侧重于品类层面的分析。在该页面中，业务人员可以快速对比新品各品类在某个时点各区域内的销量及售罄情况，找到异常品类；也可以聚焦单个品类，分析其从新品上市至今累计售罄率的变化趋势，在售罄率趋势发生异常的第一时间捕捉到并做出应对。同时，针对每个品类，从整体销售额的贡献情况、售罄率及折扣率这 3 个指标，综合对其进行定位，作为未来品类战略调整的重要参考依据。新品售罄分析页面如图 11-1 所示。

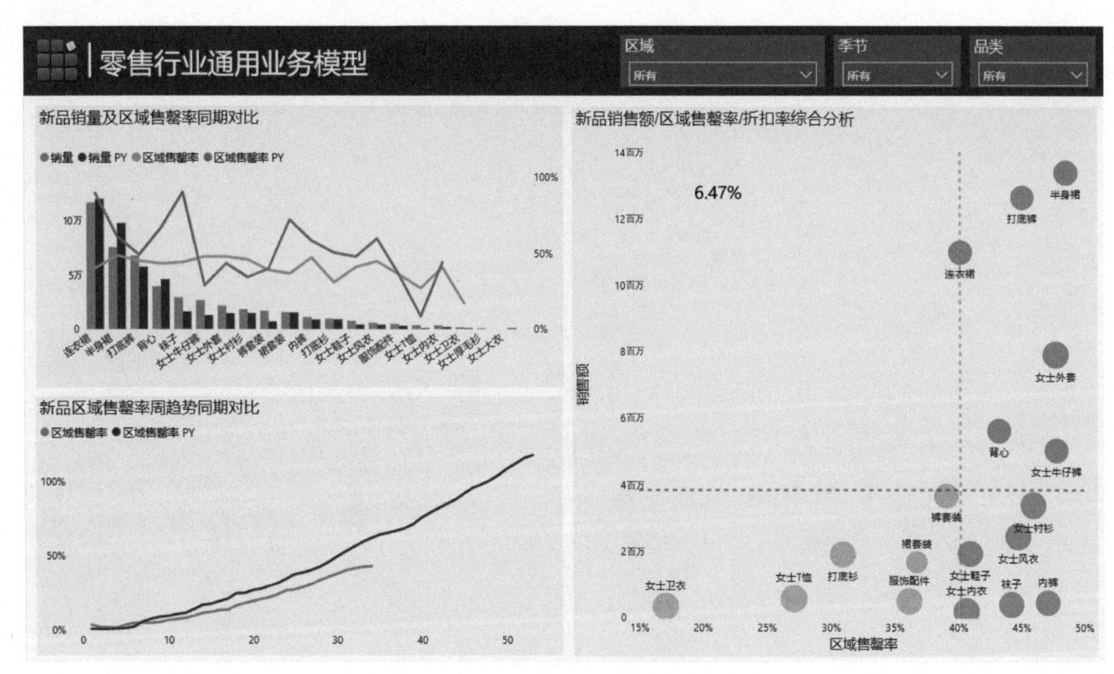

图 11-1　新品售罄分析页面可视化效果

畅销款分析页面聚焦于单品层面的分析。在该页面中，可以通过筛选时间区间，获取某个时间段的畅销单品；也可以通过筛选区域，获取某个区域或省份的畅销单品。在展示畅销单品的信息时，不仅会显示其销量、销售额，而且会显示其入库日期、到店日期、首次销售日期，以及售罄率、库存现状，几乎囊括业务人员针对单品做决策时需要的全部关键信息，可辅助决策者快速制定下一步的策略。还可以通过单品销售趋势图，从一个更广的时间维度展示单品的销售变化趋势。畅销款分析页面如图 11-2 所示。

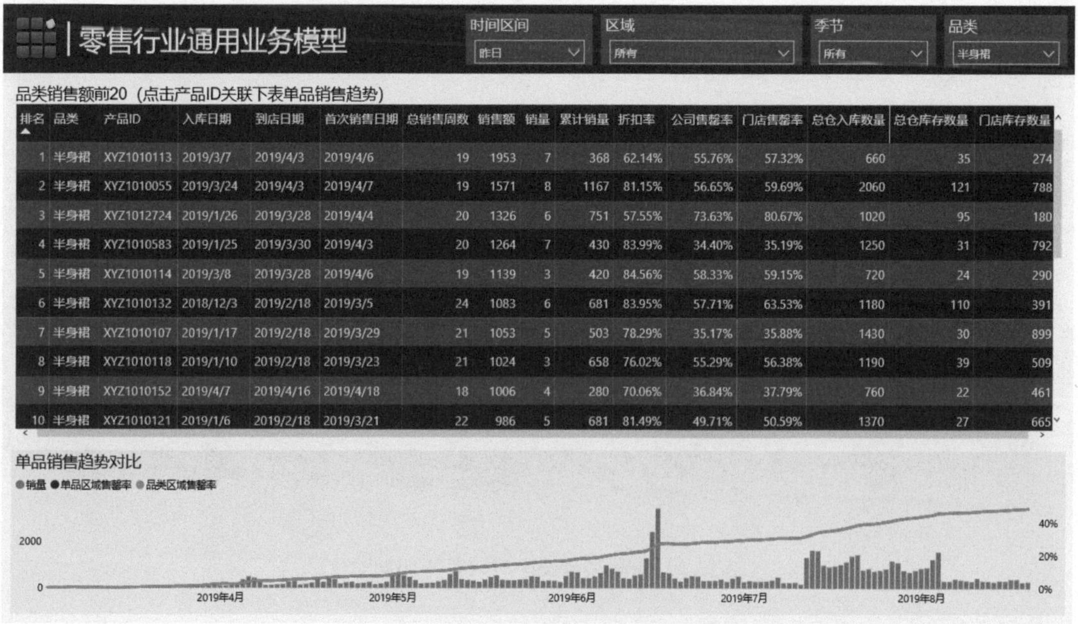

排名	品类	产品ID	入库日期	到店日期	首次销售日期	总销售周数	销售额	销量	累计销量	折扣率	公司售罄率	门店售罄率	总仓入库数量	总仓库存数量	门店库存数量
1	半身裙	XYZ1010113	2019/3/7	2019/4/3	2019/4/6	19	1953	7	368	62.14%	55.76%	57.32%	660	35	274
2	半身裙	XYZ1010055	2019/3/24	2019/4/3	2019/4/7	19	1571	8	1167	81.15%	56.65%	59.69%	2060	121	788
3	半身裙	XYZ1012724	2019/1/26	2019/3/28	2019/4/4	20	1326	6	751	57.55%	73.63%	80.67%	1020	95	180
4	半身裙	XYZ1010583	2019/1/25	2019/3/30	2019/4/3	20	1264	7	430	83.99%	34.40%	35.19%	1250	31	792
5	半身裙	XYZ1010114	2019/3/8	2019/3/28	2019/4/6	19	1139	3	420	84.56%	58.33%	59.15%	720	24	290
6	半身裙	XYZ1010132	2018/12/3	2019/2/18	2019/3/5	24	1083	6	681	83.95%	57.71%	63.53%	1180	110	391
7	半身裙	XYZ1010107	2019/1/17	2019/2/18	2019/3/29	21	1053	5	503	78.29%	35.17%	35.88%	1430	30	899
8	半身裙	XYZ1010118	2019/1/10	2019/2/18	2019/3/23	21	1024	3	658	76.02%	55.29%	56.38%	1190	39	509
9	半身裙	XYZ1010152	2019/4/7	2019/4/16	2019/4/18	18	1006	4	280	70.06%	36.84%	37.79%	760	22	461
10	半身裙	XYZ1010121	2019/1/6	2019/2/18	2019/3/21	22	986	5	681	81.49%	49.71%	50.59%	1370	27	665

图 11-2 畅销款分析页面可视化效果

11.1 新品销量及区域售罄率分析

新品销量及区域售罄率分析图重点分析截至报表刷新日，各个品类新品的销量情况和区域售罄情况，和同期数据进行对比，可以快速找到异常品类。如图 11-3 所示，截至报表刷新日，新品销量表现较好，大部分品类累计销量较同期有所增长，销量下降较为明显的品类为半身裙和背心，连衣裙销量略有下降；新品售罄率表现不理想，各品类普遍较同期有较大幅度下降，售罄率下降相对较大的几个品类为连衣裙、袜子、裙套装等。说明 2019 年新品入库数量增长较多，但销量没有达到同百分比的增长。需要重点分析到底是定量过多的某些单品款式出了问题，还是确实定量过多无法消化。结合对门店的调研进行综合评估，为来年订货提供指导。

本场景售罄率指标使用的是区域售罄率，可以通过筛选月份或者区域，对比截至某月具体区域各品类的销量及售罄率。

在计算同期的累计销量及区域售罄率时，本场景使用的度量值是［累计销量 同期新品 PY VIEW］及［售罄率 门店 同期新品 PY VIEW］，而不是［累计销量 同期新品 PY］及［售罄率 门店 同期新品 PY］（度量值代码见 9.1.2 节），主要对同期数据显示的时间区间进行限定，使其和本期的时间区间保持一致，以保证对比分析的口径一致。

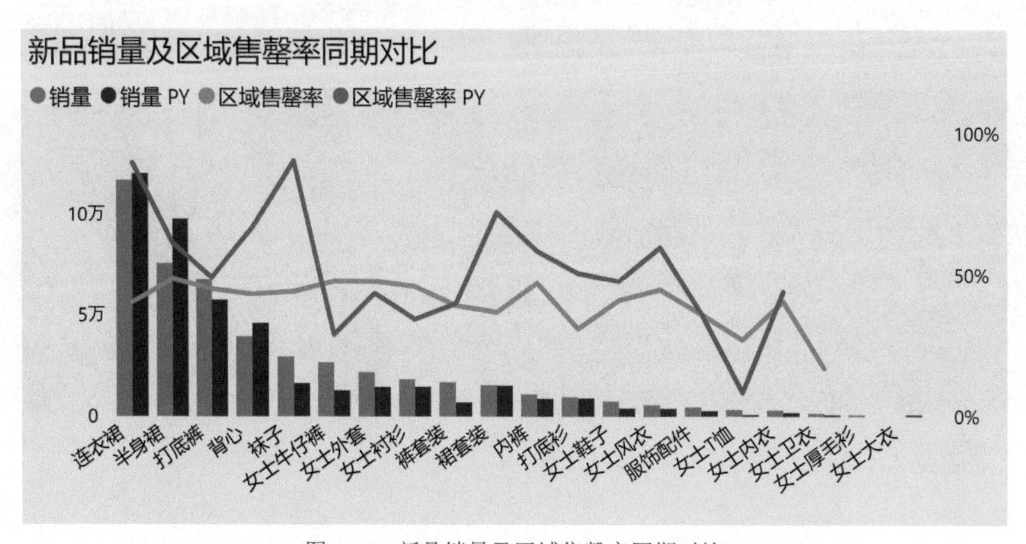

图 11-3 新品销量及区域售罄率同期对比

11.2 新品区域售罄率周趋势分析

新品区域售罄率周趋势同期对比主要分析新品自上市以来，区域售罄率本期和同期的周变化趋势。可以通过筛选区域及品类，对比具体品类在某个区域的售罄率变化趋势。图 11-4 展示了半身裙品类区域售罄率本期和同期的周趋势对比。可以看到本期售罄率始终低于同期，尤其在第 32 周以后，本期售罄率出现一个明显拐点，增长趋势明显变缓。而同期售罄率依然保持着快速的增长。也正是这几周，拉开了本期和同期的差距。从第 35 周结束后，半身裙品类的销售基本接近尾声，同期售罄率几乎不再有明显变化。本图的应用重点，也就是在第 32 周本期售罄率出现拐点时，决策者要立刻做出反应，分析为什么和同期对比，周增长的差距如此明显，同期有哪些业务动作，本期是否要采取相应措施以缩小与同期的差距。案例中决策者并未针对售罄率异常采取任何业务动作，因此可以预期到季末售罄率基本保持在当前的水平。

在计算同期售罄率时，本场景使用的度量值是［售罄率 门店 同期新品 PY］，而不是［售罄率 门店 同期新品 PY VIEW］，和 11.1 节中使用的售罄率指标相反。此处我们的业务需求是，不仅要对比累计到报表刷新日的同期售罄率，而且要分析同期售罄率在报表刷新日之后的变化趋势，从而为本期售罄率在未来的走势提供一个重要的参考依据。

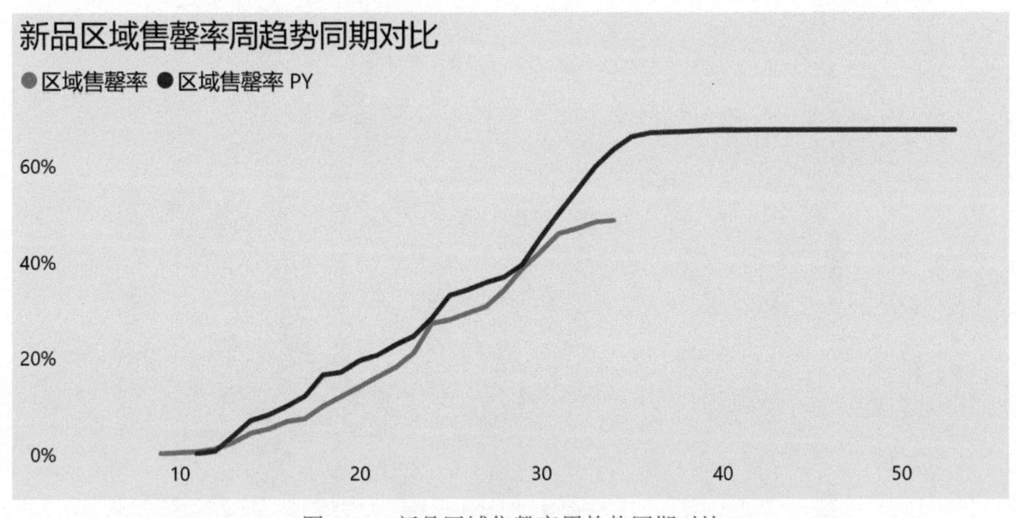

图 11-4 新品区域售罄率周趋势同期对比

11.3 新品销售额 / 区域售罄率 / 折扣率综合分析

新品销售额、区域售罄率、折扣率综合分析场景是通过波士顿矩阵，按照销售额及区域售罄率两个指标，将各个品类划分在 4 个象限，并对处于每个象限的品类采取不同的业务策略。如图 11-5 所示，四象限的划分标准是各品类新品销售额和区域售罄率的平均值。位于右上方象限的品类，销售额和区域售罄率均大于平均值，是最优质的品类；位于右下方象限的品类，区域售罄率表现良好，但销售额贡献偏低，后期潜力相对较大；位于左上方象限的品类，销售额贡献较高，但区域售罄率相对偏低，销售额是靠着更多的商品库存堆出来的，商品的真实销售表现并不理想；位于左下方象限的品类，销售额和区域售罄率均低于平均值，是问题较大的品类。图中不仅通过散点所处的位置清晰地对比了各品类的销售额和区域售罄率，而且通过散点的大小对比了各品类的折扣率，散点越大折扣率越高。最后，为了更直观地区分 4 个象限的品类，我们对处于不同象限的品类设置了不同的颜色。

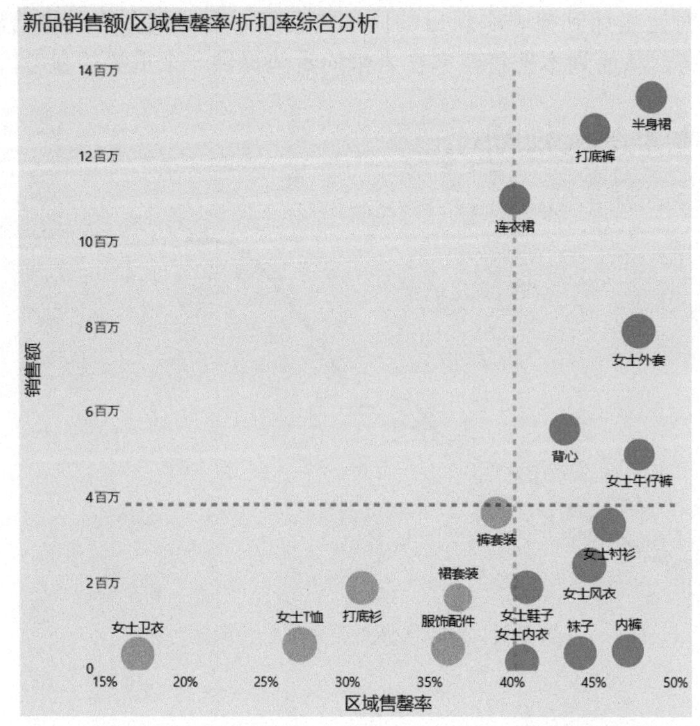

图 11-5　新品销售额 / 区域售罄率 / 折扣率综合分析

11.3.1　新品销售相关度量值书写

波士顿矩阵中展示的都是新品的各项指标，相关度量值书写如下。

“Controller” 表中的度量值

```
累计销售额 新品 =
IF (
    MIN ( 'Model-Dimdates'[日期] ) <= [最后报表日期],
    CALCULATE (
        [Core 销售额],
        FILTER (
            ALL ( 'Model-Dimdates' ),
            'Model-Dimdates'[日期] <= MAX ( 'Model-Dimdates'[日期] )
        ),
        'Model-Dimproductseason'[新老品] = "新品"
    )
)
```

［累计销售额 新品］计算的是新品从产生销售开始，到筛选时间区间的累计销售额。其中，FILTER+ALL 的组合忽略了外部筛选条件对日期表的筛选，返回日期表的所有行，并重新确定筛选时间区间为小于或等于当前期间最大值的所有时间区间。'Model-Dimproductseason'［新老品］= " 新品 " 筛选的是仅为新品的商品。在这两个筛选条件确定的筛选时间区间及筛选的商品类型计算销售额，即截至筛选时间区间新品的累计销售额。最后通过 IF 函数，限定度量值显示的时间区间为最后报表日期之前的日期。

［售罄率 门店 新品］在 9.1.2 节中已经介绍，不赘述。

“Controller”表中的度量值

```
折扣率 新品 =
CALCULATE ( [Core 折扣率], 'Model-Dimproductseason'[新老品] = "新品" )
```

11.3.2 波士顿矩阵“散点图”制作

波士顿矩阵使用的是“散点图”。单击“可视化”窗格中的“散点图”视觉对象按钮。将“Model-Dimproduct”表中的品类字段拖入“值”、度量值［售罄率 门店 新品］拖入“X 轴”、［累计销售额 新品］拖入“Y 轴”、［折扣率 新品］拖入“大小”，再修改这些字段的显示名称，如图 11-6 所示。“散点图”初步制作完成。

接下来为“散点图”添加 X 轴和 Y 轴辅助线。单击“可视化”窗格中的“向视觉对象添加进一步分析”按钮，这里面显示了在该可视化对象中可以添加的所有辅助线，包括“X 轴恒线”“Y 轴恒线”“最小值线”“最大值线”“平均值线”等。此处使用“平均值线”。单击“平均值线”“添加行”，在“数据系列”中选择“区域售罄率”，作为“X 轴”的“平均值线”，如图 11-7 所示。然后单击“添加行”，在“数据系列”中选择“销售额”，作为“Y 轴”的“平均值线”。最后修改平均值线的颜色、透明度、线条样式等，还可以打开“数据标签”开关，显示平均值线的数值。

图 11-6 “散点图”维度及指标设置

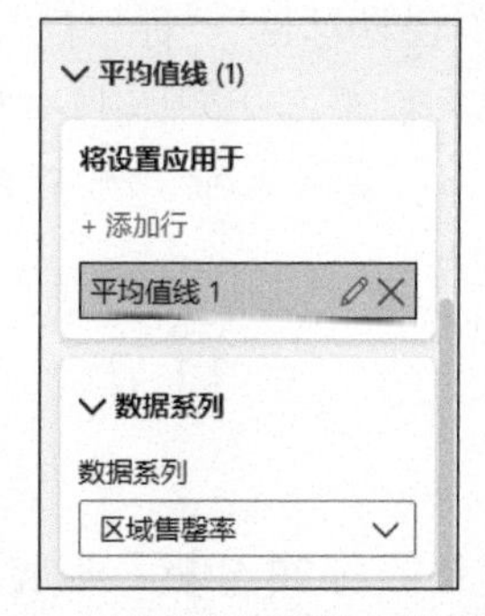

图 11-7 “散点图”添加平均值线

至此，“散点图”基本制作完成。再为不同象限的散点设置颜色。此处使用度量值动态配置颜色。

首先定义销售额和区域售罄率的均值。

“Controller”表中的度量值

```
累计销售额 新品 均值 =
AVERAGEX (
    ALL ( 'Model-Dimproduct'[品类], 'Model-Dimproduct'[序号] ),
    [累计销售额 新品]
)

售罄率 门店 均值 =
AVERAGEX ( ALL ( 'Model-Dimproduct'[品类], 'Model-Dimproduct'[序号] ), [售罄率 门店 新品] )
```

接下来定义散点图配色逻辑。

“Controller”表中的度量值

```
View 销售额&区域售罄率配色 =
SWITCH (
    TRUE (),
    AND ( [累计销售额 新品] >= [累计销售额 新品 均值],
    [售罄率 门店 新品] >= [售罄率 门店 均值] ), "#5B91A7",
    AND ( [累计销售额 新品] >= [累计销售额 新品 均值],
    [售罄率 门店 新品] < [售罄率 门店 均值] ), "#00887D",
    AND ( [累计销售额 新品] < [累计销售额 新品 均值],
    [售罄率 门店 新品] >= [售罄率 门店 均值] ), "#EA8F74",
    AND ( [累计销售额 新品] < [累计销售额 新品 均值],
    [售罄率 门店 新品] < [售罄率 门店 均值] ), "#D9B300"
)
```

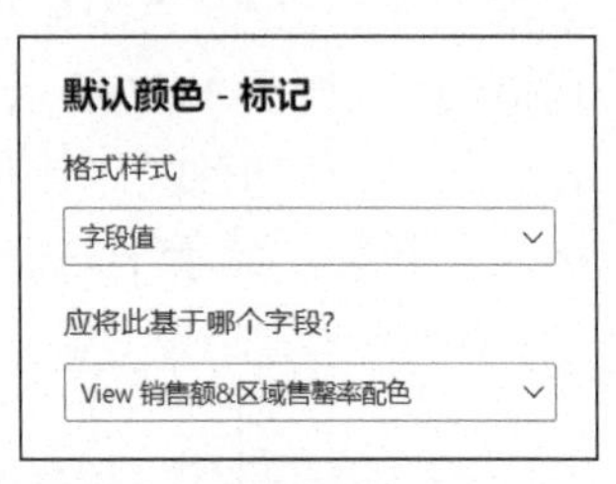

图 11-8　数据颜色动态配色

度量值书写完成后，在“可视化”窗格中单击“设置视觉对象格式”“视觉对象”“标记”“颜色”“fx”，动态设置可视化对象的颜色。设置方法如图 11-8 所示，在“格式样式”中选择“字段值”，在“应将此基于哪个字段？”中选择度量值［View 销售额 & 区域售罄率配色］。

11.4　品类销售额前 20 分析

品类销售额前 20 分析，是展示在筛选时间区间销售额排名前 20 的单品明细，并详细列举其入库时间、到店时间、首次销售日期、总销售周数、销售额、销量、折扣率、售罄率、总仓及门店库存数量等关键指标，如图 11-9 所示。业务人员通过该表，可以对畅销单品的现状有一个非常全面的认知，从而进行补单、整合等关键业务动作。

排名	品类	产品ID	入库日期	到店日期	首次销售日期	总销售周数	销售额	销量	累计销量	折扣率	公司售罄率	门店售罄率	总仓入库数量	总仓库存数量	门店库存数量
1	半身裙	XYZ1010113	2019/3/7	2019/4/3	2019/4/6	19	1953	7	368	62.14%	55.76%	57.32%	660	35	274
2	半身裙	XYZ1010055	2019/3/24	2019/4/3	2019/4/7	19	1571	8	1167	81.15%	56.65%	59.69%	2060	121	788
3	半身裙	XYZ1012724	2019/1/26	2019/3/28	2019/4/4	20	1326	6	751	57.55%	73.63%	80.67%	1020	95	180
4	半身裙	XYZ1010583	2019/1/25	2019/3/30	2019/4/3	20	1264	7	430	83.99%	34.40%	35.19%	1250	31	792
5	半身裙	XYZ1010114	2019/3/8	2019/3/28	2019/4/6	19	1139	3	420	84.56%	58.33%	59.15%	720	24	290
6	半身裙	XYZ1010132	2018/12/3	2019/2/18	2019/3/5	24	1083	6	681	83.95%	57.71%	63.53%	1180	110	391
7	半身裙	XYZ1010107	2019/1/17	2019/2/18	2019/3/29	21	1053	5	503	78.29%	35.17%	35.88%	1430	30	899
8	半身裙	XYZ1010118	2019/1/10	2019/2/18	2019/3/23	21	1024	3	658	76.02%	55.29%	56.38%	1190	39	509
9	半身裙	XYZ1010152	2019/4/7	2019/4/16	2019/4/18	18	1006	4	280	70.06%	36.84%	37.79%	760	22	461
10	半身裙	XYZ1010121	2019/1/6	2019/2/18	2019/3/21	22	986	5	681	81.49%	49.71%	50.59%	1370	27	665

图 11-9　品类销售额前 20 可视化效果

11.4.1　新品进销存相关度量值书写

品类销售额前 20 场景涉及的指标度量值书写如下。

"Controller" 表中的度量值

```
排名 SKC 销售额 DESC =
IF (
    HASONEVALUE ( 'Model-Dimproduct'[产品ID] ),
    RANKX ( ALLSELECTED ( 'Model-Dimproduct' ), [动态 销售额] )
)
```

首先通过 ALLSELECTED 函数，找到在外部筛选条件下确定的"Model-Dimproduct"子集中的所有单品。然后通过 RANKX 函数对该子集下的每个单品根据度量值［动态 销售额］进行降序排列。最后，通过 IF 函数进行条件判断，如果当前行只包含单个产品 ID 信息，则进行排名，从而将"总计"行从"排名"表中剔除掉。

"Controller" 表中的度量值

```
入库日期 =
CALCULATE (
    MIN ( 'Model-Factstock'[日期] ),
    ALL ( 'Model-Dimdates' ),
    ALL ( 'Model-Dimcity' ),
    ALL ( 'Model-Dimstore' )
)
```

通过 ALL 函数分别移除对"Model-Dimdates""Model-Dimcity""Model-Dimstore"表中

所有字段的筛选，在该条件下计算进销存表“Model-Factstock”的最小日期，即［入库日期］。

“Controller”表中的度量值

```
到店日期 =
CALCULATE (
    MIN ( 'Model-Factstock'[日期] ),
    ALL ( 'Model-Dimdates' ),
    'Model-Factstock'[门店ID] <> "AAA"
)
```

［到店日期］的计算逻辑和［入库日期］的计算逻辑相似，增加了一个筛选条件，即 'Model-Factstock'［门店 ID］< > "AAA"，确保计算出的最小日期是门店而非总仓的进货日期，即［到店日期］。

“Controller”表中的度量值

```
首次销售日期 =
CALCULATE (
    MIN ( 'Model-Factsales'[日期] ),
    ALL ( 'Model-Dimdates' )
)
```

［首次销售日期］的计算逻辑和［入库日期］的计算逻辑相似，唯一的区别是在销售表“Model-Factsales”中计算最小日期，即［首次销售日期］。

“Controller”表中的度量值

```
总销售周数 =
IF ( NOT ISBLANK ( [首次销售日期] ), ( [最后报表日期] - [首次销售日期] ) / 7 )
```

当［首次销售日期］不为空，即单品产生销售后，计算最后报表日期和首次销售日期间隔的周数，即［总销售周数］。

“Controller”表中的度量值

```
期末库存 总仓 =
IF (
    MIN ( 'Model-Dimdates'[日期] ) <= [最后报表日期],
    CALCULATE (
        [本期入库 总仓] - [本期出库],
        FILTER (
            ALL ( 'Model-Dimdates' ),
            'Model-Dimdates'[日期] <= MAX ( 'Model-Dimdates'[日期] )
        )
    )
)
```

通过 FILTER+ALL 的模式，返回所有小于或等于当前筛选时间区间最大日期的日期子集，再使用 CALCULATE 函数计算这一子集区间中，[本期入库 总仓] – [本期出库] 的历史累计值，得到总仓的期末库存数量，最后通过 IF 函数限定数据显示的时间期间，即只显示 [最后报表日期] 之前的总仓期末库存数量。

“Controller” 表中的度量值

```
期末库存 门店 =
IF (
    MIN ( 'Model-Dimdates'[日期] ) <= [最后报表日期],
    CALCULATE (
        [本期入库 门店] - [Core 销量],
        FILTER (
            ALL ( 'Model-Dimdates' ),
            'Model-Dimdates'[日期] <= MAX ( 'Model-Dimdates'[日期] )
        )
    )
)
```

[期末库存 门店] 的计算逻辑和 [期末库存 总仓] 的计算逻辑一致。

11.4.2　品类销售额前 20 可视化“表”制作

可视化作图方面，在“可视化”窗格中单击“表”视觉对象按钮，将各个度量值依次拖入“值”中，再修改字段显示名称即可。需要注意的是，此处显示的排名前 20 产品明细是通过在“筛选器”窗格中将排名设置为小于 21（此处的排名是通过对度量值 [排名 SKC 销售额 DESC] 修改名称为排名得到），如图 11-10 所示。当然也可以通过直接编写度量值限定显示的排名数量为前 20。此处使用了相对便捷的方法。

图 11-10　通过“筛选器”窗格设置排名数量

同时，在筛选具体区域及省份的时候，该区域内未发放的款色也会显示，业务上需将这类产品排除掉。比如图 11-11 中当省份筛选海南省时，XYZ1010043 款，只有总仓的入库日期、公司售罄率、总仓入库及总仓库存，并没有区域内的到店日期及销售相关数据。

排名	品类	产品ID	入库日期	到店日期	首次销售日期	总销售周数	销售额	销量	累计销量	折扣率	公司售罄率	门店售罄率	总仓入库数量	总仓库存数量	门店库存数量
4	半身裙	XYZ1010043	2019/1/7								17.50%		480	16	

图 11-11　区域内未发放产品依然显示在品类销售额排名表中

此处同样通过“筛选器”窗格，将“到店日期”为空的款色排除，如图 11-12 所示。

最后，品类销售额排名重点分析的是当季新品，所以需要对新老品做出限定。将“Model-Dimproductseason”中的新老品字段拖入“筛选器”窗格，选择新品，如图 11-13 所示。

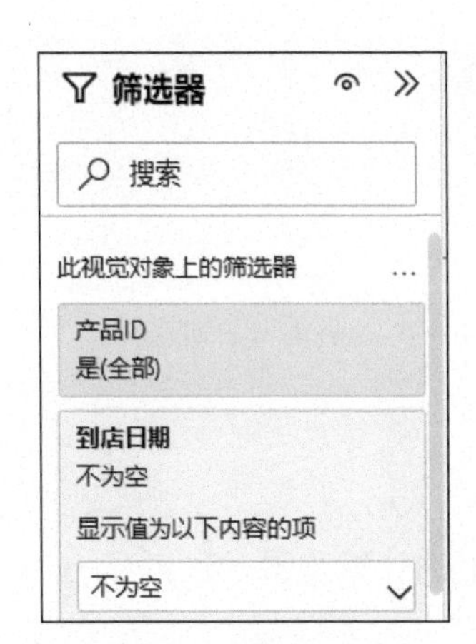

图 11-12 通过“筛选器”窗格限定“到店日期”为“不为空”

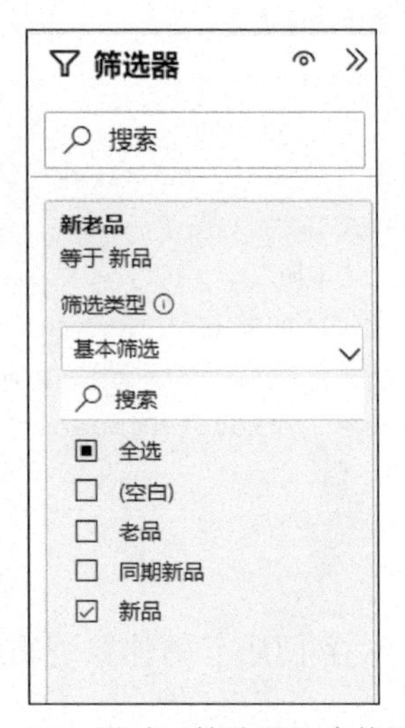

图 11-13 通过“筛选器”窗格限定新老品属性为新品

11.5 单品销售趋势对比

11.4 节中的品类销售额前 20 分析，侧重于对畅销单品在某个时间节点的进销存状态的分析，单品的历史销售趋势没有体现。为了更准确地掌握单品的销售特征，需要对单品进行销售趋势分析，并且和单品所在品类的销售趋势进行对比，从而更准确地掌握单品在品类中所处的位置。当单击图 11-9 中半身裙品类销售前 20 的某一个单品时，单品销售趋势对比图会进行动态筛选，显示该单品的销售趋势与其所在品类销售趋势的对比，如图 11-14 所示。可以看到该单品的首次销售时间相对于整个品类偏晚，但启动后增长趋势非常强劲。单品售罄率的增幅明显高于所在品类的综合增幅。到 6 月初，单品售罄率与品类售罄率持平并逐渐反超，之后一段时间一直和品类售罄率保持基本一致的增幅。但到 7 月初，该单品再次有了强劲增长，并持续到报表刷新日。可以具体分析是自然增长还是参加了某个活动导致的，这些都可以为来年的品类选品及营销策略提供宝贵的参考依据。

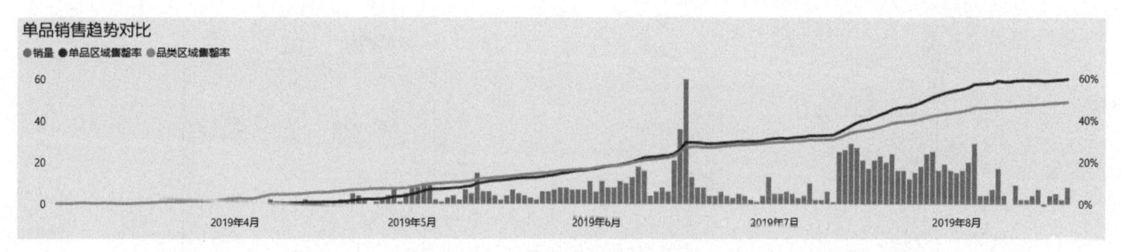

图 11-14 单品销售趋势对比

11.5.1 单品销售相关度量值书写

单品销售趋势对比图分析的是新品，相关度量值书写如下。

"Controller" 表中的度量值

```
本期销量 新品 =
IF (
    MIN ( 'Model-Dimdates'[日期] ) <= [最后报表日期],
    CALCULATE ( [Core 销量], 'Model-Dimproductseason'[新老品] = "新品" )
)
```

[售罄率 门店 新品] 在 9.1.2 节中已经介绍。

"Controller" 表中的度量值

```
售罄率 门店 新品 品类 =
CALCULATE ( [售罄率 门店 新品], ALL( 'Model-Dimproduct'[产品ID] ) )
```

[售罄率 门店 新品 品类] 度量值的业务逻辑是，在外部筛选了某个产品 ID 后，该度量值不受影响，依然显示品类的售罄率，所以需要通过 ALL 函数移除"产品 ID"列，从而始终显示品类的售罄率。

11.5.2 单品销售趋势"折线和簇状柱形图"制作

单击"折线和簇状柱形图"，将"Model-Dimdates"表的"日期"列拖入"X 轴"、度量值「本期销量 新品] 拖入"列 y 轴"、[售罄率 门店 新品] 和 [售罄率 门店 新品 品类] 拖入"行 y 轴"，修改字段名称，如图 11-15 所示。

此处 Y 轴使用了双坐标轴，为了保证可视化展示效果的美观，将"辅助 Y 轴"设置为"对齐零"。单击"辅助 Y 轴""范围"，将"对齐零"的标签打开，如图 11-16 所示。

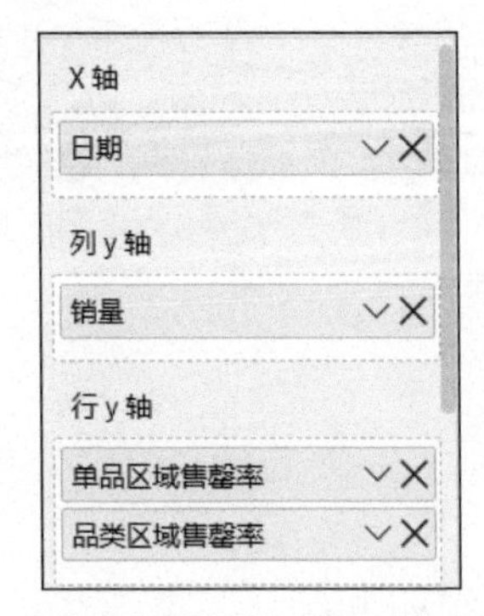

图 11-15 “折线和簇状柱形图”维度及指标设置

图 11-16 “辅助 Y 轴”对齐零设置

本章小结

本章主要介绍了对比分析各品类新品在选定时间节点的销售、售罄情况以及在时间区间的售罄趋势，并根据销售额及售罄率对各品类进行定位，用于后期品类战略调整。同时介绍了如何对各品类畅销单品的进销存情况及销售趋势进行对比分析，为单品的快速流转提供指导。第 12 章将从品类间的关联性角度分析品类间客观存在的更深层次的联系。

第 12 章　品类关联分析

品类关联分析页面主要是通过分析顾客的购买单据，找到同一单据中出现频率相对较高的商品组合，从而发现顾客消费习惯中客观共性的规律，并运用这些规律指导后期活动策划、陈列搭配、销售推荐等一系列业务行为，进而提升客单价、连带率，最大限度地发挥每一位顾客的消费潜能。图 12-1 展示了品类关联分析页面可视化效果。

关联分析可以研究单据背后的消费规律，也可以将范围扩大，研究会员背后的消费行为，凡是属于某个会员的单据都可以放在一起分析。对于分析对象，可以从品类粒度研究品类间的关联性，也可以从单品的角度，研究某些单品和其他单品是否存在更强的关联性。本章我们主要分析单据背后品类间的关联性关系，对于会员分析以及单品间的关联性分析，方法类似，本章不做展开。

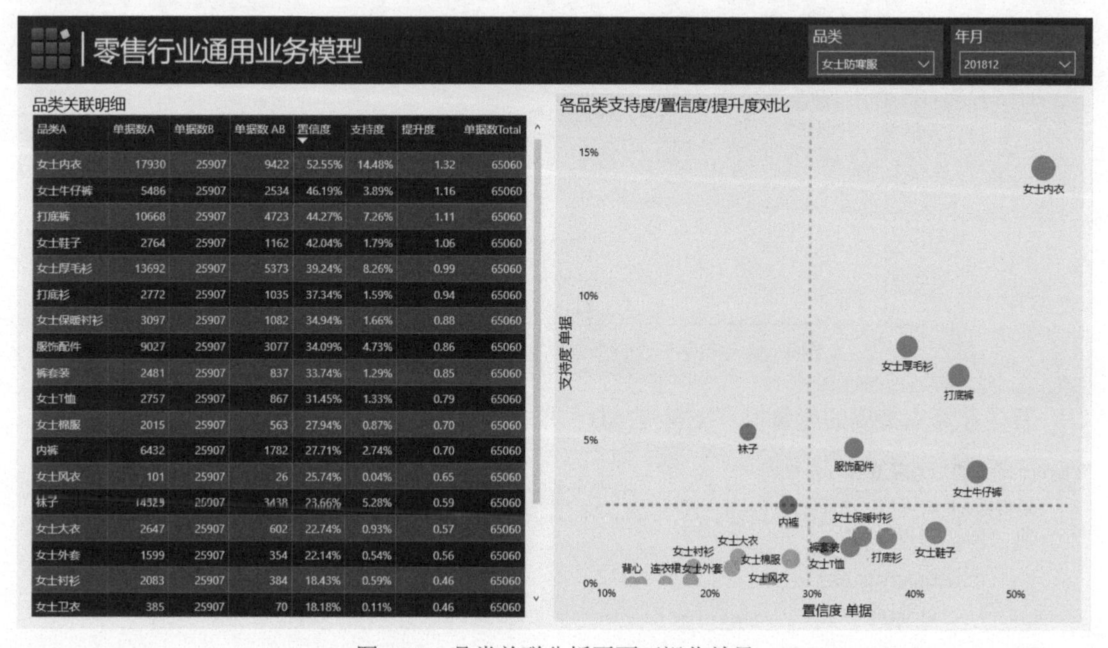

品类A	单据数A	单据数B	单据数 AB	置信度	支持度	提升度	单据数Total
女士内衣	17930	25907	9422	52.55%	14.48%	1.32	65060
女士牛仔裤	5486	25907	2534	46.19%	3.89%	1.16	65060
打底裤	10668	25907	4723	44.27%	7.26%	1.11	65060
女士鞋子	2764	25907	1162	42.04%	1.79%	1.06	65060
女士厚毛衫	13692	25907	5373	39.24%	8.26%	0.99	65060
打底衫	2772	25907	1035	37.34%	1.59%	0.94	65060
女士保暖衬衫	3097	25907	1082	34.94%	1.66%	0.88	65060
服饰配件	9027	25907	3077	34.09%	4.73%	0.86	65060
裤套装	2481	25907	837	33.74%	1.29%	0.85	65060
女士T恤	2757	25907	867	31.45%	1.33%	0.79	65060
女士棉服	2015	25907	563	27.94%	0.87%	0.70	65060
内裤	6432	25907	1782	27.71%	2.74%	0.70	65060
女士风衣	101	25907	26	25.74%	0.04%	0.65	65060
袜子	14329	25907	3438	23.66%	5.28%	0.59	65060
女士大衣	2647	25907	602	22.74%	0.93%	0.57	65060
女士外套	1599	25907	354	22.14%	0.54%	0.56	65060
女士衬衫	2083	25907	384	18.43%	0.59%	0.46	65060
女士卫衣	385	25907	70	18.18%	0.11%	0.46	65060

图 12-1　品类关联分析页面可视化效果

12.1 关联指标讲解

描述关联分析的指标有 3 个，分别为支持度、置信度和提升度。关联指标的定义详见 1.1.2 节。本节重点介绍关联指标的度量值书写。

由于关联分析是挖掘两个品类或者单品间的关联性关系，因此数据模型需包含两张产品信息表，分别为“Model-Dimproduct”和“辅助：Dimproduct”。“Model-Dimproduct”中的产品标记为 A，“辅助：Dimproduct”中的产品标记为 B。单击“表工具”“新建表”，在编辑栏输入“辅助：Dimproduct”表的代码。

计算表

```
辅助： Dimproduct =
'Model-Dimproduct'
```

然后在“辅助：Dimproduct”与销售事实表“Model-Factsales”之间建立虚拟关系，如图 12-2 所示。

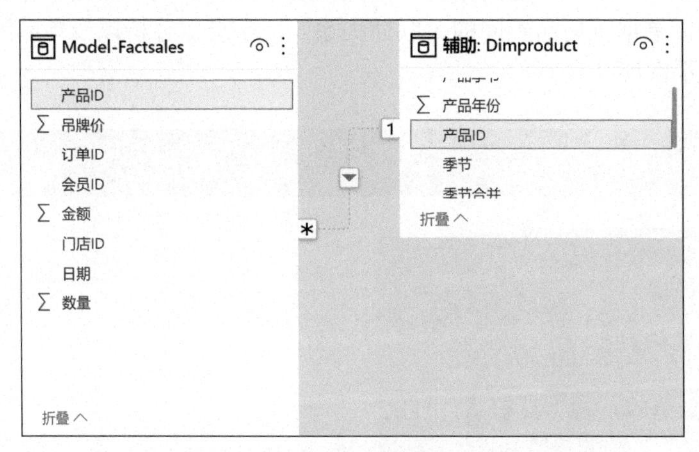

图 12-2 辅助产品信息表与销售事实表建立虚拟关系

首先计算支持度的度量值，支持度 AB = 单据数 AB ÷ 单据数 Total。

“Controller”表中的度量值

```
单据数AB =
VAR OrderswithB =
    CALCULATETABLE (
        SUMMARIZE ( 'Model-Factsales', 'Model-Factsales'[订单ID] ),
        REMOVEFILTERS ( 'Model-Dimproduct' ),
        REMOVEFILTERS ( 'Model-Factsales'[产品ID] ),
        USERELATIONSHIP ( 'Model-Factsales'[产品ID], '辅助: Dimproduct'[产品ID] )
```

```
    )
RETURN
    CALCULATE ( [单据数 正单有效法], KEEPFILTERS ( OrderswithB ) )
```

[单据数 AB] 计算的是同时购买产品 A 和产品 B 的单据数。首先计算变量 OrderswithB：通过 USERELATIONSHIP 函数激活“辅助: Dimproduct”表和“Model-Factsales”表之间的关系，再通过 REMOVEFILTERS 函数分别移除掉外部产品表“Model-Dimproduct”和“Model-Factsales”表的“产品 ID”列的筛选，在这 3 个参数的共同作用下，CALCULATETABLE 对其第 1 个参数进行计算，得到“Model-Factsales”表的“订单 ID”列的非重复子集，该子集仅受“辅助: Dimproduct”的筛选，即包含产品 B 的子集。最后，在这个包含产品 B 的“订单 ID”子集中，计算包含产品 A 的单据数，即同时包含产品 A 和产品 B 的单据数。

“Controller”表中的度量值

```
单据数AB View =
IF (
    ISEMPTY (
        INTERSECT (
            DISTINCT ( 'Model-Dimproduct'[产品ID] ),
            DISTINCT ( '辅助: Dimproduct'[产品ID] )
        )
    ),
    [单据数AB]
)
```

[单据数 AB View] 是在 [单据数 AB] 的基础上，增加了一个判断条件，用于忽略产品或品类与其自身关联计算的情况。这里首先使用 INTERSECT 函数得到 DISTINCT ('Model-Dimproduct' [产品 ID]) 和 DISTINCT ('辅助: Dimproduct' [产品 ID]) 的交集，然后通过 ISEMPTY 函数，判断该交集是否为空，如果为空则说明是对不同品类或者不同产品进行关联分析，这时会正常计算度量值 [单据数 AB]；如果不为空，则说明是对品类自身或者单品自身进行关联分析，这种情况无分析意义，返回空值。

“Controller”表中的度量值

```
单据数 Total =
CALCULATE ( [单据数 正单有效法], REMOVEFILTERS ( 'Model-Dimproduct' ) )
```

[单据数 Total] 计算的是购买所有产品的单据数。通过 REMOVEFILTERS 函数移除产品信息表“Model-Dimproduct”的外部筛选，返回包含所有产品的单据数。

“Controller”表中的度量值

```
支持度 单据 =
```

```
DIVIDE ( [单据数AB View], [单据数 Total] )
```

接下来计算置信度的度量值，置信度 AB = 单据数 AB ÷ 单据数 A。

“Controller”表中的度量值

```
单据数A =
IF (
    ISEMPTY (
        INTERSECT (
            DISTINCT ( 'Model-Dimproduct'[产品ID] ),
            DISTINCT ( '辅助: Dimproduct'[产品ID] )
        )
    ),
    [单据数 正单有效法]
)
```

[单据数 A] 计算的是购买产品 A 的单据数，其计算思路和 [单据数 AB View] 相同，也是忽略掉产品或品类与其自身关联的计算。

“Controller”表中的度量值

```
置信度 单据 =
DIVIDE ( [单据数AB View], [单据数A] )
```

最后计算提升度的度量值，提升度 AB = 置信度 AB ÷ 支持度 B。

“Controller”表中的度量值

```
单据数B =
CALCULATE (
    [单据数 正单有效法],
    REMOVEFILTERS ( 'Model-Dimproduct' ),
    USERELATIONSHIP ( '辅助: Dimproduct'[产品ID], 'Model-Factsales'[产品ID] )
)
```

[单据数 B] 计算的是购买产品 B 的单据数。首先通过 USERELATIONSHIP 激活“辅助: Dimproduct”表和“Model-Factsales”表之间的虚拟关系，同时移除“Model-Dimproduct”表的外部筛选，在该条件下计算的单据数量即购买产品 B 的单据数。

“Controller”表中的度量值

```
单据数B View =
IF (
    ISEMPTY (
        INTERSECT (
            DISTINCT ( 'Model-Dimproduct'[产品ID] ),
            DISTINCT ( '辅助: Dimproduct'[产品ID] )
```

```
        )
    ),
    [单据数B]
)
```

同样，度量值［单据数 B View］也是忽略掉产品或品类与其自身关联的计算。

"Controller"表中的度量值

```
支持度B =
DIVIDE ( [单据数B View], [单据数 Total] )

提升度 单据 =
DIVIDE ( [置信度 单据], [支持度B] )
```

12.2　品类关联明细对比

品类关联明细表展示了 12 月女士防寒服与其他各品类的关联性的各项指标，时间区间选择 12 月，品类 B 选择女士防寒服，表中对比了其他各品类与女士防寒服关联性的各项指标，如图 12-3 所示。首先从置信度来看，女士内衣、女士牛仔裤、打底裤、女士鞋子、女士厚毛衫这几个品类对女士防寒服的置信度相对较高，说明这些品类与女士防寒服的关

品类A	单据数A	单据数B	单据数 AB	置信度	支持度	提升度	单据数Total
女士内衣	17930	25907	9422	52.55%	14.48%	1.32	65060
女士牛仔裤	5486	25907	2534	46.19%	3.89%	1.16	65060
打底裤	10668	25907	4723	44.27%	7.26%	1.11	65060
女士鞋子	2764	25907	1162	42.04%	1.79%	1.06	65060
女士厚毛衫	13692	25907	5373	39.24%	8.26%	0.99	65060
打底衫	2772	25907	1035	37.34%	1.59%	0.94	65060
女士保暖衬衫	3097	25907	1082	34.94%	1.66%	0.88	65060
服饰配件	9027	25907	3077	34.09%	4.73%	0.86	65060
裤套装	2481	25907	837	33.74%	1.29%	0.85	65060
女士T恤	2757	25907	867	31.45%	1.33%	0.79	65060
女士棉服	2015	25907	563	27.94%	0.87%	0.70	65060
内裤	6432	25907	1782	27.71%	2.74%	0.70	65060
女士风衣	101	25907	26	25.74%	0.04%	0.65	65060
袜子	14529	25907	3438	23.66%	5.28%	0.59	65060
女士大衣	2647	25907	602	22.74%	0.93%	0.57	65060
女士外套	1599	25907	354	22.14%	0.54%	0.56	65060
女士衬衫	2083	25907	384	18.43%	0.59%	0.46	65060
女士卫衣	385	25907	70	18.18%	0.11%	0.46	65060

图 12-3　各品类与女士防寒服关联性对比

联性相对较强。其中女士内衣对女士防寒服的置信度最高，为 52.55%，说明购买女士内衣的顾客中，约 52% 的顾客同时选购了女士防寒服。接下来从支持度来看，女士内衣、打底裤、女士厚毛衫的支持度相对较高，女士牛仔裤和女士鞋子支持度相对女士内衣等的支持度偏低，虽然置信度较好，但体量相对较小，重要程度略低。最后从提升度来看，女士内衣、女士牛仔裤、打底裤、女士鞋子提升度均大于 1，说明这几个品类与女士防寒服存在正相关性关系。综合来看，女士内衣和打底裤与女士防寒服符合关联性分析的各项指标，优先考虑其组合陈列和推荐。

12.3　品类关联分析“散点图”制作

品类关联分析四象限图通过使用“散点图”，直观展示各品类与女士防寒服的关联性关系的各项指标。其中，“X 轴”表示置信度，“Y 轴”表示支持度，散点大小表示提升度，如图 12-4 所示。

单击“散点图”，将“Model-Dimproduct”表的品类字段拖入“值”、度量值［置信度 单据］拖入“X 轴”、［支持度 单据］拖入“Y 轴”、［提升度 单据］拖入“大小”，如图 12-5 所示。快速生成关联性分析“散点图”。

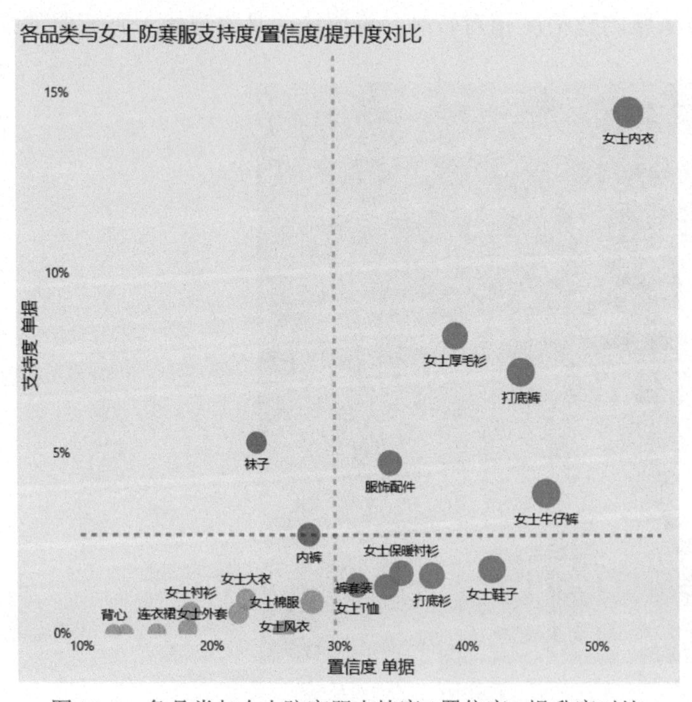

图 12-4　各品类与女士防寒服支持度 / 置信度 / 提升度对比

图 12-5　“散点图”指标和维度设置

接下来为各象限散点颜色进行动态配色。

“Controller”表中的度量值

```
支持度 均值 =
AVERAGEX ( ALL ( 'Model-Dimproduct'[品类], 'Model-Dimproduct'[序号] ), [支持度 单据] )

置信度 均值 =
AVERAGEX ( ALL ( 'Model-Dimproduct'[品类], 'Model-Dimproduct'[序号] ), [置信度 单据] )
```

“Controller”表中的度量值

```
View 关联配色 =
SWITCH (
    TRUE (),
    AND ( [支持度 单据] >= [支持度 均值], [置信度 单据] >= [置信度 均值] ), "#5B91A7",
    AND ( [支持度 单据] >= [支持度 均值], [置信度 单据] < [置信度 均值] ), "#00887D",
    AND ( [支持度 单据] < [支持度 均值], [置信度 单据] >= [置信度 均值] ), "#EA8F74",
    AND ( [支持度 单据] < [支持度 均值], [置信度 单据] < [置信度 均值] ), "#D9B300"
)
```

在“可视化”窗格下单击“设置视觉对象格式”“视觉对象”“标记”“颜色”“fx”，进入动态配色对话框。在“格式样式”中选择“字段值”，在“应将此基于哪个字段？”中选择度量值［View 关联配色］，动态配色设置完成。

本章小结

本章详细介绍了与关联分析相关的各项关键指标，并通过实例讲解了如何通过支持度、置信度、提升度确定某个品类的关联性品类。至此，商品分析板块介绍完成。从第 13 章开始进入会员板块，详细讲解会员分析领域非常重要的新增、复购以及 RFM 分析方法。

第 13 章　会员结构

从本章开始，我们进入会员板块的学习。会员板块主要介绍会员领域非常重要的业务指标的精准定义及度量值书写方法，以及核心业务场景，包括会员拉新、复购、转化、RFM 等的分析思路及分析方法。

本章重点介绍会员领域的各项核心指标的业务定义和度量值书写，以及会员资产在几个关键分析维度的分布情况，供决策者对企业会员的经营现状有宏观、概括的了解。会员结构页面如图 13-1 所示。

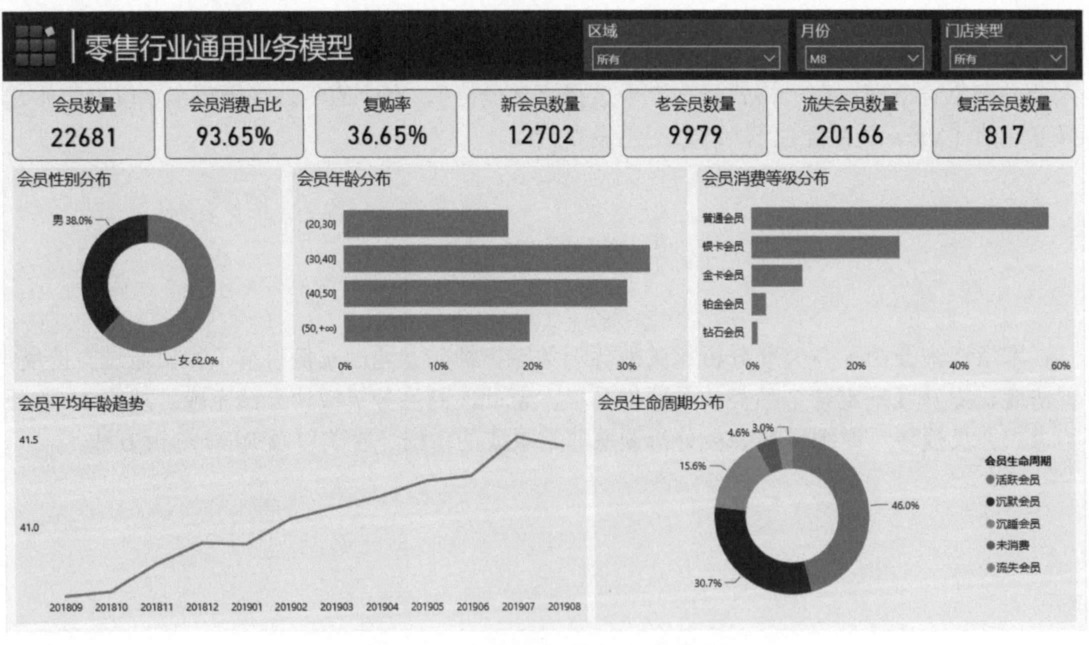

图 13-1　会员结构页面可视化效果

13.1 会员核心指标介绍

会员领域的核心指标主要包括存量指标、新增指标、复购指标及流失指标，选取其中部分指标介绍其度量值的书写。

1. 会员数量

在本章中，会员数量使用有消会员数量代替，即产生消费的会员数量。

“Controller”表中的度量值

```
会员 有消数量 =
CALCULATE (
    DISTINCTCOUNT ( 'Model-Factsales'[会员ID] ),
    'Model-Factsales'[会员ID] <> BLANK ()
)
```

首先通过筛选条件 'Model-Factsales' [会员 ID] < > BLANK () 剔除了非会员的数据，只保留会员的消费数据。在这个条件下对销售事实表“Model-Factsales”中的“会员 ID”列进行非重复计数，得到销售事实表中的会员数量，即有消会员数量。

2. 会员消费占比

会员消费占比 = 会员销售额 ÷ 总销售额

“Controller”表中的度量值

```
会员 销售额占比 =
VAR MemberSales =
    CALCULATE ( [Core 销售额], 'Model-Factsales'[会员ID] <> BLANK () )
RETURN
    DIVIDE ( MemberSales, [Core 销售额] )
```

3. 复购率

此处的复购率使用的是年平均动态复购率，指从当前月份的上一个月的月末开始，往前推 12 个月，这段时间内产生复购的会员占这段时间内有消会员的百分比。随着计算月份的不同，时间区间会动态变化，但始终是在前 12 个完整月份中进行计算。所以这个指标始终是以月为单位进行统计的。

“Controller”表中的度量值

```
会员 复购人数 =
COUNTROWS (
    FILTER (
        VALUES ( 'Model-Factsales'[会员ID] ),
```

```
        'Model-Factsales'[会员ID] <> BLANK () && [单据数 正单有效法] >= 2
    )
)
```

首先找到销售事实表“Model-Factsales”中会员 ID 不为空且销售单据数 >= 2 的会员 ID 数量，即产生复购的会员数。

“Controller”表中的度量值

```
会员 年平均动态复购人数 =
IF (
    MIN ( 'Model-Dimdates'[日期] ) <= [最后报表日期],
    CALCULATE (
        [会员 复购人数],
        DATESINPERIOD (
            'Model-Dimdates'[日期], MIN ( 'Model-Dimdates'[日期] ) - 1, -12, MONTH
        )
    )
)
```

通过时间智能函数 DATESINPERIOD 找到从当前最小日期的前一日，即前一个月月末，往前推 12 个月的时间区间，计算在这个时间区间的［会员 复购人数］，即年平均动态复购人数。最后通过 IF 函数限定数据的计算范围，即只在最后报表日期及之前的月份进行计算。

“Controller”表中的度量值

```
会员 年平均动态复购率 =
VAR X =
    CALCULATE (
        [会员 有消数量],
        DATESINPERIOD (
            'Model-Dimdates'[日期], MIN ( 'Model-Dimdates'[日期] ) - 1, -12, MONTH
        )
    )
RETURN
    IF (
        MIN ( 'Model-Dimdates'[日期] ) <= [最后报表日期],
        DIVIDE ( [会员 年平均动态复购人数], X )
    )
```

首先变量 X 计算当前月份的上月末往前推 12 个月的有消会员的数量，并定义为年平均动态有消人数。再通过年平均动态复购人数除以年平均动态有消人数，得到年平均动态复购率。最后使用 IF 函数限定数据的计算范围，即只在最后报表日期及之前的月份进行计算。

4. 新会员数量

在本章中，新会员数量使用有消新会员数量代替，即首次消费日期在当前期间的会员数量。

"Controller" 表中的度量值

```
会员 新会员 =
VAR UserCur =
    FILTER (
        VALUES ( 'Model-Factsales'[会员ID] ),
        'Model-Factsales'[会员ID] <> BLANK ()
    )
VAR UserNew =
    FILTER (
        UserCur,
        VAR FirstPoint =
            CALCULATE ( MIN ( 'Model-Factsales'[日期] ), ALL ( 'Model-Dimdates' ) )
        RETURN
            FirstPoint IN VALUES ( 'Model-Dimdates'[日期] )
    )
RETURN
    CALCULATE ( DISTINCTCOUNT 'Model-Factsales'[会员ID], UserNew )
```

首先通过变量 UserCur 得到当前期间所有产生消费的会员 ID 的表格，然后在变量 UserNew 中，使用 FILTER 函数判断 UserCur 中的每一个会员 ID 的首次消费日期是否在当前时间区间。最后，对符合条件的会员 ID 进行非重复计数，即当期的有消新会员数量。

5. 老会员数量

"Controller" 表中的度量值

```
会员 老会员 =
VAR Users =
    FILTER (
        VALUES ( 'Model-Factsales'[会员ID] ),
        'Model-Factsales'[会员ID] <> BLANK ()
    )
VAR UsersOld =
    FILTER (
        Users,
        VAR FirstPoint =
            CALCULATE ( MIN ( 'Model-Factsales'[日期] ), ALL ( 'Model-Dimdates' ) )
```

```
        RETURN
            FirstPoint < MIN ( 'Model-Dimdates'[日期] )
    )
RETURN
    CALCULATE ( DISTINCTCOUNT 'Model-Factsales'[会员ID], UsersOld )
```

老会员数量的计算逻辑和有消新会员数量的计算逻辑相似，唯一的区别在于判断条件是会员 ID 的首次消费日期要早于当前期间的最小值。最后，对符合条件的会员 ID 进行非重复计数，即当期的老会员数量。

13.2　会员年龄分布分析

会员年龄分布场景展示会员信息表中的会员人数在各年龄段的分布情况，用于宏观展示公司的核心客群。如图 13-2 所示，公司的核心客群集中在 30 ～ 50 的客群，占比约 63%。

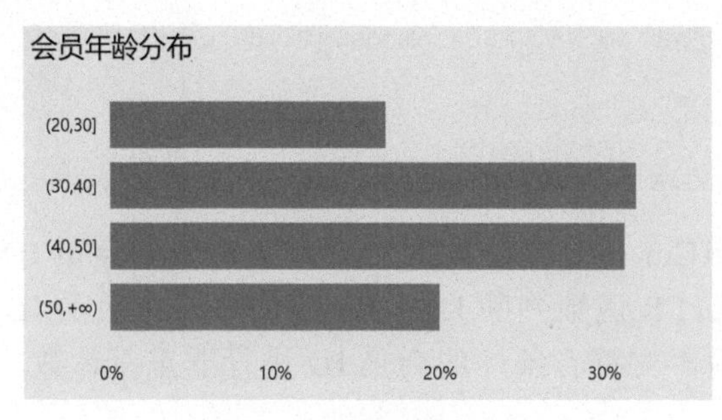

图 13-2　会员年龄分布

13.2.1　会员年龄计算列书写

会员信息表“Model-Dimmember”表的基础字段中并没有年龄相关的字段，所以需要通过生日字段计算会员的年龄。在“Model-Dimmember”表中新建计算列年龄。此处介绍两种算法。

算法 1：使用 DATEDIFF 函数。

“Model-Dimmember”表中的计算列

```
年龄 =
DATEDIFF ( [生日], [最后报表日期], YEAR )
```

该算法返回开始日期和结束日期之间的年份差值，且只考虑 2 个日期参数中的年份，忽略月份和日。

算法 2：使用 YEARFRAC 函数。

“Model-Dimmember”表中的计算列

```
年龄 =
ROUNDDOWN ( YEARFRAC ( [生日], [最后报表日期], 3 ), 0 )
```

首先使用 YEARFRAC 函数得到开始日期和结束日期之间的天数占全年天数的百分比，再通过 ROUNDDOWN 函数向下取整，得到实际年龄。

下面通过实例对比两种算法的差异，如图 13-3 所示。开始日期均设置为 2019 年 5 月 7 日，当结束日期为 2021-3-4 时，DATEDIFF 算法返回 2，YEARFRAC 算法返回约 1.83，向下取整后返回 1；但是当结束日期为 2021-12-4 时，DATEDIFF 算法返回 2，YEARFRAC 算法返回约 2.58，向下取整后返回 2。对于计算年龄的应用场景，YEARFRAC 算法更符合年龄的计算逻辑。所以此处推荐使用算法 2。

```
1 YEARFRAC算法 向下取整 = ROUNDDOWN ( YEARFRAC( [开始日期], [结束日期], 3 ), 0 )
```

开始日期	结束日期	DATEDIFF算法	YEARFRAC算法	YEARFRAC算法 向下取整
2019年5月7日	2021年3月4日	2	1.82739726027397	1
2019年5月7日	2021年12月4日	2	2.58082191780822	2

图 13-3 DATEDIFF 算法和 YEARFRAC 算法计算年龄对比

两种算法的度量值如下。

```
DATEDIFF算法 =
DATEDIFF ( [开始日期], [结束日期], YEAR )

YEARFRAC算法 =
YEARFRAC ( [开始日期], [结束日期], 3 )

YEARFRAC算法 向下取整 =
ROUNDDOWN ( YEARFRAC( [开始日期], [结束日期], 3 ), 0 )
```

13.2.2 会员年龄分组计算列书写

接下来对会员年龄进行分组，此处介绍 3 种分组方法。

方法 1：新建计算列进行年龄分组。

“Model-Dimmember”表中的计算列

```
年龄分组 =
SWITCH (
   TRUE (),
```

```
    [年龄] <= 20, "[0,20]",
    [年龄] <= 30, "(20,30]",
    [年龄] <= 40, "(30,40]",
    [年龄] <= 50, "(40,50]",
    "(50,+∞)"
)
```

方法 2：使用新建组功能进行年龄分组。

对年龄进行分组，也可以使用 Power BI 自带的新建组功能。在“字段”窗格中单击需要分组的字段，此处单击“Model-Dimmember”表中年龄字段右侧的 3 个圆点…，选择“新建组”，打开“组”对话框，在“名称”文本框中输入“年龄分组 1”，在“组类型”中选择“箱”，在“装箱大小”文本框中输入“10”，即按照 10 年一组设置，如图 13-4 所示。

图 13-4　会员年龄分组

分组结果如图 13-5 所示，在“Model-Dimmember”表中自动添加一列“年龄分组 1”，分组字段值显示的是该组年龄的下限。例如“20”这一组显示的是年龄在［20,29) 岁的会员 ID。

方法 3：使用新建组功能自定义年龄分组。

单击“Model-Dimmember”表中年龄字段右侧的 3 个圆点…，选择“新建组”，打开“组”对话框，在“名称”文本框中输入“年龄分组 2”，在“组类型”中选择“列表”，在“未分组值”中通过按住“Shift”键连续选择需要分组的年龄，单击左下角的“分组”，如图 13-6 所示。

然后在右侧的“组和成员”中修改组标题，其余年龄也按照此方法分组命名，结果如

图 13-7 所示。

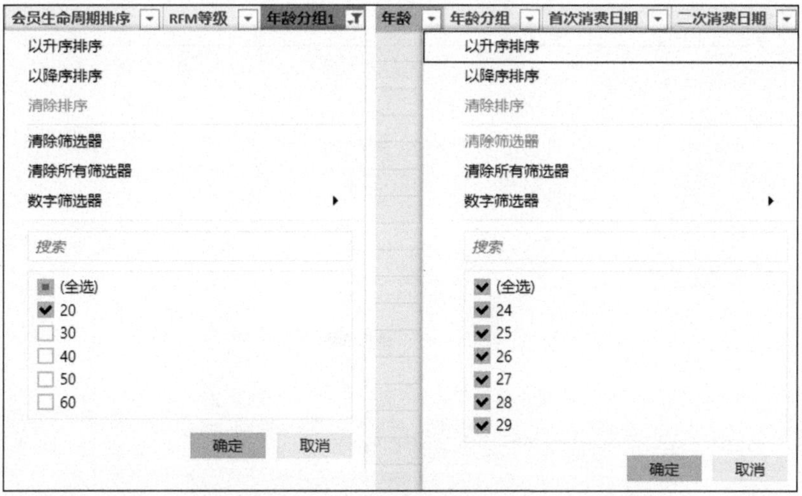

会员生命周期排序 | RFM等级 | 年龄分组1 | 年龄 | 年龄分组 | 首次消费日期 | 二次消费日期

以升序排序
以降序排序
清除排序
清除筛选器
清除所有筛选器
数字筛选器
搜索
(全选)
20
30
40
50
60
确定 取消

以升序排序
以降序排序
清除排序
清除筛选器
清除所有筛选器
数字筛选器
搜索
(全选)
24
25
26
27
28
29
确定 取消

图 13-5 会员年龄分组结果

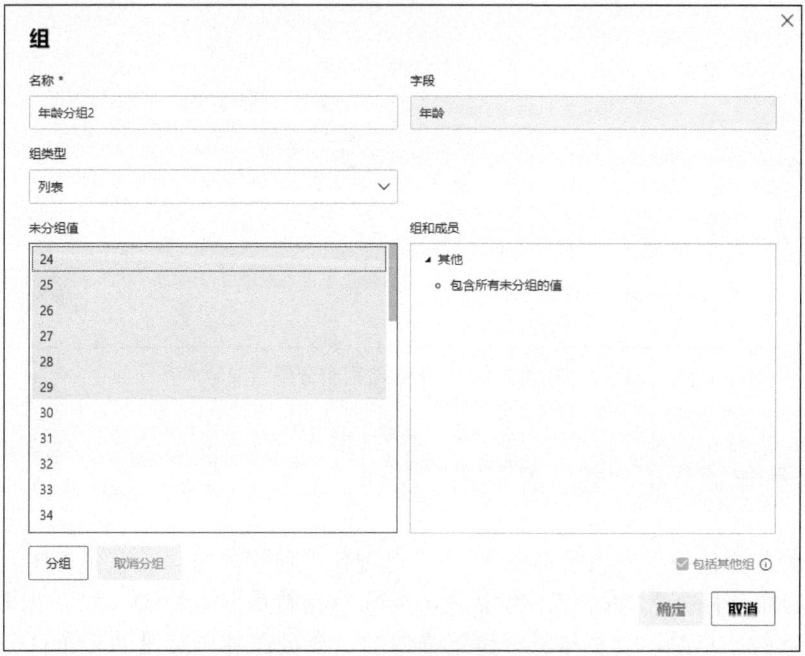

组
名称 *
年龄分组2
字段
年龄
组类型
列表
未分组值
24
25
26
27
28
29
30
31
32
33
34
组和成员
其他
包含所有未分组的值
分组 取消分组
包括其他组
确定 取消

图 13-6 会员年龄按列表分组

以上 3 种方法中，方法 2 的年龄分组的分组名称不够明确，报表展示给他人时，他人并不清楚“20”这个组别代表的是 (10,20］还是［20,30)。方法 3 使用的是硬编码，即选择固定年龄进行分组，如果后期新增会员的年龄在之前的分组中不存在，会导致无法归类到正确的分组中。所以推荐方法 1，即用新建计算列进行分组。

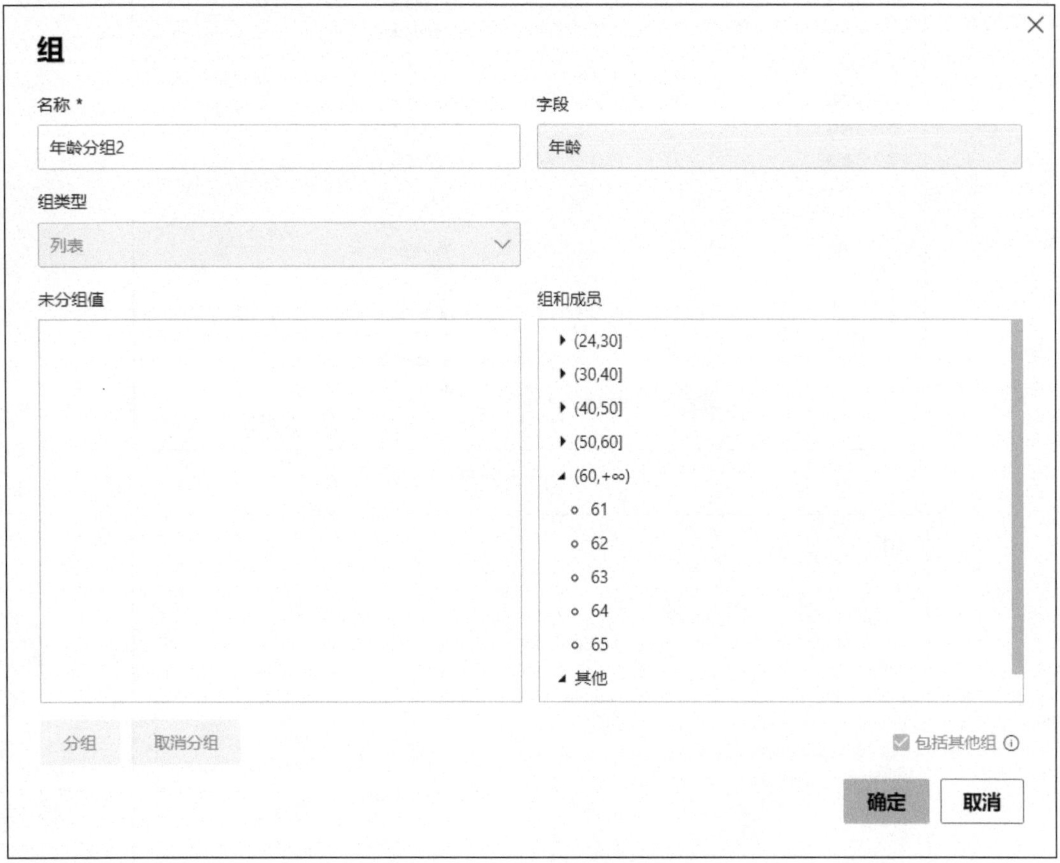

组

名称 *

年龄分组2

字段

年龄

组类型

列表

未分组值

组和成员

(24,30]

(30,40]

(40,50]

(50,60]

(60,+∞)

61

62

63

64

65

其他

分组　取消分组

包括其他组

确定　取消

图 13-7　会员年龄按列表分组结果

13.2.3　会员年龄分布“簇状条形图”制作

会员年龄分布使用“簇状条形图”。在“可视化”窗格单击“簇状条形图”视觉对象按钮，将年龄分组字段拖入“Y 轴”、度量值 [会员 有消数量] 拖入“X 轴”，如图 13-8 所示。

需要注意的一点是，会员年龄分组更强调的是会员在各年龄段的分布百分比情况，所以此处使用百分比的形式进行展示。单击 [会员 有消数量] 的下拉按钮，选择“将值显示为”“占总计的百分比”，如图 13-9 所示。

此时，各年龄层的会员数量以占总量的百分比的形式展示。

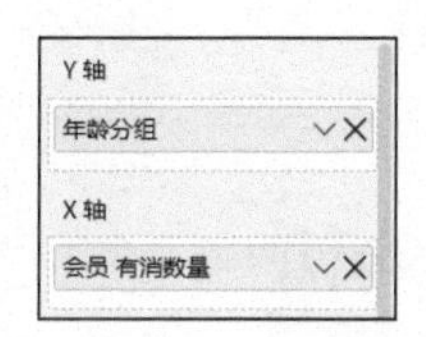

图 13-8 “簇状条形图”维度及指标设置

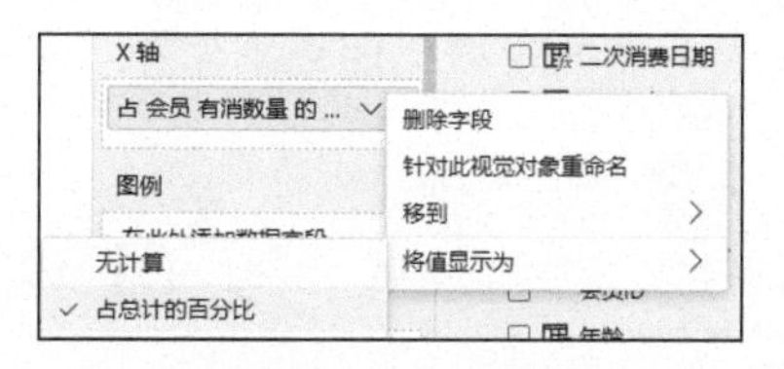

图 13-9 “簇状条形图”设置按百分比显示

13.3 会员消费等级分布分析

会员消费等级分布是按照会员的累计消费额，对会员进行重要性划分，用于识别公司少数的、最为关键的客户，将其作为重点维护对象。如图 13-10 所示，公司绝大部分会员是以普通会员和银卡会员为主，数量占比达 92%，金卡会员、铂金会员和钻石会员作为关键客户，占比仅为 8%。

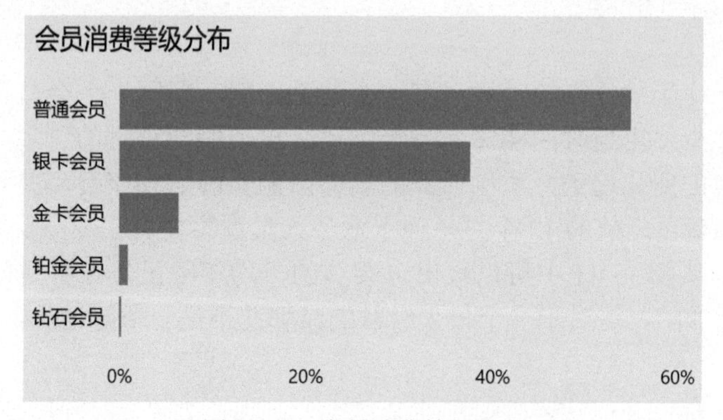

图 13-10 会员消费等级分布

会员消费等级通过在“Model-Dimmember”表中新建计算列生成。

“Model-Dimmember”表中的计算列

```
会员等级 =
SWITCH (
    TRUE (),
    [Core 销售额] <= 500, "普通会员",
    [Core 销售额] <= 2000, "银卡会员",
    [Core 销售额] <= 5000, "金卡会员",
    [Core 销售额] <= 10000, "铂金会员",
    "钻石会员"
)
```

会员等级分布的可视化图表制作和会员年龄分布的“簇状柱形图”方法一致。

13.4　会员平均年龄趋势分析

会员平均年龄趋势分析通常是在一个相对较长的期间，对比有消会员的平均年龄是否产生趋势变化。一方面可以监测企业会员拉新的成果，如果会员平均年龄维持不变或是逐渐变小，说明拉新效果较为明显，年轻会员不断增加；如果平均年龄不断增大，说明拉新效果欠佳，新会员较少。另一方面，会员平均年龄趋势也是对企业战略实施的一个有效印证，比如当企业对产品的总体风格进行战略调整，由原来的商务风格向时尚休闲风格转变时，是否能够吸引相对年轻的客群到店消费。如果会员平均年龄逐渐减小，则说明产品风格的改变获得了相对年轻的客群的认可，年轻消费群体占比逐渐增多；否则说明产品风格的改变对年轻消费群体的影响有限，难以吸引年轻客群。

13.4.1　会员平均年龄度量值书写

在进行会员平均年龄计算的时候，有一个业务问题，即同一个会员在不同年月产生的购物记录，其年龄是使用当时的实际购物年龄还是报表刷新日时的年龄。本场景的分析目的是找到会员年龄的变化趋势，所以计算的是会员的实际购物年龄，并且数据显示的时间区间始终是报表刷新日之前的 12 个月，便于业务人员观察会员在一个长期稳定的时间区间的平均年龄变化。从图 13-11 中可以看出，会员的平均年龄虽然在各月间变化很小，但总的趋势是在逐月增加的，这对于一个长久经营的品牌并不是一个好消息。

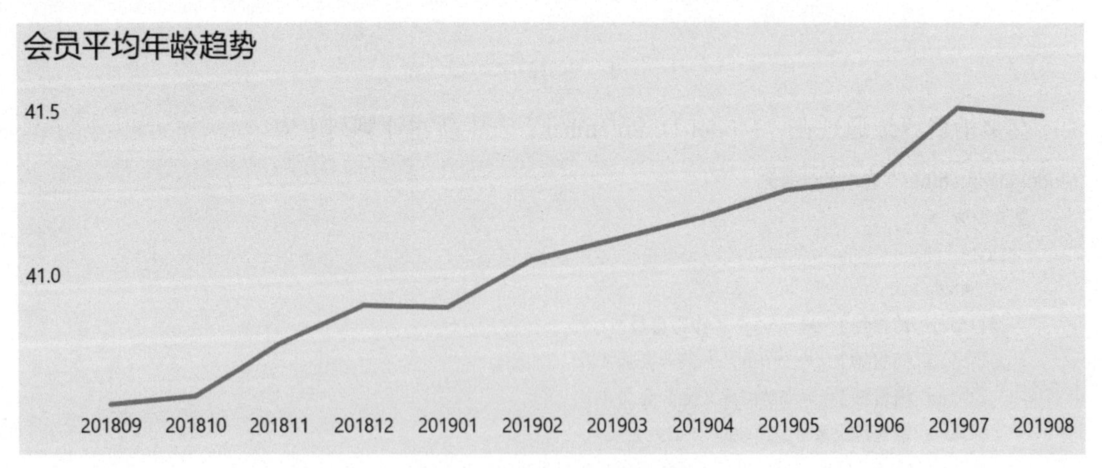

图 13-11　会员平均年龄趋势

接下来，我们介绍［会员 平均年龄］的度量值。

"Controller"表中的度量值

```
会员 平均年龄 =
VAR YearMonthMember =
    SUMMARIZE (
        'Model-Factsales',
        'Model-Dimdates'[年],
        'Model-Dimdates'[月],
        'Model-Factsales'[会员ID],
        'Model-Dimmember'[生日]
    )
VAR SelectedYearMonthMember =
    FILTER ( YearMonthMember, 'Model-Factsales'[会员ID] <> BLANK () )
VAR MemberAge =
    ADDCOLUMNS (
        SelectedYearMonthMember,
        "Age", ROUNDDOWN ( YEARFRAC ( [生日],
        MAX ( 'Model-Factsals'[日期] ), 3 ), 0 )
    )
RETURN
    IF (
        MAX ( 'Model-Dimdates'[日期] ) >= EOMONTH ( [最后报表日期], -11 ),
        AVERAGEX ( MemberAge, [Age] )
    )
```

首先通过变量 YearMonthMember 构造包含会员消费的年月信息、会员 ID 和会员生日的临时表。变量 SelectedYearMonthMember 为筛选掉该表中非会员的记录。再通过变量 MemberAge 为 SelectedYearMonthMember 表中增加一列"Age"，计算得到每个会员在当时购物的实际年龄。最后计算产生购物的会员平均年龄，并通过 IF 函数对计算区间进行限制，即只显示报表刷新日之前 12 个月的会员平均年龄。

13.4.2 会员平均年龄趋势"折线图"制作

趋势分析通常使用折线图。在"可视化"窗格中单击"折线图"视觉对象按钮，将"Model-Dimdates"表中的年月字段拖入"X 轴"、度量值［会员 平均年龄］拖入"Y 轴"。这里有一点需要注意，直接将年月字段拖入"X 轴"中生成的可视化对象会多出很多不需要的、毫无业务含义的数字，如图 13-12 所示，这是由于年月字段在加载时的数据类型是整数型，生成"折线图"时会自动补足空值。

此时我们需要对 X 轴的类型进行修改，在“可视化”窗格单击“设置视觉对象格式”“X 轴”，将“类型”由“连续”设置为“类别”即可，如图 13-13 所示。

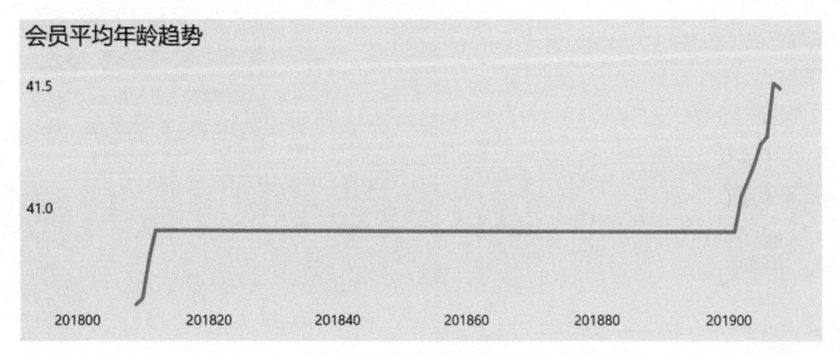

图 13-12 年月字段为整数类型的可视化效果

图 13-13 X 轴类型设置

13.5 会员生命周期分布分析

会员生命周期是指会员对于企业而言是有类似生命一样的变化周期，通常会经历导入、成长、成熟、衰退、流失等 5 个时期。健康的会员生命周期管理，是要不断地增加新会员，激活其消费，并使其不断地进行复购。对于衰退、即将流失的会员，及时地进行唤回，将流失量降到最低。根据会员最后一次消费时间距报表刷新日的天数，将会员生命周期分为 5 个时期，分别为未消费、活跃会员、沉默会员、沉睡会员和流失会员。从图 13-14 中可以看出，该公司整体会员管理的结果相对不错：活跃会员占比 46%，沉默会员和沉睡会员占

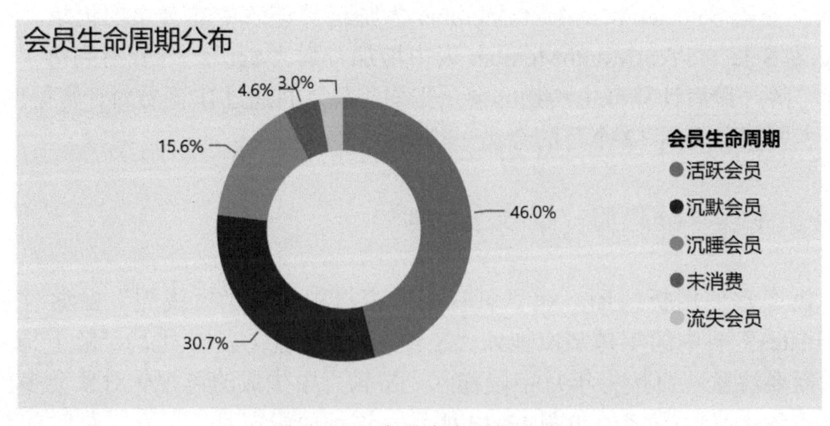

图 13-14 会员生命周期分布

比之和约 46%，对这部分会员需有针对性地挑选并进行唤醒动作。开卡未消费会员占比较小，仅占 5%，需采取措施对这部分会员进行激活，使其产生首次消费。在精力有限的情况下，对于流失会员可不做处理。

同会员等级的处理方法一样，需要在“Model-Dimmember”表中新建计算列，为会员的生命周期打标签。会员生命周期是通过最后消费距今的月数进行判断的。

“Model-Dimmember”表中的计算列

```
最后消费距今月数 =
VAR LastPurchase =
    CALCULATE ( MAX ( 'Model-Factsales'[日期] ) )
RETURN
    DATEDIFF ( LastPurchase, [最后报表日期], MONTH )
```

“Model-Dimmember”表中的计算列

```
会员生命周期 =
SWITCH (
    TRUE (),
    [最后消费距今月数] = BLANK (), "未消费",
    [最后消费距今月数] <= 6, "活跃会员",
    [最后消费距今月数] <= 12, "沉默会员",
    [最后消费距今月数] <= 18, "沉睡会员",
    "流失会员"
)
```

本章小结

本章介绍了会员分析领域非常重要的业务指标的定义及度量值书写方法，并从性别、年龄、会员消费等级、会员生命周期等几个方面对存量会员进行分析，使决策者对公司的总体会员现状有了清晰的了解。第 14 章将重点分析会员管理中重要的增量场景，即会员新增及复购，从结构及趋势角度对比新增、复购效果。

第14章 新增及复购

新增及复购主要分析新增会员及复购率等各项指标在各区域的业绩结构表现以及在各月的业绩趋势表现。

该场景主要通过两个页面展示。会员区域业绩分析页面主要从结构角度横向对比各区域的各项会员指标，快速发现偏差较大的区域，并可逐级下钻找到问题的关键点。会员区域业绩分析页面效果如图 14-1 所示。

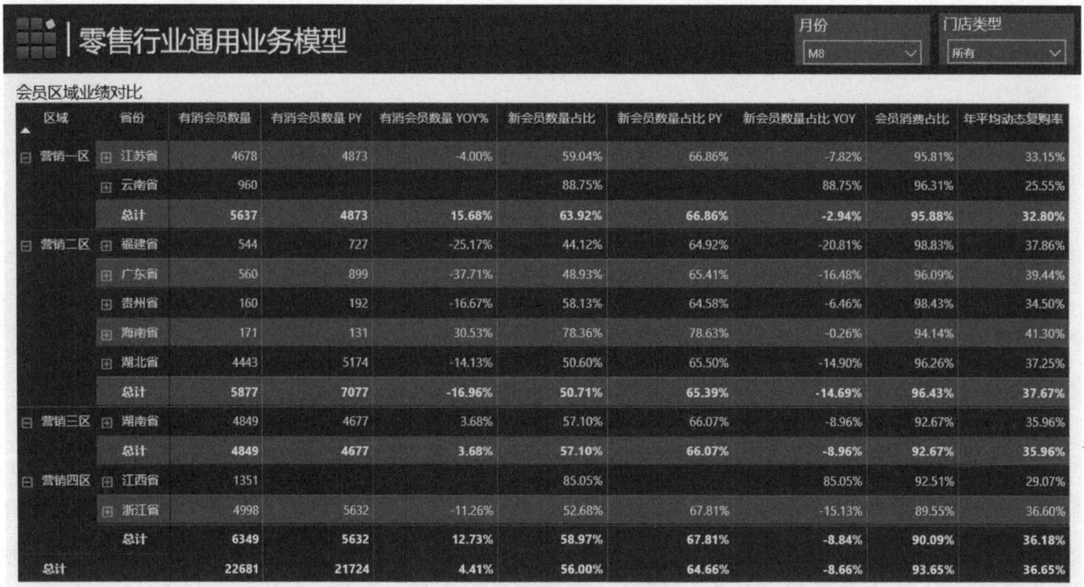

零售行业通用业务模型

月份 M8　门店类型 所有

会员区域业绩对比

区域	省份	有消会员数量	有消会员数量 PY	有消会员数量 YOY%	新会员数量占比	新会员数量占比 PY	新会员数量占比 YOY	会员消费占比	年平均动态复购率
营销一区	江苏省	4678	4873	-4.00%	59.04%	66.86%	-7.82%	95.81%	33.15%
	云南省	960			88.75%		88.75%	96.31%	25.55%
	总计	**5637**	**4873**	**15.68%**	**63.92%**	**66.86%**	**-2.94%**	**95.88%**	**32.80%**
营销二区	福建省	544	727	-25.17%	44.12%	64.92%	-20.81%	98.83%	37.86%
	广东省	560	899	-37.71%	48.93%	65.41%	-16.48%	96.09%	39.44%
	贵州省	160	192	-16.67%	58.13%	64.58%	-6.46%	98.43%	34.50%
	海南省	171	131	30.53%	78.36%	78.63%	-0.26%	94.14%	41.30%
	湖北省	4443	5174	-14.13%	50.60%	65.50%	-14.90%	96.26%	37.25%
	总计	**5877**	**7077**	**-16.96%**	**50.71%**	**65.39%**	**-14.69%**	**96.43%**	**37.67%**
营销三区	湖南省	4849	4677	3.68%	57.10%	66.07%	-8.96%	92.67%	35.96%
	总计	**4849**	**4677**	**3.68%**	**57.10%**	**66.07%**	**-8.96%**	**92.67%**	**35.96%**
营销四区	江西省	1351			85.05%		85.05%	92.51%	29.07%
	浙江省	4998	5632	-11.26%	52.68%	67.81%	-15.13%	89.55%	36.60%
	总计	**6349**	**5632**	**12.73%**	**58.97%**	**67.81%**	**-8.84%**	**90.09%**	**36.18%**
总计		**22681**	**21724**	**4.41%**	**56.00%**	**64.66%**	**-8.66%**	**93.65%**	**36.65%**

图 14-1　会员区域业绩分析页面可视化效果

新增及复购分析页面主要从趋势角度对比新老会员及复购率等指标在各月的表现。新增及复购分析页面如图 14-2 所示。

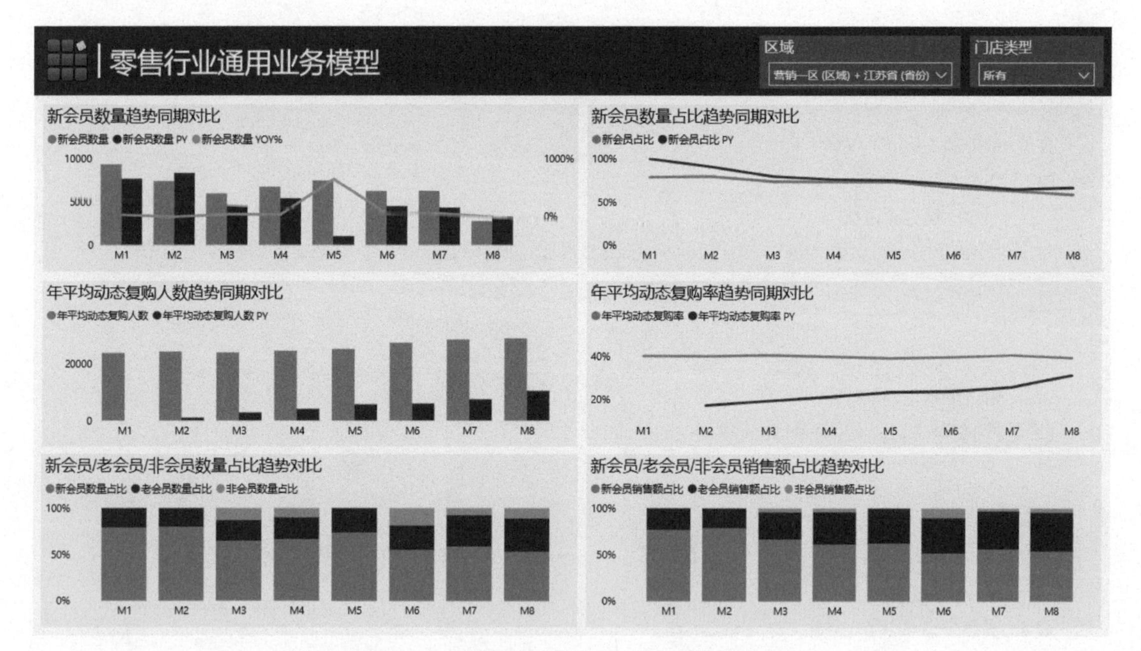

图 14-2 新增及复购分析页面可视化效果

14.1 会员区域业绩分析

会员区域业绩对比表格展示了各区域及省份有消会员数量、会员消费金额占比、新会员数量占比及年平均动态复购率等几项关键会员指标。通过该图表，决策者可以非常清晰、全面地对比每项指标在各区域的销售表现。表彰优秀的区域，鞭策落后的区域。同时，通过下钻功能，可以层层深入挖掘异常问题的根源。

14.1.1 会员业绩对比相关度量值书写

"Controller" 表中的度量值

```
会员 有消数量 PY View =
CALCULATE (
    [会员 有消数量],
    SAMEPERIODLASTYEAR ( 'Model-Dimdates'[日期] ),
    'Model-Dimdates'[可比日期] = TRUE ()
)
```

```
会员 有消数量 YOY% =
DIVIDE( [会员 有消数量] - [会员 有消数量 PY View], [会员 有消数量 PY View] )

会员 销售额占比 PY View =
CALCULATE (
    [会员 销售额占比],
    SAMEPERIODLASTYEAR ( 'Model-Dimdates'[日期] ),
    'Model-Dimdates'[可比日期] = TRUE ()
)

会员 销售额占比 YOY =
[会员 销售额占比] - [会员 销售额占比 PY View]


会员 新会员占比 =
DIVIDE ( [会员 新会员], [会员 有消数量] )

会员 新会员占比 PY View =
CALCULATE (
    [会员 新会员占比],
    SAMEPERIODLASTYEAR ( 'Model-Dimdates'[日期] ),
    'Model-Dimdates'[可比日期] = TRUE ()
)

会员 新会员占比 YOY =
[会员 新会员占比] - [会员 新会员占比 PY View]
```

14.1.2　会员区域业绩对比“矩阵”制作

会员区域业绩对比使用可视化对象“矩阵”。将“Model-Dimcity”表中的区域、省份字段及“Model-Dimstore”表中的门店名称字段拖入“行”、相关度量值拖入“值”，如图 14-3 所示。

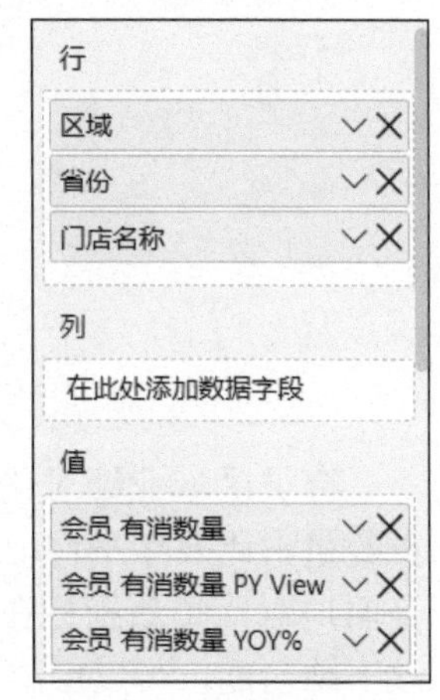

图 14-3　会员区域业绩对比“矩阵”维度及指标设置

14.2　新会员趋势分析

新会员趋势分析主要从新会员的绝对数量和相对数量两个角度分析新会员在各月的变化趋势。新会员绝对数量由于受行业本身客观销售规律的影响，变化趋势较难把握。但是不管整体销售规模如何变化，新会员占总会员的比重会相对稳定。如图 14-4 所示，从新会员数量占比趋势图中，可以清晰地看到门店拉新效果并不理想，不仅普遍低于去年同期，而且从趋势上也在逐渐走低。

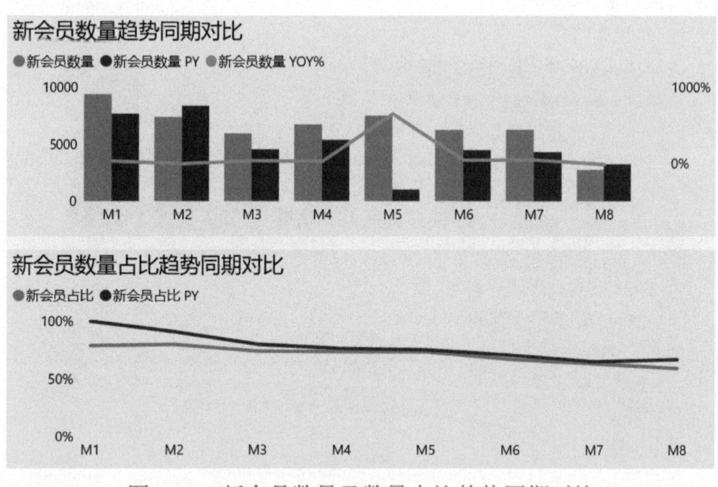

图 14-4　新会员数量及数量占比趋势同期对比

"Controller"表中的度量值

```
会员 新会员 PY View =
CALCULATE (
    [会员 新会员],
    SAMEPERIODLASTYEAR ( 'Model-Dimdates'[日期] ),
    'Model-Dimdates'[可比日期] = TRUE ()
)

会员 新会员 YOY% =
DIVIDE ( [会员 新会员] - [会员 新会员 PY View], [会员 新会员 PY View] )
```

14.3　复购趋势分析

复购趋势分析主要从复购绝对人数和相对人数（复购率）两个角度分析复购会员在各月的趋势变化。如图 14-5 所示，可以看到年平均动态复购率及年平均动态复购人数的本期数值均正常显示，但是同期数值出现了异常。这主要是因为年平均动态复购人数及复购率的相关指标计算的时间区间均为当月往前（不算当月）的 12 个月，当前模型分析的是 2019 年各月的相关指标，而模型的数据是从 2018 年 1 月 1 日开始的，所以同期一月（2018 年 1

月）往前 12 个月是没有数据的，显示为空。同理，2018 年 2 月到 2018 年 8 月的动态复购人数也无法获取到完整的 12 个月的数据。此处我们只分析年平均动态复购的本期指标。可以看到，虽然本期的年平均动态复购人数几乎在逐月增加，但年平均动态复购率却呈逐月下降的趋势，复购结果并不理想。

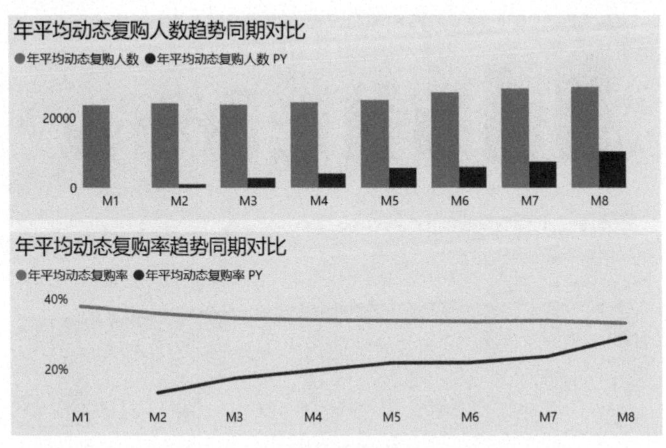

图 14-5　年平均动态复购人数及复购率趋势同期对比

“Controller”表中的度量值

```
会员 年平均动态复购率 PY View =
CALCULATE (
    [会员 年平均动态复购率],
    SAMEPERIODLASTYEAR ( 'Model-Dimdates'[日期] ),
    'Model-Dimdates'[可比日期] = TRUE ()
)

会员 年平均动态复购人数 PY View =
CALCULATE (
    [会员 年平均动态复购人数],
    SAMEPERIODLASTYEAR ( 'Model-Dimdates'[日期] ),
    'Model-Dimdates'[可比日期] = TRUE ()
)
```

14.4　新老会员占比分析

新老会员占比分析主要是对比在各月的销售中，新会员、老会员及非会员的贡献占比，可以从新会员、老会员、非会员的数量构成及销售额构成两个角度进行对比分析。从图 14-6 中可以看到，各月的销售构成主要是以新会员为主，尤其是 1、2 月销售旺季，新会员占比接近 80%。从 3 月开始，老会员占比逐渐增加，8 月达到最高。非会员占比各月普遍较低，1、2 月无非会员消费。

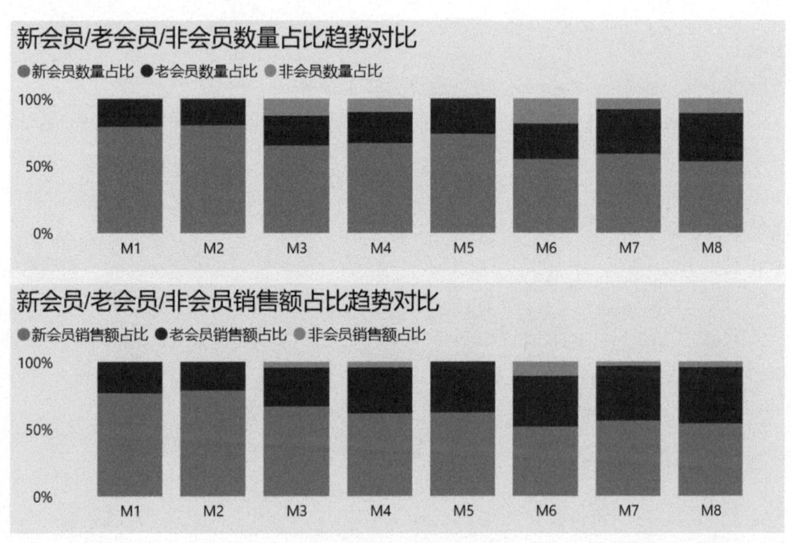

图 14-6 新会员 / 老会员 / 非会员数量占比及销售额占比趋势对比

对比各月的会员数量占比和会员销售额占比，各月中新会员及非会员的数量占比均高于销售额占比，老会员的数量占比均低于销售额占比，说明新会员和非会员的客单价略低于老会员的客单价，老会员的单客价值更高。

"Controller" 表中的度量值

```
会员 销售额 新会员 =
VAR UserCur =
    FILTER (
        VALUES ( 'Model-Factsales'[会员ID] ),
        'Model-Factsales'[会员ID] <> BLANK ()
    )
VAR UscrNew =
    FILTER (
        UserCur,
        VAR FirstPoint =
            CALCULATE ( MIN ( 'Model-Factsales'[日期] ), ALL ( 'Model-Dimdates' ) )
        RETURN
            FirstPoint IN VALUES ( 'Model-Dimdates'[日期] )
```

```
    )
RETURN
    CALCULATE ( [Core 销售额], UserNew )

会员 销售额 老会员 =
VAR Users =
    FILTER (
        VALUES ( 'Model-Factsales'[会员ID] ),
        'Model-Factsales'[会员ID] <> BLANK ()
    )
VAR UsersOld =
    FILTER (
        Users,
        VAR FirstPoint =
            CALCULATE ( MIN ( 'Model-Factsales'[日期] ), ALL ( 'Model-Dimdates' ) )
        RETURN
            FirstPoint < MIN ( 'Model-Dimdates'[日期] )
    )
RETURN
    CALCULATE ( [Core 销售额], UsersOld )
```

新会员、老会员销售额的度量值计算逻辑和 13.1 节中介绍的新会员、老会员数量的计算逻辑相似，唯一的区别是将最后一行中 CALCULATE 函数计算的表达式从对会员 ID 非重复计数换成对销售额求和。

“Controller”表中的度量值

```
会员 非会员 =
CALCULATE (
    DISTINCTCOUNT ( 'Model-Factsales'[订单ID] ),
    'Model-Factsales'[会员ID] = BLANK ()
)
```

非会员数量的计算逻辑是筛选“Model-Factsales”表中会员 ID 为空的子集，并对这个子集中的订单 ID 进行非重复计数。因为会员 ID 都为空值，无法对会员 ID 进行非重复计数，所以退而求其次，对订单 ID 进行非重复计数。这里假设每个订单 ID 都是由不同的顾客产生的，但实际上可能存在 *N* 单都是由同一个顾客在不同日期购买的，只是没有会员 ID 无法进行归类。所以通过订单 ID 近似计算的非会员数量的数值会略微高于非会员数量的真实值。

“Controller”表中的度量值

```
会员 销售额 非会员 =
CALCULATE ( [Core 销售额], 'Model-Factsales'[会员ID] = BLANK () )
```

非会员销售额的计算逻辑也是筛选“Model-Factsales”表中会员 ID 为空的子集，并对这个子集进行销售额求和。

本章小结

本章介绍了会员区域业绩分析，以及新增及复购相关指标在各区域的结构对比和各月的趋势对比，帮助决策者快速找到区域及月份的销售异常数据。第 15 章重点介绍会员转化场景，寻找会员转化的规律、关键节点及二次转化的发力点，最大限度提升转化率。

第 15 章　会员转化

会员转化页面主要通过寻找会员转化的发力目标及关键时间节点，辅助业务人员精准找到需要进行二次消费激活的会员名单，最大限度地增大激活的概率。首先分析随着消费次数的增多，会员转化率的变化规律，找到会员转化发力的关键节点。然后通过会员首次及二次消费时间间隔的帕累托图，找到最优的二次激活时点。最后列出需要激活的会员名单及其历史消费信息，精准触达激活。图 15-1 展示了会员转化页面的可视化效果。

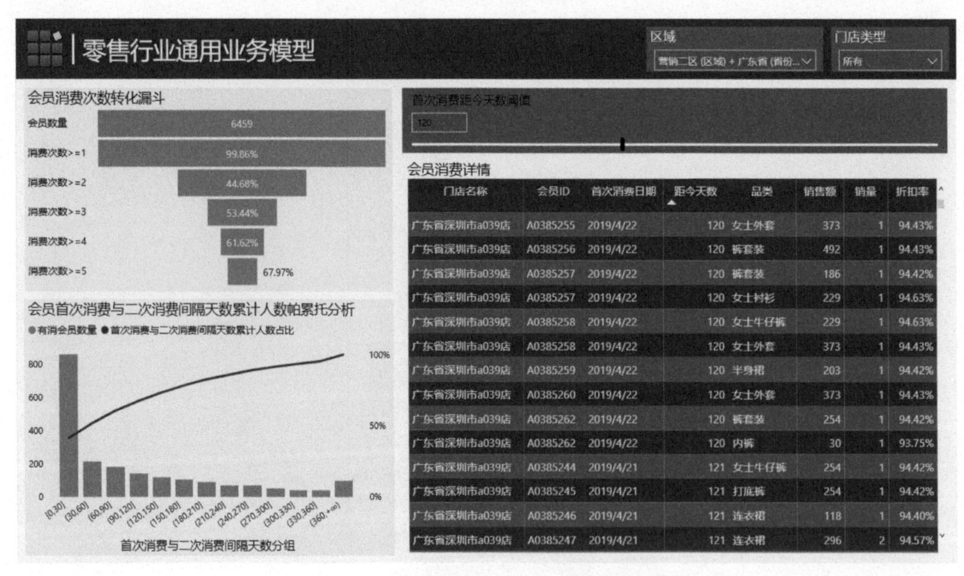

图 15-1　会员转化页面可视化效果

15.1　会员消费次数转化漏斗分析

会员消费次数转化漏斗主要研究顾客成为会员后，随着消费次数的不断增加，消费转化率的客观规律，从而找到会员转化的关键节点进行发力，提升关键节点的转化率，进而提升后期每一次转化的会员数量。图 15-2 展示了随着会员消费次数的增加，消费转化率的变化规律。以消费次数 >= 2 为例，44.68% 是指，所有消费次数大于或等于 1 次的会员中，仅有 44.68% 的会员产生了 2 次及 2 次以上的消费。从该图可以看出，顾客成为会员后，产生消费的百分比非常高，达到 99.86%，但是从首次到二次消费的转化率仅为 44.68%，相对较低，说明产生首次消费的会员中，一半以上仅消费了一次就没有再进店消费。从二次消费后，随着消费次数的增加，会员的转化率也在不断增加。说明会员消费次数越多，对品牌的忠诚度也越高，进行下一次复购的概率也越大。

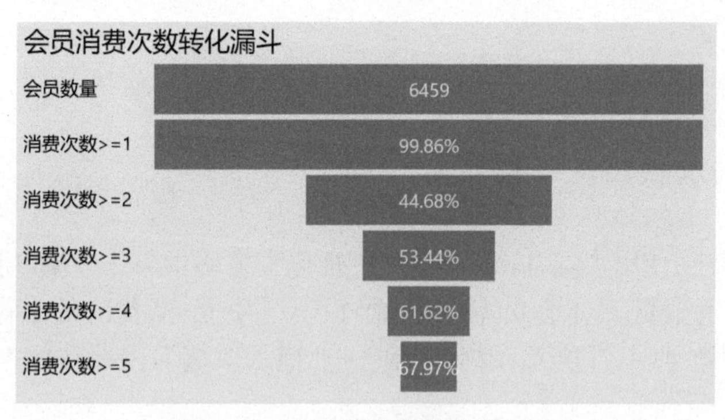

图 15-2 会员消费次数转化漏斗

这里面的关键节点是首次消费到二次消费的转化率。首次消费的会员基数非常大，且转化率最低，如果通过精准触达能够有效提高首次到二次的转化率，那么可以假设在后期转化率保持不变的情况下，后期一系列的转化人数都会有较大幅度增加。这就要求一方面通过优质的产品和服务为首次进店消费的会员提供超值体验，另一方面通过精准的数据分析在恰当的时点对未进行二次消费的会员进行二次激活。

15.1.1 会员消费次数度量值书写

首先在会员信息表“Model-Dimmember”表中新建计算列来计算每一位会员的历史消费次数。

“Model-Dimmember”表中的计算列

```
消费次数 =
[单据数 正单有效法]
```

然后书写相关度量值计算每个消费次数范围内的会员数量。

“Controller”表中的度量值

```
会员 消费次数 1+ =
CALCULATE( [会员 有消数量], 'Model-Dimmember'[消费次数] > =1 )
```

```
会员 消费次数 2+ =
CALCULATE( [会员 有消数量], 'Model-Dimmember'[消费次数] > =2 )

会员 消费次数 3+ =
CALCULATE( [会员 有消数量], 'Model-Dimmember'[消费次数] > =3 )

会员 消费次数 4+ =
CALCULATE( [会员 有消数量], 'Model-Dimmember'[消费次数] > =4 )

会员 消费次数 5+ =
CALCULATE( [会员 有消数量], 'Model-Dimmember'[消费次数] > =5 )
```

15.1.2 会员消费次数转化“漏斗图”制作

会员消费次数转化使用“漏斗图”。在“可视化”窗格中单击“漏斗图”视觉对象按钮，将度量值 [会员 有消数量]、[会员 消费次数 1+]、[会员 消费次数 2+]、[会员 消费次数 3+]、[会员 消费次数 4+]、[会员 消费次数 5+] 拖入“值”。“漏斗图”初步制作完成，如图 15-3 所示。

接下来对“漏斗图”进行美化。从图 15-3 中可以看到，数据标签默认显示的是度量值的实际数值。我们需要看到的是每增加 1 次消费后，会员的转化率，所以要将数据标签改为相对上一个的百分比。在“可视化”窗格中单击“设置视觉对象格式”“视觉对象”“数据标签”“选项”“标签内容”，选择“上一个的百分比”，如图 15-4 所示。

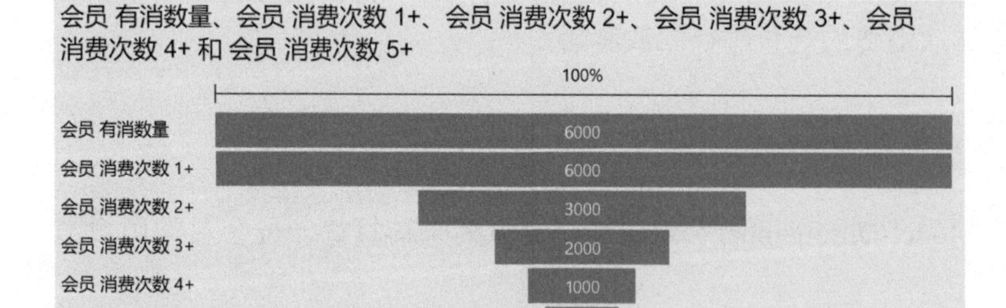

图 15-3 “漏斗图”初始效果

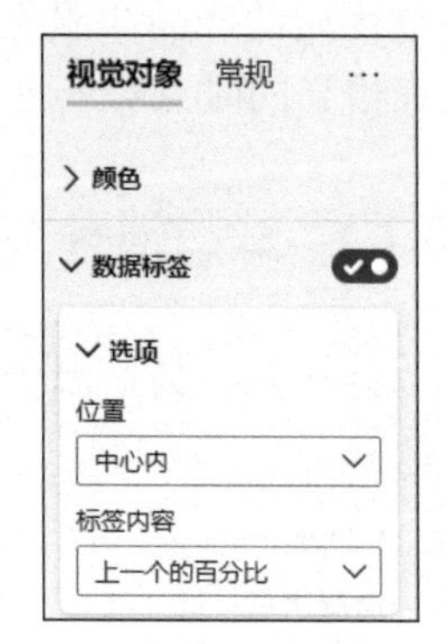

图 15-4 数据标签显示方式设置

另外，在“漏斗图”的最上方以及最下方，分别显示最初数值的百分比 100% 以及最终转化后的数值占初始数值的百分比 10%，如果该数据对业务的意义不大或者为了使“漏斗图”主体更加醒目，可以通过“可视化”窗格中的“设置视觉对象格式”“视觉对象”，将“转换速率标签”关闭。

最后修改度量值显示名称及标题，“漏斗图”制作完成。

15.2 会员首次消费与二次消费间隔天数累计人数分析

通过 15.1 节的会员消费次数转化漏斗，我们锁定了提升会员转化的关键发力点，即首次消费到二次消费的转化。这一环节转化人数的提升，将对后期二次转三次及三次转四次等均有非常显著的提升作用。提升首次到二次消费的转化率，在数据分析层面的关键是要找到什么时间节点对未进行二次消费的会员进行激活，能够最高效地提升其转化率。激活时间选择过早，很多会员本身是有二次消费意愿的，只是还未到二次消费的时点；激活时间选择过晚，未二次消费的会员可能对品牌印象已经模糊，处于流失状态，激活概率将大大下降。所以选择恰当的时点尤为关键。

本场景展示了所有进行二次消费的会员，首次消费与二次消费间隔天数的分布规律。从中找到绝大多数会员进行二次消费的间隔时间，作为二次激活的时点。如图 15-5 所示，激活时点可以选在首次消费后 120 日左右的时点，截至这个时点，有 70% 左右的会员已经产生了二次消费。

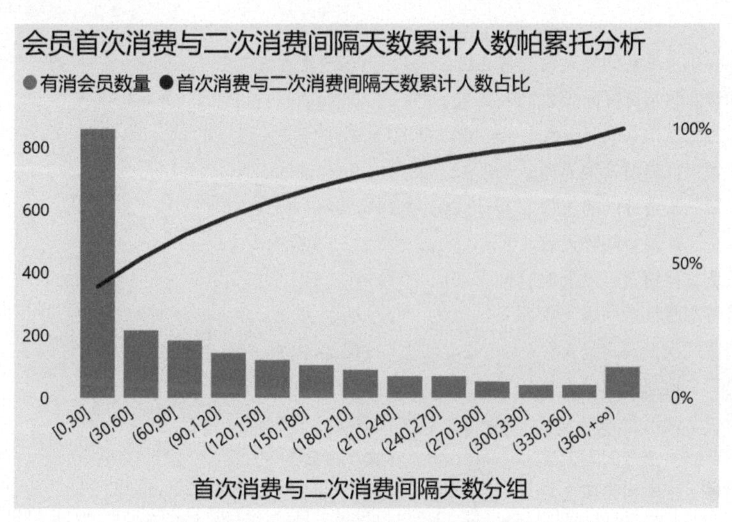

图 15-5 会员首次消费与二次消费间隔天数累计人数帕累托分析

15.2.1 会员首次消费、二次消费相关指标书写

依然选择在“Model-Dimmember”表中新建计算列的方式补充首次消费、二次消费相关数据。

"Model-Dimmember" 表中的计算列

```
首次消费日期 =
CALCULATE ( MIN ( 'Model-Factsales'[日期] ) )

二次消费日期 =
VAR DateFilter =
    FILTER ( VALUES ( 'Model-Factsales'[日期] ),
    'Model-Factsales'[日期] > [首次消费日期] )
RETURN
    CALCULATE ( MIN ( 'Model-Factsales'[日期] ), DateFilter )
```

变量 DateFilter 为"Model-Factsales"表中大于当前行确定的首次销售日期的所有日期的子集，然后计算这个子集中的最小销售日期，即二次消费日期。

"Model-Dimmember" 表中的计算列

```
首次消费二次消费间隔天数 =
DATEDIFF ( [首次消费日期], [二次消费日期], DAY )

首次消费二次消费间隔分组 =
SWITCH(
    TRUE(),
    [首次消费二次消费间隔天数] = BLANK(), "未产生二次消费",
    [首次消费二次消费间隔天数] <= 30, "[0,30]",
    [首次消费二次消费间隔天数] <= 60, "(30,60]",
    [首次消费二次消费间隔天数] <= 90, "(60,90]",
    [首次消费二次消费间隔天数] <= 120, "(90,120]",
    [首次消费二次消费间隔天数] <= 150, "(120,150]",
    [首次消费二次消费间隔天数] <= 180, "(150,180]",
    [首次消费二次消费间隔天数] <= 210, "(180,210]",
    [首次消费二次消费间隔天数] <= 240, "(210,240]",
    [首次消费二次消费间隔天数] <= 270, "(240,270]",
    [首次消费二次消费间隔天数] <= 300, "(270,300]",
    [首次消费二次消费间隔天数] <= 330, "(300,330]",
    [首次消费二次消费间隔天数] <= 360, "(330,360]",
    "(360,+∞)"
    )

首次消费二次消费间隔分组排序 =
SWITCH (
    TRUE (),
    [首次消费二次消费间隔天数] = BLANK (), 1,
```

```
    [首次消费二次消费间隔天数] <= 30, 2,
    [首次消费二次消费间隔天数] <= 60, 3,
    [首次消费二次消费间隔天数] <= 90, 4,
    [首次消费二次消费间隔天数] <= 120, 5,
    [首次消费二次消费间隔天数] <= 150, 6,
    [首次消费二次消费间隔天数] <= 180, 7,
    [首次消费二次消费间隔天数] <= 210, 8,
    [首次消费二次消费间隔天数] <= 240, 9,
    [首次消费二次消费间隔天数] <= 270, 10,
    [首次消费二次消费间隔天数] <= 300, 11,
    [首次消费二次消费间隔天数] <= 330, 12,
    [首次消费二次消费间隔天数] <= 360, 13,
    14
)
```

计算列“首次消费二次消费间隔分组”在作图过程中，需要作为维度显示在可视化图表中。为了使各时间区间按顺序显示，需要对各时间区间进行排序。选中“首次消费二次消费间隔分组”计算列，单击菜单栏中的“列工具”“按列排序”，选择“首次消费二次消费间隔分组排序”。这样，“首次消费二次消费间隔分组”列中的各个值将按照正确排列顺序显示在可视化图表中。

接下来，新建度量值计算二次消费间隔日期累计人数占总的二次消费会员数量的百分比。

“Controller”表中的度量值

```
会员 二次消费间隔日期累计人数占比 =
VAR CurDays =
    SELECTEDVALUE ( 'Model-Dimmember'[首次消费二次消费间隔分组排序] )
VAR CuluMem =
    CALCULATE (
        [会员 有消数量],
        FILTER (
            ALL ( 'Model-Dimmember' ),
            'Model-Dimmember'[首次消费二次消费间隔分组排序] <= CurDays &&
                'Model-Dimmember'[二次消费日期] <> BLANK ()
        )
    )
VAR TotalMem =
    CALCULATE (
        [会员 有消数量],
        FILTER ( ALL ( 'Model-Dimmember' ),
        'Model-Dimmember'[二次消费日期] <> BLANK () )
```

```
    )
RETURN
    DIVIDE ( CuluMem, TotalMem )
```

变量 CurDays 为当前首次消费二次消费间隔分组排序的数值。变量 CuluMem 首先通过 FILTER 函数得到“Model-Dimmember”表中小于或等于当前首次消费二次消费间隔分组排序数值，且二次消费日期不为空的子集，然后计算得到该子集下有消会员的数量。变量 TotalMem 为“Model-Dimmember”表中二次消费日期不为空的有消会员数量。最后返回累计人数占比。

15.2.2　会员首次消费与二次消费间隔天数累计人数帕累托图制作

该场景使用“折线和簇状柱形图”，将计算列“首次消费二次消费间隔分组”拖入“X 轴”、度量值［会员 有消数量］拖入“列 y 轴”、［会员 二次消费间隔日期累计人数占比］拖入“行 y 轴”，得到的初始帕累托图中包含未产生二次消费的会员数量，如图 15-6 所示。

单击“筛选器”窗格，取消勾选“首次消费二次消费间隔分组”筛选框中的“(空白)”和“未产生二次消费”，如图 15-7 所示。即可正常显示只包含二次消费的会员时间间隔。

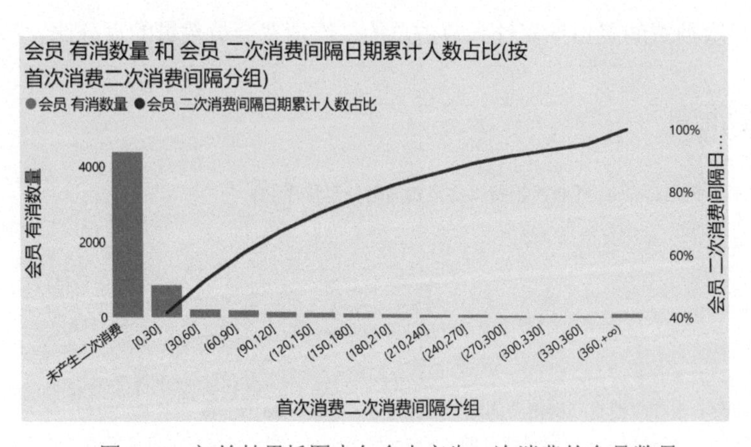

图 15-6　初始帕累托图中包含未产生二次消费的会员数量

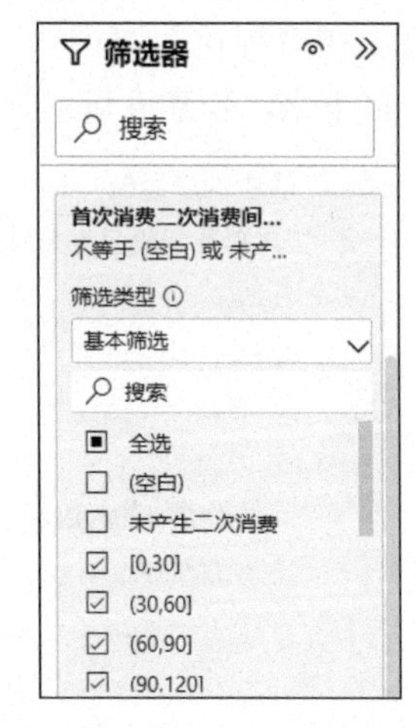

图 15-7　通过“筛选器”窗格筛选掉未产生二次消费的会员数据

15.3　会员消费详情分析

15.2 节通过会员首次消费与二次消费间隔天数累计人数帕累托图初步确定了二次激活

的时点，接下来需要找到首次消费距今的天数超过这个时点，且未进行二次消费的会员信息，对这些会员进行回访激活。如图 15-8 所示，可以通过调节参数滑块确定首次消费距今天数的阈值，在会员消费详情表中筛选出首次消费距今天数超过该阈值，且未进行二次消费的会员明细。明细中不仅包括会员 ID，而且详细展示了会员历史消费的明细，包括购买的品类、销售额、折扣率等。业务人员可以按照单店筛选会员，根据这些信息有针对性地推荐商品，最大限度地增大会员二次激活概率。

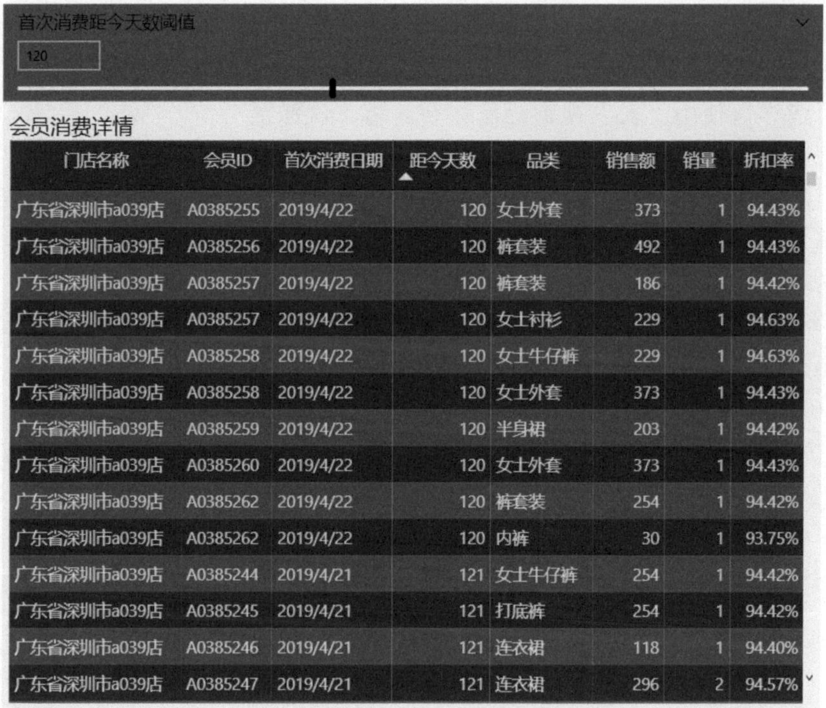

首次消费距今天数阈值

120

会员消费详情

门店名称	会员ID	首次消费日期	距今天数	品类	销售额	销量	折扣率
广东省深圳市a039店	A0385255	2019/4/22	120	女士外套	373	1	94.43%
广东省深圳市a039店	A0385256	2019/4/22	120	裤套装	492	1	94.43%
广东省深圳市a039店	A0385257	2019/4/22	120	裤套装	186	1	94.42%
广东省深圳市a039店	A0385257	2019/4/22	120	女士衬衫	229	1	94.63%
广东省深圳市a039店	A0385258	2019/4/22	120	女士牛仔裤	229	1	94.63%
广东省深圳市a039店	A0385258	2019/4/22	120	女士外套	373	1	94.43%
广东省深圳市a039店	A0385259	2019/4/22	120	半身裙	203	1	94.42%
广东省深圳市a039店	A0385260	2019/4/22	120	女士外套	373	1	94.43%
广东省深圳市a039店	A0385262	2019/4/22	120	裤套装	254	1	94.42%
广东省深圳市a039店	A0385262	2019/4/22	120	内裤	30	1	93.75%
广东省深圳市a039店	A0385244	2019/4/21	121	女士牛仔裤	254	1	94.42%
广东省深圳市a039店	A0385245	2019/4/21	121	打底裤	254	1	94.42%
广东省深圳市a039店	A0385246	2019/4/21	121	连衣裙	118	1	94.40%
广东省深圳市a039店	A0385247	2019/4/21	121	连衣裙	296	2	94.57%

图 15-8　会员消费详情展示

15.3.1　会员消费详情相关度量值书写

"Controller" 表中的度量值

会员 首次消费日期 =

```
CALCULATE ( MIN( 'Model-Factsales'[日期] ), ALL( 'Model-Dimdates' ) )
```

会员 首次消费距今天数 =

```
DATEDIFF ( [会员 首次消费日期], [最后报表日期], DAY )
```

```
会员 首次消费阈值判断 =
IF ( [会员 首次消费距今天数] >= '参数-首次消费距今天数'[参数-首次消费距今天数 值], 1 )
```

本场景是通过调节参数控制表中显示的会员 ID 明细，所以需要专门的度量值进行判断。当会员的首次消费距今天数大于或等于动态参数当前值，即阈值，为其赋值 1。在可视化图表中筛选该度量值为 1 的子集即可。

15.3.2　会员消费详情表制作

会员消费详情使用“表”视觉对象按钮。将二次激活所需要的会员相关信息及指标拖入“值”中，可视化图表初步完成。然后在“筛选器”窗格中拖入度量值 [会员 首次消费阈值判断]，并设置筛选条件为“等于 1”，以保证“表”中筛选的“会员 ID”对应的会员的首次消费距今天数均大于或等于阈值；然后拖入“Model-Dimmember”表中的消费次数字段，同样设置筛选条件为“等于 1”，以保证“表”中筛选的“会员 ID”对应的会员只进行过 1 次消费，如图 15-9 所示。

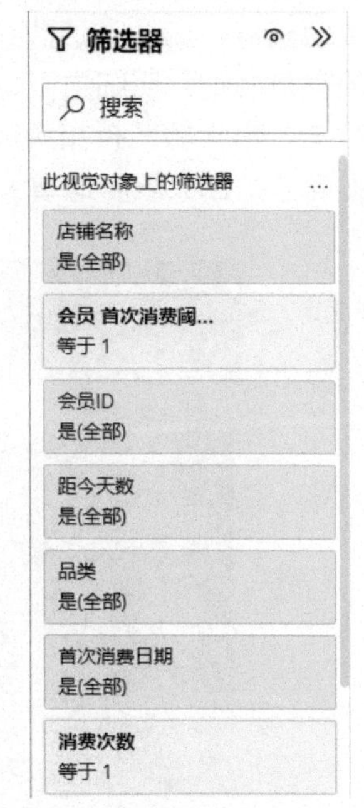

图 15-9　通过“筛选器”窗格筛选符合条件的“会员 ID”

本章小结

本章介绍了会员转化分析的相关内容，包括确定会员转化的发力点、二次消费激活的关键时间节点并最终列举需要二次激活的会员明细及其历史消费信息等，可辅助业务人员最大限度提升会员二次激活的成功率。第 16 章是本书最后一章，介绍会员分析领域中经典的 RFM 模型，对每个会员按照其历史消费特征进行分类，并针对不同分类采取不同的营销策略，在资源有限的情况下实现最优产出。

第 16 章　RFM 模型

RFM 模型是会员分析领域的经典模型，它通过研究会员的历史消费行为，对会员进行价值分类，辅助业务人员采取不同的营销策略，在资源有限的情况下最大限度提升会员的单客价值。RFM 分析页面首先对比了各等级会员的数量构成及销售额构成，可使得决策者能从宏观上把握公司会员的整体价值分布情况。接下来通过对比各消费频次会员的数量及销售额，分析各消费频次会员的购买力差异。通过对比会员最后一次消费日期距今的月数分布情况，分析会员的整体活跃程度。最后列出每位会员的 RFM 等级，供业务人员针对不同等级的会员采取不同的营销策略。图 16-1 展示了 RFM 分析页面的可视化效果。

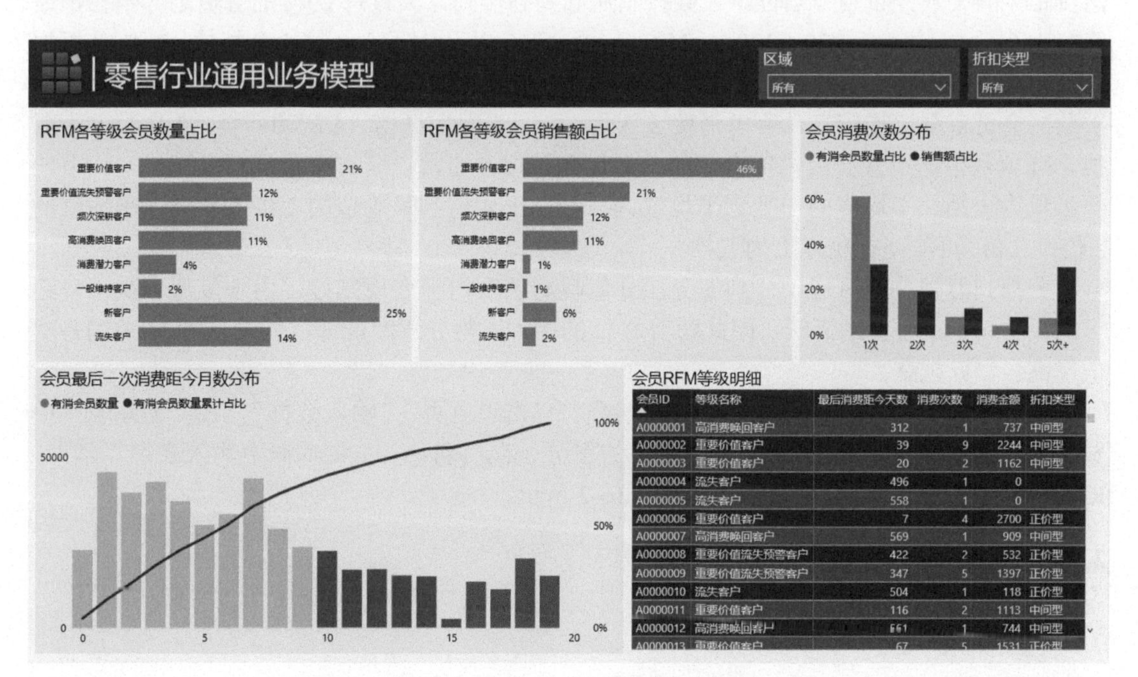

图 16-1　RFM 分析页面可视化效果

16.1 RFM 业务逻辑

RFM 包括用户行为和价值分析的 3 个指标，分别为用户最近一次消费距今时间、历史消费频率及历史消费金额。

R（Recency）：最近一次消费距今时间。R 值越小，表示用户的活跃度越高。

F（Frequency）：历史消费频率。F 值越大，表示用户的满意度越高。

M（Monetary）：历史消费金额。M 值越大，表示用户的贡献值越高。

16.1.1 RFM 模型逻辑构建

1. RFM 指标挡位划分

RFM 指标挡位划分是根据公司会员整体的消费行为数据特征，对 R 值、F 值、M 值进行挡位划分的。根据实际情况可以分为 3 个挡或者 5 个挡。R 值是根据所有会员最后一次消费距今的天数分布划分挡位。天数按照从低到高排列，大致每 20% 的会员划分一挡，最终分为 0 ～ 60、60 ～ 120、120 ～ 240、240 ～ 360 以及大于 360 这 5 个挡位。F 值是根据所有会员的消费频次分布划分挡位。由于消费 1 次的会员占比已达 61%，且之后每个消费次数的会员百分比均较高，所以消费 2 次为二挡、3 次为三挡、4 次为四挡、4 次以上为五挡。M 值是根据所有会员消费金额的分布划分挡位。通常以所有会员消费金额的平均值的一半作为一挡，平均值的一半到平均值为二挡，平均值到平均值的 2 倍为三挡，平均值的 2 倍～ 4 倍为四挡，4 倍以上为五挡。

一挡到五挡分别对应 1 分到 5 分，分值越高该项指标表现越好。由于最后一次消费距今的天数越小，会员越活跃，因此随着 R 值的增大，得分逐渐降低，而 F 值和 M 值则是数值越高，得分越高。

根据以上业务逻辑，进行指标挡位划分。单击“主页”“输入数据”，在“创建表”中输入每个指标的挡位划分以及每个挡位的得分。在“名称：”文本框中输入表名“辅助：RFM 打分表”。最后单击“加载”，如图 16-2 所示。

2. 计算每位会员的 R、F、M 的实际数值

“Controller”表中的度量值

```
R最后消费距今天数 =
DATEDIFF( MAX( 'Model-Factsales'[日期] ), [最后报表日期], DAY )

F消费次数 =
[单据数 正单有效法]
```

```
M消费金额 =
[Core 销售额]
```

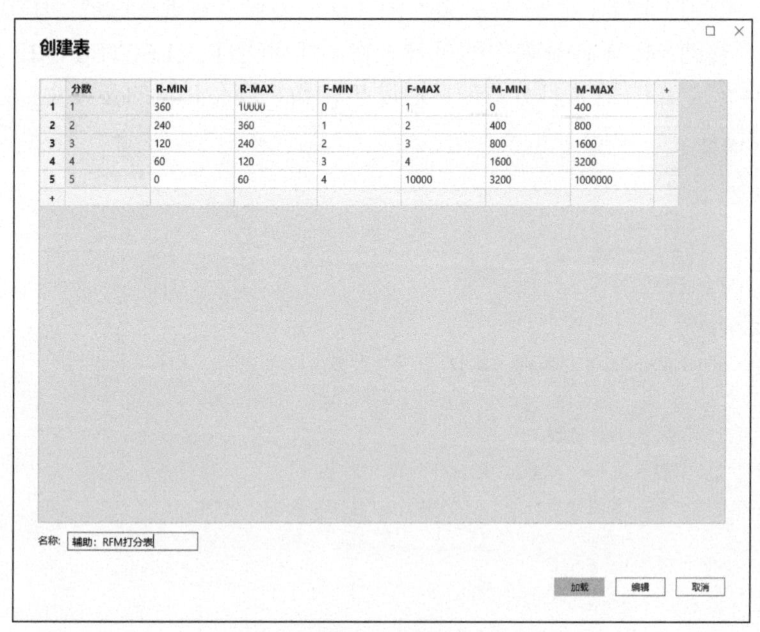

创建表

	分数	R-MIN	R-MAX	F-MIN	F-MAX	M-MIN	M-MAX
1	1	360	10000	0	1	0	400
2	2	240	360	1	2	400	800
3	3	120	240	2	3	800	1600
4	4	60	120	3	4	1600	3200
5	5	0	60	4	10000	3200	1000000

名称：辅助：RFM打分表

加载　编辑　取消

图 16-2　RFM 指标档位划分

3. 给会员的 R、F、M 数值打分

根据每位会员的 R、F、M 实际数值在“辅助：RFM 打分表”中所处的档位，为每位会员的 R、F、M 值打分。

“Controller”表中的度量值

```
R打分 =
IF (
    ISBLANK ( [R最后消费距今天数] ),
    BLANK (),
    CALCULATE (
        SELECTEDVALUE ( '辅助：RFM打分表'[分数] ),
        FILTER (
            '辅助：RFM打分表',
            [R最后消费距今天数] < '辅助：RFM打分表'[R-MAX] &&
                   [R最后消费距今天数] >= '辅助：RFM打分表'[R-MIN]
        )
    )
)
```

对于某个会员ID，首先通过FILTER函数筛选“辅助: RFM打分表”中符合筛选条件的子集，筛选条件是该会员ID的［R最后消费距今天数］计算结果在“辅助: RFM打分表”中所处的档位。因为“辅助: RFM打分表”的各档位设置没有重叠区域，所以FILTER函数最终返回的是“辅助: RFM打分表”的单行表格。然后通过SELECTEDVALUE函数获得该行的分数值，即该会员ID的R打分。最后通过IF函数将没有R值的会员R打分设置为空值。

“Controller”表中的度量值

```
F打分 =
IF (
    ISBLANK ( [F消费次数] ),
    BLANK (),
    CALCULATE (
        SELECTEDVALUE ( '辅助: RFM打分表'[分数] ),
        FILTER (
            '辅助: RFM打分表',
            [F消费次数] < '辅助: RFM打分表'[F-MAX] &&
                    [F消费次数] >= '辅助: RFM打分表'[F-MIN]
        )
    )
)

M打分 =
IF (
    ISBLANK ( [M消费金额] ),
    BLANK (),
    CALCULATE (
        SELECTEDVALUE ( '辅助: RFM打分表'[分数] ),
        FILTER (
            '辅助: RFM打分表',
            [M消费金额] < '辅助: RFM打分表'[M-MAX] &&
                    [M消费金额] >= '辅助: RFM打分表'[M-MIN]
        )
    )
)
```

F打分和M打分的计算逻辑同上。

4. 计算所有会员的R、F、M打分的平均值

“Controller”表中的度量值

```
R打分均值 =
```

```
AVERAGEX ( ALL ( 'Model-Dimmember' ), [R打分] )

F打分均值 =
AVERAGEX ( ALL ( 'Model-Dimmember' ), [F打分] )

M打分均值 =
AVERAGEX ( ALL ( 'Model-Dimmember' ), [M打分] )
```

5. 计算会员的 RFM 等级

比较每位会员的 R、F、M 打分和 R、F、M 打分均值，得到该会员的 R、F、M 等级及最终的 RFM 综合等级。

"Controller" 表中的度量值

```
R等级 =
IF ( ISBLANK ( [R最后消费距今天数] ), BLANK (), IF ( [R打分] < [R打分均值], "R↓", "R↑" ) )

F等级 =
IF ( ISBLANK ( [F消费次数] ), BLANK (), IF ( [F打分] < [F打分均值], "F↓", "F↑" ) )

M等级 =
IF ( ISBLANK ( [Core 销售额] ), BLANK (), IF ( [M打分] < [M打分均值], "M↓", "M↑" ) )

会员 RFM等级 =
[R等级] & [F等级] & [M等级]
```

因为 [R 等级]、[F 等级]、[M 等级] 都只有高于均值或低于均值两个结果，所以 3 个度量值组合在一起共 8 个等级，这样就将所有的会员分成 8 大类。单击"主页""输入数据"，在"创建表"中输入 RFM 等级、等级名称及排序 3 列字段。其中，排序字段用于后期对等级名称进行按列排序，以确保可视化图表中的等级名称按照我们设定的顺序显示，表格内容如图 16-3 所示。内容输入完成后将表命名为"辅助: RFM 等级表"。最后将表格加载至模型中。

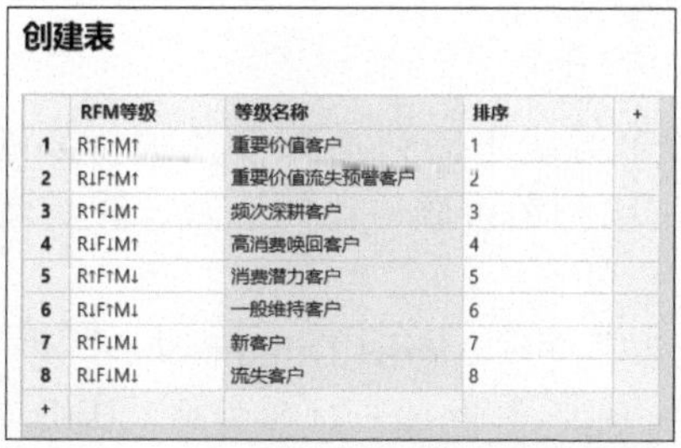

创建表

	RFM等级	等级名称	排序
1	R↑F↑M↑	重要价值客户	1
2	R↓F↑M↑	重要价值流失预警客户	2
3	R↑F↓M↑	频次深耕客户	3
4	R↓F↓M↑	高消费唤回客户	4
5	R↑F↑M↓	消费潜力客户	5
6	R↓F↑M↓	一般维持客户	6
7	R↑F↓M↓	新客户	7
8	R↓F↓M↓	流失客户	8

图 16-3 RFM 等级

至此，RFM 模型的基本逻辑构建完成。

16.1.2　RFM 表间关系建立

获得每个会员的 RFM 等级后，在“Model-Dimmember”表中新建计算列来计算每个会员 ID 的 RFM 等级。

“Model-Dimmember”表中的计算列

```
RFM等级 =
[会员 RFM等级]
```

在“辅助: RFM 等级表”和“Model-Dimmember”表间通过 RFM 等级列建立一对多关系，如图 16-4 所示。

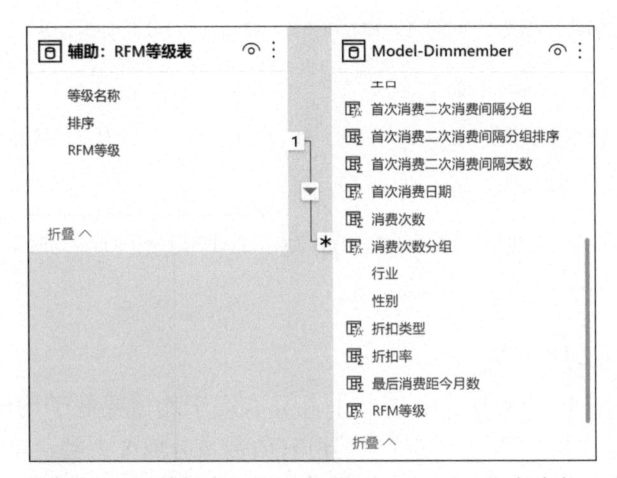

图 16-4 “辅助: RFM 等级表”和“Model-Dimmember”表建立一对多关系

16.2　会员 RFM 等级分析

该场景主要展示 RFM 各个等级下的会员数量及销售额的分布情况，如图 16-5 所示。通过对每个等级下会员数量占比和销售额占比的比较，决策者能够更清晰地把握各等级价值贡献的高低。

由于“辅助: RFM 等级表”和“Model-Dimmember”表是一对多关系，而“Model-Dimmember”表和“Model-Factsales”也是一对多关系，因此“辅助: RFM 等级表”不仅可以筛选“Model-Dimmember”表，通过关系的传递性还可以筛选“Model-Factsales”表。

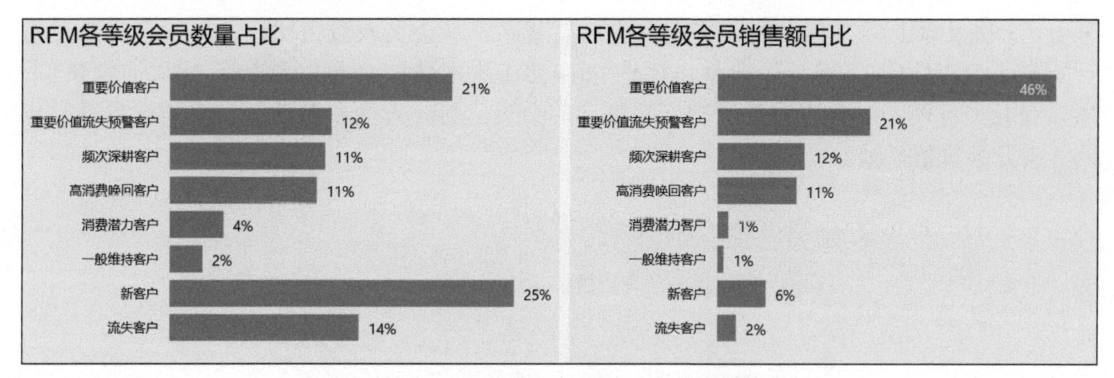

图 16-5 RFM 各等级会员数量及会员销售额占比

单击“簇状条形图”，将“辅助：RFM 等级表”的等级名称字段拖入“Y 轴”、度量值［会员 有消数量］拖入“X 轴”。RFM 各等级会员数量占比“簇状条形图”初步完成。

由于我们更关注的是各等级会员的分布情况，因此需要将有消会员数量按百分比进行显示。单击“X 轴”中的［会员 有消数量］度量值，在弹出的下拉列表中选择“将值显示为”→“占总计的百分比”，如图 16-6 所示。

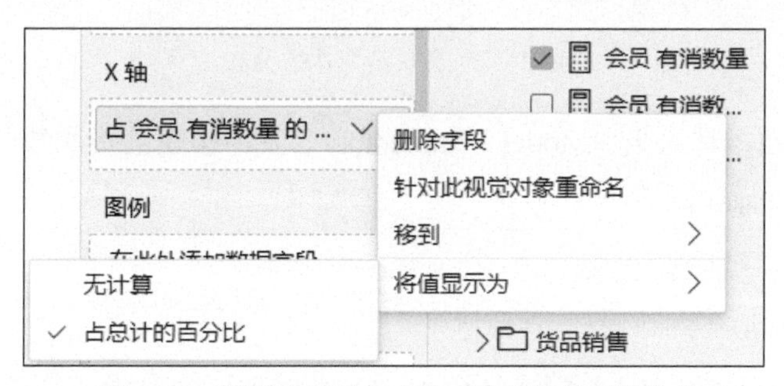

图 16-6 设置值显示方式为“占总计的百分比”

RFM 各等级会员销售额占比“簇状条形图”的制作方法与 RFM 各等级会员数量占比簇状条形图类似，只需要将度量值［会员 有消数量］换成［Core 销售额］。

16.3 会员消费次数分布分析

会员消费次数分布分析主要对比会员的消费频次构成及各个频次的销售额占比情况，并通过各频次数量和销售额占比差异性的比较，可以清晰地对比各频次会员的价值。如图 16-7 所示，会员整体消费频次构成是以消费 1 次的会员居多，数量占比达 60%，消费 2 次的会员占比接近 20%，消费 3 次及以上的高频次会员占比仅有 20%。但从销售额贡献上来看，3 次及以上频次会员的销售额占比均显著高于其会员人数占比，20% 的会员数量累计贡献了 50% 的销售额；而数量占比达 60% 的 1 次消费的会员仅贡献了 30% 的销售额。所以在会员管理上，一方面要维护好高频次的会员，另一方面要激活低频次的会员进行复购，提升其价值贡献。

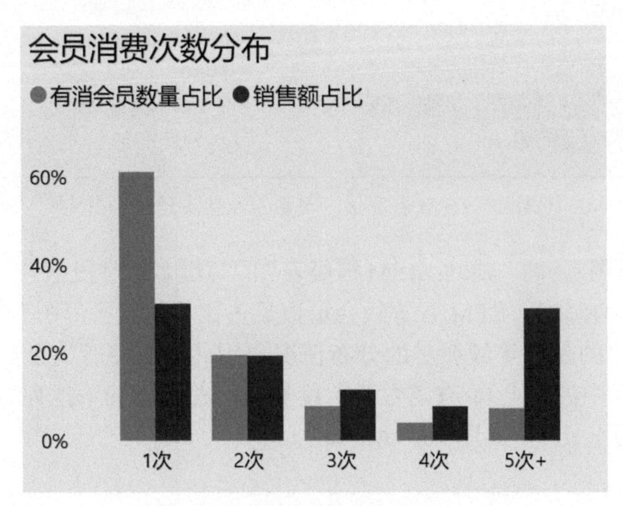

图 16-7 会员消费次数分布

可视化作图方面，首先在“Model-Dimmember”表中构建消费次数分组计算列。

“Model-Dimmember”表中的计算列

```
消费次数分组 =
SWITCH (
    TRUE (),
    [消费次数] = BLANK (), "未消费",
    [消费次数] = 1, "1次",
    [消费次数] = 2, "2次",
    [消费次数] = 3, "3次",
    [消费次数] = 4, "4次",
    "5次+"
)
```

在“可视化”窗格中单击“簇状柱形图”视觉对象按钮，将消费次数分组字段拖入“X 轴”、度量值［会员 有消数量］和［Core 销售额］拖入“Y 轴”，并设置度量值的显示方式为“占总计的百分比”。由于消费次数分组字段中包含“未消费”，需要在“筛选器”窗格中取消勾选“消费次数分组”中的“(空白)”及“未消费”，如图 16-8 所示。

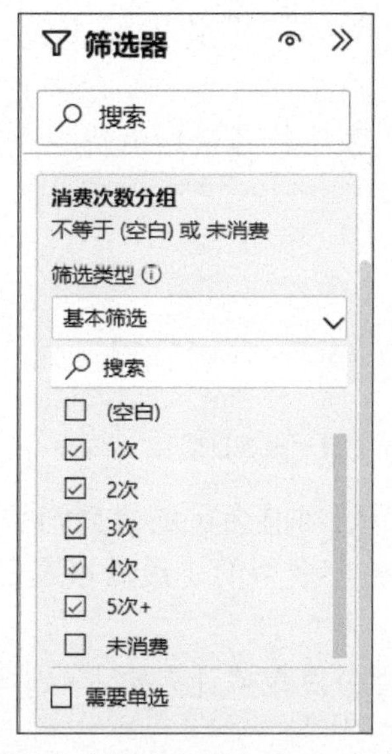

图 16-8　在“筛选器”窗格中取消勾选“(空白)”及“未消费”

16.4　会员最后一次消费距今月数分布分析

会员最后一次消费距今月数分布帕累托图主要分析会员的整体活跃程度。如图 16-9 所示，70% 的会员在近 9 个月内有过消费，88% 的会员在近 15 个月内有过消费，该公司会员的整体活跃程度相对理想。

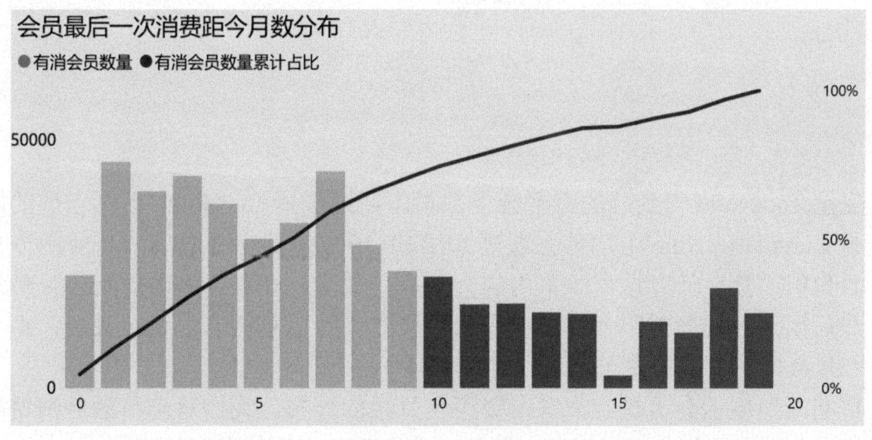

图 16-9　会员最后一次消费距今月数分布

16.4.1 会员最后一次消费距今月数相关指标书写

首先在“Model-Dimmember”表中构建最后消费距今月数计算列。

“Model-Dimmember”表中的计算列

```
最后消费距今月数 =
VAR LastPurchase =
    CALCULATE ( MAX ( 'Model-Factsales'[日期] ) )
RETURN
    DATEDIFF ( LastPurchase, [最后报表日期], MONTH )
```

首先通过变量 LastPurchase 得到当前会员的最后消费日期，再通过 DATEDIFF 函数计算出当前会员的最后消费日期和整个模型的［最后报表日期］间隔的月份，即当前会员的［最后消费距今月数］。

接下来书写［会员最后消费距今月数累计人数占比］的度量值。

“Controller”表中的度量值

```
会员最后消费距今月数累计人数占比 =
VAR TotalNum =
    CALCULATE ( [会员 有消数量], ALLSELECTED ( 'Model-Dimmember' ) )
VAR CurMonth =
    SELECTEDVALUE ( 'Model-Dimmember'[最后消费距今月数] )
VAR CumulativeNum =
    CALCULATE (
        [会员 有消数量],
        FILTER (
            ALL ( 'Model-Dimmember'[最后消费距今月数] ),
            'Model-Dimmember'[最后消费距今月数] <= CurMonth
        )
    )
RETURN
    DIVIDE ( CumulativeNum, TotalNum )
```

通过变量 TotalNum 得到总的有消会员数量，通过变量 CurMonth 得到当前的距今月份值。在变量 CumulativeNum 中，首先通过 FILTER 函数得到小于或等于当前距今月份值的所有距今月份值，然后计算这个子集内的会员有消数量，即累计到当前距今月份的有消会员数量。最后用累计到当前距今月份的有消会员数量除以总的有消会员数量，得到会员最后消费距今月数累计人数的占比。

为了更清晰地展示会员最后一次消费距今月数的分布，我们对会员最后消费距今月数进行了帕累托分类，并相应进行了动态配色。动态配色度量值书写如下。

"Controller"表中的度量值

```
会员最后消费距今月数分布 配色 =
VAR CumulativeRatio = [会员最后消费距今月数累计人数占比]
RETURN
    SWITCH (
        TRUE (),
        CumulativeRatio <= 0.7, "#7ACA00",
        CumulativeRatio <= 0.9, "#337489",
        "#ff0000"
    )
```

16.4.2 会员最后一次消费距今月数帕累托图制作

在"可视化"窗格中单击"折线和簇状柱形图"，将"Model-Dimmember"表中的最后消费距今月数字段拖入"X轴"、度量值［会员 有消数量］拖入"列y轴"、［会员最后消费距今月数累计人数占比］拖入"行y轴"。

接下来修改数据显示颜色。在"可视化"窗格中单击"设置视觉对象格式""视觉对象""列""颜色"，然后单击fx，如图16-10所示。在"格式样式"中选择"字段值"，在"应将此基于哪个字段？"中选择度量值［会员最后消费距今月数分布 配色］，如图16-11所示。最后进行其他常规的格式设置，会员最后一次消费距今月数帕累托图制作完成。

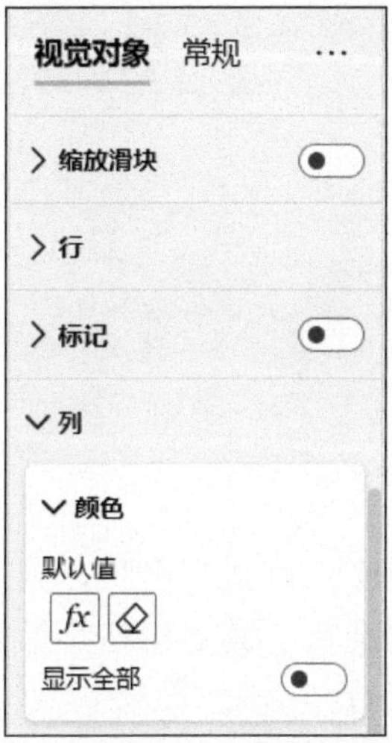

视觉对象 常规 ···
> 缩放滑块
> 行
> 标记
∨ 列
∨ 颜色
默认值
fx
显示全部

图16-10 设置数据显示颜色

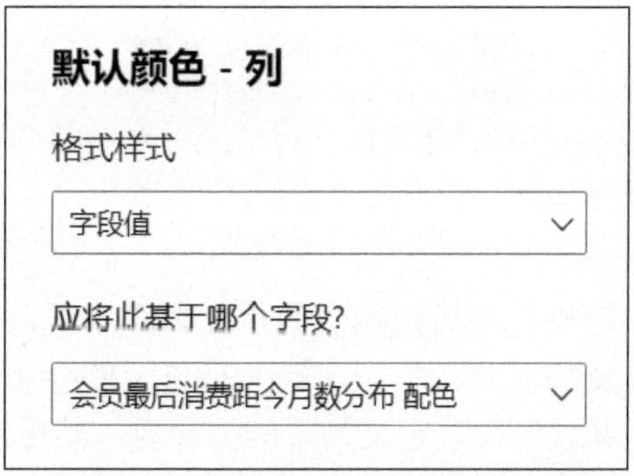

默认颜色 - 列
格式样式
字段值
应将此基于哪个字段?
会员最后消费距今月数分布 配色

图16-11 设置数据显示颜色应用列

16.5 会员 RFM 等级明细展示

会员 RFM 等级明细详细列举了每位会员的 RFM 等级及 R、F、M 的实际数值，可辅助业务人员对不同等级的会员采取不同的营销方案。这里，在经典的 RFM 三维分析的基础上，增加了第 4 个分析维度——折扣类型，用于描述会员对折扣的敏感程度。这样在实施个性化营销方案的时候，可以根据会员的折扣类型，更精确地匹配活动类型，如图 16-12 所示。

会员ID	等级名称	最后消费距今天数	消费次数	消费金额	折扣类型
A0000001	高消费唤回客户	312	1	737	中间型
A0000002	重要价值客户	39	9	2244	中间型
A0000003	重要价值客户	20	2	1162	中间型
A0000004	流失客户	496	1	0	
A0000005	流失客户	558	1	0	
A0000006	重要价值客户	7	4	2700	正价型
A0000007	高消费唤回客户	569	1	909	中间型
A0000008	重要价值流失预警客户	422	2	532	正价型
A0000009	重要价值流失预警客户	347	5	1397	正价型
A0000010	流失客户	504	1	118	正价型
A0000011	重要价值客户	116	2	1113	中间型
A0000012	高消费唤回客户	561	1	744	中间型
A0000013	重要价值客户	67	5	1531	正价型

图 16-12 会员 RFM 等级明细中增加折扣类型维度

"Controller" 表中的度量值

```
折扣类型 =
SWITCH (
    TRUE (),
    [Core 折扣率] = BLANK (), BLANK (),
    [Core 折扣率] <= 0.5, "打折型",
    [Core 折扣率] > 0.5 && [Core 折扣率] <= 0.8, "中间型",
    "正价型"
)
```

这里，将会员历史购买的折扣率在 5 折及以下的会员定义为打折型会员，其对价格敏感，专注特价商品；折扣率在 8 折以上的会员定义为正价型会员，其对价格不敏感，更关注品质；其余的会员定义为中间型会员，其更注重产品的性价比。

在对会员按照会员等级进行营销推送时，根据其 R、F、M 值以及折扣类型，选择最为恰当的活动及时推送给会员。

本章小结

本章首先详细介绍了 RFM 业务逻辑，接下来介绍了 RFM 各个等级的价值贡献度、会员消费次数分布及活跃度分布，最后详细列举了每位会员的 RFM 等级明细数据，供业务人员有针对性地采取不同的营销方案，最大限度地提升会员对企业的贡献值。